中等职业教育国家规划教材（电子技术应用专业）

电子整机装配工艺

费小平　主　编

陈必群　副主编

电子工业出版社

Publishing House of Electronics Industry

北京·BEIJING

内 容 简 介

本书是职业院校电子信息类专业系列教材之一。本教材的编写遵循"理论够用，实践为重"的原则。全书共分 10 章，前 9 章为理论知识，内容包括电子元器件、常用材料和工具、表面安装技术、印制电路板的设计与制作、焊接工艺、整机装配工艺、整机调试与检验、电子产品的技术文件及产品认证和体系认证，每章后有小结和习题；第 10 章为各知识点的实训项目。

本书可作为职业院校电子信息类专业教材，也可作为电子工程技术人员的参考用书及电子企业对员工的技术培训教材。

图书在版编目（CIP）数据

电子整机装配工艺/费小平主编. —北京：电子工业出版社，2007.7
中等职业教育国家规划教材. 电子技术应用专业
ISBN 978-7-121-04661-2

Ⅰ. 电… Ⅱ. 费… Ⅲ. 电子设备—装配—工艺—专业学校—教材 Ⅳ. TN05

中国版本图书馆 CIP 数据核字（2007）第 097750 号

策划编辑：蔡 葵
责任编辑：韩玲玲
印　　刷：北京虎彩文化传播有限公司
装　　订：北京虎彩文化传播有限公司
出版发行：电子工业出版社
　　　　　北京市海淀区万寿路 173 信箱　邮编　100036
开　　本：787×1 092　1/16　印张：18.75　字数：480 千字
版　　次：2007 年 7 月第 1 版
印　　次：2024 年 8 月第 23 次印刷
定　　价：30.00 元

凡所购买电子工业出版社图书有缺损问题，请向购买书店调换。若书店售缺，请与本社发行部联系，联系及邮购电话：（010）88254888，88258888。

质量投诉请发邮件至 zlts@phei.com.cn，盗版侵权举报请发邮件至 dbqq@phei.com.cn。
本书咨询联系方式：（010）88254592，bain@phei.com.cn。

前　言

随着 21 世纪信息化时代的到来，电子技术迅猛发展，促使电子产品向数字化、智能化、微型化方向发展，加速了电子产品的更新换代，促进了电子应用型人才的培养。目前，与发达国家相比，我国电子行业的工艺水平还存在差距，还缺乏一大批懂理论、会管理、能操作的技术应用型人才。因此，我们必须努力缩小差距，提高电子产品的生产工艺和生产管理水平，培养更多既有实践经验又具专业知识的电子技术应用型人才。

本教材是为适应职业院校培养"既有必需的理论知识和良好的职业道德，又有较强的职业技能和专业知识应用能力"人才的需要，结合国家职业技能鉴定规范，在原《电子整机装配实习》一书的基础上，对课程内容与知识点进行重新筛选、充实、组合后，按照"理论够用，实践为重"的原则编写的。本教材与《电子整机装配实习》相比，增添了部分新器件的内容，增加了产品质量管理、工艺管理和计算机辅助设计等部分内容，删除了常用仪器仪表的介绍，削减了设计文件的篇幅。考虑到课程组织教学的实效性，本教材各知识点的所有实训项目都集中编写，以便于组织实施教学。在教学组织上，既可采用集授课与实训于一体的教学方式，也可采用授课与实训分别进行的教学形式。在课程的时间安排上，既可采用集中教学，也可采用分阶段教学。在课时安排上，建议实训课时不低于理论课时。

本教材的显著特点是简明、实用，紧密结合电子企业的生产工艺和管理实际，突出了新知识、新技术和新工艺的应用，将能力培养和技能提高贯穿于始终。读者通过对本教材的学习，可了解电子产品的特点和制造过程，熟悉产品生产中各工序的要求，掌握产品装配的基本技能和整机装配工艺，充分认识生产工艺和生产管理与产品质量的关联性。

本书由常州信息职业技术学院费小平老师担任主编，常州信息职业技术学院陈必群老师担任副主编。其中，陈必群老师完成第 3、4、5、6、7 章和第 10 章中实训 4、5、6、7、8、9、10、11、12、13 的编写，费小平老师完成第 1、2、8、9 章和第 10 章中实训 1、2、3 的编写及全书的统稿工作。

由于电子技术发展迅速，装配工艺不断改进，加之编者水平和经验有限，书中难免有错误和不妥之处，敬请读者批评指正。

编　者
2007 年 7 月

目 录

第1章　电子元器件

电子元器件是整机或电子仪器中具有独立电气功能的基本单元,如电阻器、电容器、晶体管、集成电路、变压器和接插件等。熟悉各类电子元器件的性能、特点和用途,对设计、安装和调试电子产品十分重要。本章将对常用的电子元器件,从其类别、性能、选用等方面进行简单介绍。

1.1　常用电子元器件简介

1.1.1　电阻器

1. 电阻器的基本知识

电流通过导体时,导体对电流有一定的阻碍作用,这种阻碍作用称为电阻。在电路中起电阻作用的元件称为电阻器,通常简称电阻。电阻的文字符号是 R,基本单位是Ω(欧姆),还有较大的单位 kΩ(千欧)和 MΩ(兆欧)。它们之间的换算关系为

$$1\,M\Omega = 10^3\,k\Omega = 10^6\,\Omega$$

电阻器的主要用途是稳定和调节电路中的电流和电压,作分流器和分压器,以及作为消耗电能的负载电阻。

电阻器由电阻体、基体(骨架)、引出线和保护层等 4 部分组成,如图 1.1 所示。电阻器可以做成棒形、片形等各种形状。

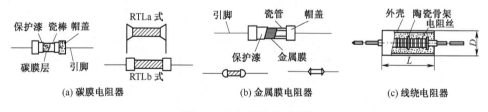

图 1.1　电阻器的典型结构

2. 电阻器的分类及命名方法

(1)电阻器的分类

电阻器按工作特性及电路功能可分为固定电阻器、可变电阻器(包括微调电阻器和电位器)和特殊电阻器。它们的外形和图形符号如图 1.2 所示。由于制作的材料不同,电阻器也可分为碳膜电阻器、金属膜电阻器和线绕电阻器等。特殊电阻器按功能可分为敏感电阻器、水泥电阻器和熔断电阻器等。

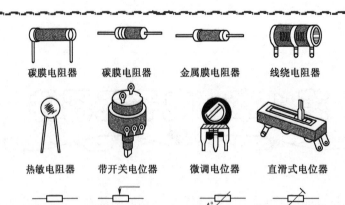

图 1.2　部分电阻器的外形及图形符号

（2）电阻器的命名

根据国标 GB 2470—1981 规定，电阻器的型号由下列 4 部分组成。

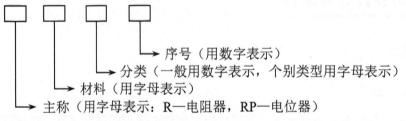

序号（用数字表示）

分类（一般用数字表示，个别类型用字母表示）

材料（用字母表示）

主称（用字母表示：R—电阻器，RP—电位器）

电阻器的材料、分类代号及其意义见表 1-1。

表 1-1　电阻器的材料、分类代号及其意义

第一部分：主称		第二部分：电阻体材料		第三部分：类别		第四部分：序号
字母	含义	字母	含义	符号	产品类型	用数字表示
R	电阻器	T	碳膜	0		工厂自行编排
		H	合成碳膜	1	普通	
		S	有机实芯	2	普通	
		N	无机实芯	3	超高频	
		J	金属膜	4	高阻	
		Y	氧化膜	5	高温	
		C	沉积膜	6	—	
RP	电位器	I	玻璃釉膜	7	精密	
		X	线绕	8	高压	
				9	特殊	
				G	高功率	
				W	微调	
RP	电位器			T	可调	工厂自行编排
				D	多圈可调	
例如：RJ71 表示精密金属膜固定电阻器；RT22 表示普通碳膜固定电阻器；RX81 表示高压线绕固定电阻器；RPXD3 表示多圈可调线绕电位器。						

3．常用的电阻器的特点及应用

（1）碳膜电阻器（RT）

碳膜电阻器是一种应用最早、最广泛的电阻器。碳膜电阻器的阻值范围宽（$10\,\Omega\sim$ $10\,M\Omega$），其最大的特点是价格低廉。

（2）金属膜电阻器（RJ）

金属膜电阻器的特点是工作环境温度范围广（$-55\sim+125\,℃$）、温度系数小、精度高、噪声低、体积小（与同功率的碳膜电阻相比）。

（3）线绕电阻器（RX）

线绕电阻器的特点是精度高、稳定性好、噪声低、功率大，耐高温，可以在 $150\,℃$ 的高温下正常工作。线绕电阻器一般适用于测量仪器和其他精度要求高的电路中；其缺点是固有电感较大，因而不宜在高频电路中使用。

4．电阻器的主要技术参数

电阻器的结构、材料不同，其性能就有一定的差异。在选择和使用电阻器时，必须掌握各种电阻器的特性。电阻器的主要技术参数有标称阻值和允许偏差、额定功率、温度系数等。

（1）标称阻值和允许偏差

标称阻值是指电阻器上所标示的名义阻值。所有标称阻值都必须符合标称阻值系列。常用的标称阻值有 E6、E12、E24 系列，见表 1-2。实际阻值与标称阻值的相对误差称为允许偏差。常用的精度有Ⅰ级（±5%）、Ⅱ级（±10%）、Ⅲ级（±20%），精密电阻的精度要求更高，如±2%、±1%、±0.5%～±0.001%等。

表 1-2　电阻器标称阻值系列

标称值系列	允许偏差	电阻器、电位器、电容器标称							
E24	Ⅰ级(±5%)	1.0	1.1	1.2	1.3	1.5	1.6	1.8	2.0
		2.2	2.4	2.7	3.0	3.3	3.6	3.9	4.3
		4.7	5.1	5.6	6.2	6.8	7.5	8.2	9.1
E12	Ⅱ级(±10%)	1.0	1.2	1.5	1.8	2.2	2.7	3.3	3.9
		4.7	5.6	6.8	8.2	—	—	—	—
E6	Ⅲ级(±20%)	1.0	1.5	2.2	3.3	4.7	6.8	—	—

注：表中数值乘以 10^n（其中 n 为整数）即为系列阻值。

（2）额定功率

额定功率是指在直流或交流电路中，在正常大气压力及额定温度条件下，电阻器长期连续负荷所允许消耗的最大功率，通常又称标称功率。额定功率是选择电阻器的主要参数之一。各种功率的电阻器在电路图中采用不同的符号表示，如图 1.3 所示。

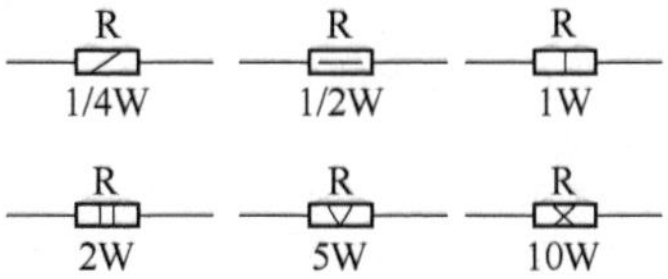

图 1.3　电阻器额定功率在电路图中的表示法

（3）温度系数

一般情况下，电阻器的阻值随工作温度的变化而变化。这种变化将会影响电路工作的稳定性，因此应使其尽可能小。通常用电阻器温度系数来表示电阻器的温度稳定性，它表示温度每升高或降低 1 ℃所引起的电阻值的相对变化。温度系数越小，电阻器的稳定性越好。

此外，电阻器的技术参数还有绝缘电阻、绝缘电压、稳定性、可靠性、非线性度等。

5．电阻器的标识

大部分电阻器只标注标称阻值和允许偏差。电阻器的标识方法有直标法、文字符号法、数码标识法和色标法等 4 种。

（1）直标法

直标法是指用阿拉伯数字和单位文字符号在电阻器的表面直接标出标称阻值和允许偏差的方法。允许偏差用百分数表示。其优点是直观，易于判读。

（2）文字符号法

文字符号法是指用阿拉伯数字和字母符号按一定规律的组合来表示标称阻值及允许偏差的方法。其优点是读识方便、直观，多用在大功率电阻器上。

文字符号法规定：用于表示阻值时，字母符号 Ω（R）、k、M、G、T 之前的数字表示阻值的整数值，之后的数字表示阻值的小数值，字母符号表示阻值的倍率。字母符号所表示的阻值允许偏差见表 1-3。

例如：$\Omega 33 \rightarrow 0.33\ \Omega$；$3k3 \rightarrow 3.3\ k\Omega$；$33M \rightarrow 33\ M\Omega$；$3G3 \rightarrow 3\ 300\ M\Omega$；$1T \rightarrow 10^{6}\ M\Omega$。

表 1-3　阻值允许偏差的文字符号表示法

允许偏差/%	标志符号	允许偏差/%	标志符号	允许偏差/%	标志符号	允许偏差/%	标志符号
±0.001	E	±0.02	U	±0.5	D	±10	K
±0.002	X	±0.05	W	±1	F	±20	M
±0.005	Y	±0.1	B	±2	G	±30	N
±0.01	H	±0.2	C	±5	J		

（3）数码标识法

数码标识法是用 3 位整数表示电阻阻值的方法。数码从左向右：前面的两位为有效值，第三位数为零的个数（或倍率 10^{n}），单位为Ω。

例如：512J 表示阻值为 5 100Ω，误差为±5%；393K 表示阻值为 39 000Ω，误差为±10%。

（4）色标法

色标法是指用不同颜色的色环在电阻器表面标出标称阻值和允许偏差的方法，是目前最常用的电阻器标识方法。能否识别色环电阻，是考核电子行业人员的基本项目之一。如图 1.4 所示，为电阻器色环表示示意图，电阻器的色标符号规定见表 1-4。

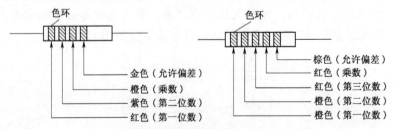

图 1.4　电阻器的色环表示

表 1-4　色标符号

颜色	有效数字	倍率	允许误差/%	颜色	有效数字	倍率	允许误差/%
黑色	0	10^0	—	紫色	7	10^7	±0.1
棕色	1	10^1	±1	灰色	8	10^8	—
红色	2	10^2	±2	白色	9	10^9	+50～20
橙色	3	10^3	—	金色	—	10^{-1}	±5
黄色	4	10^4	—	银色	—	10^{-2}	±10
绿色	5	10^5	±0.5	无色	—	—	±20
蓝色	6	10^6	±0.2				

色标法又分为四色环色标法和五色环色标法。普通电阻器大多用四色环色标法来标注，四色环的前两条色环表示阻值的有效数字，第三条色环表示阻值倍率，第四条色环表示阻值允许偏差范围；精密电阻器大多用五色环法来标注，五色环的前三条色环表示阻值的有效数字，第四条色环表示阻值倍率，第五条色环表示允许偏差范围。例如，色标为红紫橙金的电阻阻值为 $27×10^3\ \Omega=27\ \mathrm{k\Omega}$，误差为±5%。

6．可变电阻器

可变电阻器是指阻值在规定范围内可连续调节的电阻器，又称电位器。电位器靠一个活动点（电刷、动触点）在电阻体上滑动，可以获得与转角（或位移）成一定关系的电阻值。

（1）结构和种类

电位器由外壳、滑动片、电阻体和 3 个引出端组成，如图 1.5 所示。

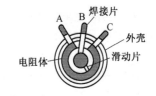

图 1.5　电位器的结构图

电位器的种类很多，按调节方式可分为旋转式（或转柄式）和直滑式电位器；按联数可分为单联式和多联式电位器；按有无开关可分为无开关和有开关两种；按阻值输出函数特性可分为线形电位器（A 型）、对数式电位器（B 型）和指数式电位器（C 型）3 种。可变电阻器常见的外形如图 1.6 所示。

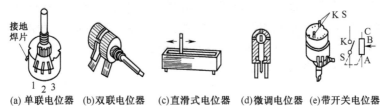

(a) 单联电位器　(b)双联电位器　(c)直滑式电位器　(d)微调电位器　(e)带开关电位器

图 1.6　可变电阻器常见的外形

（2）主要技术参数

电位器的主要技术参数除了标称阻值、允许偏差和额定功率与固定电阻器相同外，还有以下几个主要参数。

① 零位电阻，是电位器的活动点（电刷）处于始、末端时，活动电刷与始、末端之间存在的接触电阻。此值不为零，而是电位器的最小阻值。

② 阻值变化特性，指电位器的阻值随活动点（电刷）移动的长度或转轴转动的角度变

化的关系，也就是电位器的输出特性。常用的阻值变化特性有 3 种，如图 1.7 所示。

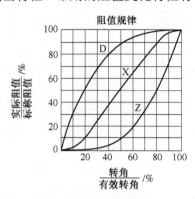

图 1.7　阻值变化特性曲线图

- 直线式（X 型）：随着动触点位置的变化，电位器阻值的变化接近直线；
- 指数式（Z 型）：电位器阻值的变化与动触点位置的变化成指数关系；
- 对数式（D 型）：电位器阻值的变化与动触点位置的变化成对数关系。

电位器的其他参数还有负荷耐磨寿命、分辨力、符合性、绝缘电阻、噪声、旋转角度范围等。

7. 电阻器的检测和选用

（1）电阻器的检测

电阻器的电阻体或引线折断及外壳烧焦可以从外观看出。其阻值可用万用表合适的电阻挡进行测量，测量时应避免手指并接在电阻的两个引脚上。

（2）电位器的检测

选取万用表合适的电阻挡，用表笔分别连接电位器的两个固定端，测出的阻值即为电位器的标称阻值；然后将两表笔分别接电位器的固定端和活动端，缓慢转动电位器的轴柄，指针应平稳地移动。如发现有断续或跳跃现象，说明该电位器接触不良。

（3）电阻器的选用

① 选用的电阻的额定功率值，应高于其在电路工作中实际阻值的 0.5～1 倍。

② 考虑温度系数对电路工作的影响，同时根据电路特点来选择正、负温度系数的电阻。

③ 电阻的允许偏差、非线性及噪声应符合电路要求。

④ 考虑工作环境与可靠性、经济性。

8. 特殊电阻器

这里只介绍电子设备中应用较多的熔断电阻器、水泥电阻器、敏感电阻器。

（1）熔断电阻器

熔断电阻器又称保险电阻器，是一种新型的兼电阻器和熔断器双重作用的功能元件。它在正常工作情况下使用时，起一个普通电阻器的作用；一旦电路出现故障，流过熔断电阻器的电流超过该电路的规定负荷时，熔断电阻器迅速熔断开路。与传统的熔断器或其他保护装置相比，熔断电阻器具有结构简单、使用方便、熔断功率小、熔断时间短等优点。因此熔断电阻器已被广泛应用于电子产品中。选用熔断电阻器应考虑功率大小和阻值大小，如果功率过大或阻值过大都不能起到保护作用。

熔断电阻器的电阻值较小，一般为几欧姆至几十欧姆。现在使用的熔断电阻器大部分都是不可逆的，即熔断后不能恢复使用。焊接熔断电阻器时动作要快，避免电阻器长时间加热而引起阻值的变化。在存放和使用过程中，要保持漆膜的完整。

（2）水泥电阻器

水泥电阻器是将电阻丝绕制在陶瓷骨架上，将其装入陶瓷外壳，再以类似水泥的黏合剂填充，经固化而成。水泥电阻器的电阻丝同焊脚引线之间采用压接方式，在负载短路的情况下，压接处可迅速熔断，以保护电路。水泥电阻器具有优良的阻燃、防爆特性和绝缘性能（绝缘电阻达 100 MΩ），同时它散热好、功率大，所以广泛应用在计算机、电视机、仪器仪表中。

（3）敏感电阻器

敏感电阻器是指电阻值对温度、光通量、电压、湿度、磁通、气体浓度和机械力等物理量敏感的电阻元件，这些元件分别称为热敏、光敏、压敏、湿敏、磁敏、气敏和力敏电阻器。其中，在家用电器中用得最多的是热敏和光敏电阻器。

1.1.2　电容器

1．电容器的基本知识

电容器是由两个彼此绝缘、相互靠近的导体与中间一层不导电的绝缘介质构成的，两个导体称为电容器的两极，分别用导线引出。电容器能把电能转换成电场能储存起来，具有储存电荷的能力，是一种储能元件。电容器是组成电子电路的基本元件之一，在电子电路中起耦合、滤波、隔直流、调谐、振荡等作用。

2．电容器的分类及命名方法

（1）电容器的分类

电容器，按结构可分为固定电容器、可变电容器和微调电容器；按绝缘介质可分为空气介质电容器、云母电容器、瓷介电容器、涤纶电容器、聚苯乙烯电容器、金属化纸介电容器、电解电容器、玻璃釉电容器、独石电容器等。

常见电容器的外形和符号如图1.8所示。

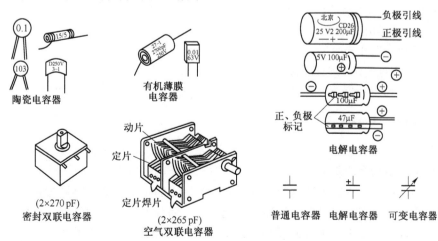

图1.8　常见电容器的外形和符号

（2）电容器的命名

根据国标 GB 2470—1981 的规定，电容器的型号由下列 4 部分组成。

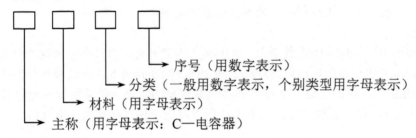

序号（用数字表示）
分类（一般用数字表示，个别类型用字母表示）
材料（用字母表示）
主称（用字母表示：C—电容器）

电容器的材料、分类代号及其意义见表 1-5。

表 1-5　电容器型号中代号的意义

主　称		材　料		分　类				
符号	意义	符号	意　义	符号	意　义			
					瓷介电容	云母电容	有机电容	电解电容
C	电容器	C	高频瓷介	1	圆片	非密封	非密封	箔式
		T	低频瓷介	2	管形	非密封	非密封	箔式
		Y	云母	3	叠片	密封	密封	烧结粉液体
		Z	纸介	4	独石	密封	密封	烧结粉固体
		J	金属化纸介	5	穿心	—	穿心	—
		B	聚苯乙烯等有机薄膜	6	支柱形	—	—	—
		L	聚酯有机薄膜	7	—	—	—	无极性
		D	铝电解质	8	高压	高压	高压	—
		A	钽电解质	9	—	—	特殊	特殊
		N	铌电解质	G	高功率			
		I	玻璃釉	W	微调			
				T	叠片式			

例如：CJ11 表示小型非密封金属化纸介电容器；

CD11 表示铝电解箔式电容器；

CT4 表示独石瓷介电容器；

CA11 表示钽电解箔式电容器；

CY2 表示云母电容器。

3．电容器的主要技术参数

电容器的主要技术参数有标称容量和允许偏差、额定工作电压、绝缘电阻及其损耗等。

（1）标称容量和允许偏差

与电阻器一样，标称容量即电容器外壳表面上标出的容量。标称容量与实际容量之间的差为电阻器的允许偏差。电容器的标称容量越大，其储存电荷的能力越强。标称容量和允许偏差也分许多系列，常用的是 E6、E12、E24 系列。电容器的允许偏差系列为±5%、±10%、±20%、−20%～+50%、−10%～+100%。

（2）额定工作电压

额定工作电压通常也称耐压，是指在允许的环境温度范围内，电容器在电路中长期可靠工作所允许加的最大直流电压。工作时交流电压的峰值不得超过电容器的额定电压，否则电容器中的介质会被击穿而造成电容器的损坏。

（3）绝缘电阻

绝缘电阻是指电容器两极之间的电阻，也称漏电阻。一般电容器的绝缘电阻在 $10^8 \sim 10^{10} \, \Omega$ 之间，电容量越大绝缘电阻越小，所以不能单凭所测绝缘电阻值的大小来衡量电容器的绝缘性能。

（4）电容器的损耗

在电场作用下，单位时间内因发热而消耗的能量为电容器的损耗。一个理想的电容器，不应消耗电路中的能量。但是实际使用的电容器，都要消耗能量。电容器的损耗用损耗角的正切值表示，此值越大，表示电容器消耗的能量越大，传递能量的效率越低。电容器会因损耗过大而发热，造成击穿损坏。因此，损耗也是电容器的重要质量指标之一。各种电容器的损耗允许在产品标准中均有具体规定。对于振荡回路、滤波器及其他高频电路，应尽可能选用损耗小的电容器。

此外，电容器的技术参数还有电容器频率特性、温度系数、稳定性和可靠性等。

4．电容器的标识法

电容器标称容量和允许偏差的表示方法有直标法、文字符号法、色标法和数码标识法等。如图 1.9 所示，为电容器标称容量的常用表示方法。

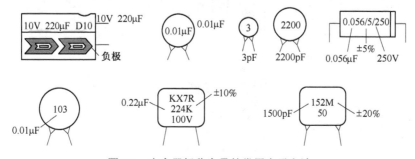

图 1.9　电容器标称容量的常用表示方法

（1）直标法

直标法是指在电容体表面直接标注主要技术指标的方法。一般必须标注标称容量、额定电压及允许偏差这三项参数，也有体积太小的电容仅标注标称容量一项（往往连单位也省略）的。

（2）文字符号法

文字符号法是指在电容体表面上，用阿拉伯数字和字母符号有规律的组合来表示标称容量的方法，有时也用在电路图的标注上。标注时应遵循以下规则。

① 凡不带小数点的数值，若无标注单位，则表示皮法。例如，2 200 表示 2 200 pF。

② 凡带小数点的数值，若无标注单位，则表示微法。例如，0.56 表示 0.56 μF。

③ 对于三位数字的电容量，最后一个数字应视为倍率，单位为皮法。例如，103→10×10^3 pF=0.01 μF，334→33×10^4 pF=0.33 μF。

④ 许多小型的固定电容器，体积较小，为便于标注，习惯上省略其单位。标注时单位符号的位置代表标称容量有效数字中小数点的位置。

例如，p33→0.33 pF，33n→33 000 pF=0.033 μF，3μ3→3.3 μF。

（3）色标法

色标法是指用不同颜色的色环或色点在电容器表面标出电容量和误差、工作电压等参数的方法，其单位是皮法（pF）。电容器的色标法读数与电阻器的基本相似。

（4）数码标识法

用 3 位整数表示电容量大小的方法。数码是从左向右：前面的两位数为有效值，第三位数为零的个数（或倍率 10^n）。单位为 pF。

例如：103 表示 10 000 pF（即 0.01 μF）；
　　　224 表示 22×10^4 pF（即 0.22 μF）。

这种方法中有一处特殊，即当第三位数字为"9"时表示用有效数字乘以 10^{-1} 来表示容量。例如，339 表示 33×10^{-1} pF（即 3.3 pF）。

5. 可变和微调电容器

可变电容器是一种容量可连续变化的电容器，主要用在调谐回路中；微调电容器的容量变化范围较小，一经调好后一般不需变动。可变电容器的种类很多，按介质可分为空气介质和固体介质两种；按联数可分为单联、双联和四联可变电容器。可变和微调电容器的外形及符号如图 1.10 所示。

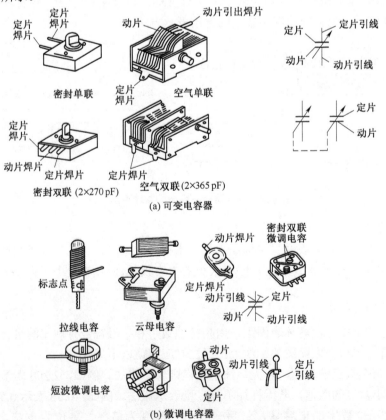

(a) 可变电容器

(b) 微调电容器

图 1.10　可变和微调电容器的外形及符号

可变电容器的主要技术参数如下所述。

（1）最大电容量与最小电容量，即当动片全部旋进定片时的电容量为最大电容量，当动片全部旋出定片时的电容量为最小电容量；

（2）变化特性，即可变电容器的容量随动片旋转角度的改变而变化的规律，常用的有直线电容式、直线频率式、直线波长式、电容对数式；

（3）容量变化平滑性，即动片固定位置的稳定性、耐压、损耗、接触电阻等。

6．电容器的检测与选用

（1）电容器的检测

用普通的指针式万用表就能判断电容器的质量、电解电容器的极性，并能定性比较电容器容量的大小。

① 质量判定。用万用表 R×1k 挡，将表笔接触电容器（1 μF 以上的容量）的两引脚，接通瞬间表头指针应向顺时针方向偏转，然后逐渐逆时针回复，如果不能复原，则稳定后的读数就是电容器的漏电电阻。对于相当容量的同型号电容器，漏电电阻阻值越大表示电容器的绝缘性能越好；若在上述的检测过程中，表头指针无摆动，说明电容器开路；若表头指针向右摆动一个很大角度后便停止不动，则说明电容器已击穿或严重漏电。

对于电容量小于 1 μF 的电容器，由于电容充、放电现象不明显，所以检测时表头指针偏转幅度很小或根本无法看清，但并不说明电容器有质量问题。

② 容量判定。检测过程同上，表头指针向右摆动的角度越大，说明电容器的容量越大，反之则说明容量越小。

③ 极性判定。根据电解电容器正接时漏电流小、漏电阻大，反接时漏电流大、漏电阻小的特点可判断其极性。用万用表先测一下电解电容器的漏电阻值，而后将两表笔对调一下，再测一次漏电阻值。两次测试中，漏电阻值小的一次，黑表笔接的是电解电容器的负极，红表笔接的是电解电容器的正极。

④ 可变电容器碰片检测。用万用表的 R×1k 挡，将两表笔固定接在可变电容器的定、动片端子上，慢慢转动可变电容器的转轴，如表头指针发生摆动说明有碰片，否则就说明是正常的。使用时，动片应接地，防止调整时人体通过转轴的感应引入噪声。

（2）电容器的选用

选用电容器时应从以下几方面进行考虑。

① 额定电压。所选电容器的额定电压一般是电容在线工作电压的 1.5～2 倍。

② 标称容量和精度。大多数情况下，对电容器的容量要求并不严格，容量值相差一些是无关紧要的。但在振荡回路、滤波、延时电路及音调电路中，电容量的要求则非常精确，电容器的容量及其误差应满足电路要求。

③ 使用场合。根据电路的要求合理选用电容器，如云母电容器或瓷介电容器一般用在高频或高压电路中。在特殊场合，还要考虑电容器的工作温度范围、温度系数等参数。

④ 体积。设计时一般希望使用体积小的电容，以便使电子产品更小更轻；替换时也要考虑电容器的体积大小是否能正常安装。

1.1.3 电感器

1．电感的基本知识

凡能产生电感作用的元件称为电感器，简称为电感。通常，电感器都是由线圈构成的，故也称为电感线圈。电感线圈由导线一圈靠一圈地绕在绝缘管上，导线彼此互相绝缘，而绝缘管可以是空芯的，也可以包含铁芯或磁粉芯。电感是一种存储磁能的元件，具有阻碍交流、通直流的特性，可以在交流电路中作阻流、降压、耦合和负载用；与电容配合时，可以用于调谐、滤波、选频、退耦等电路。在电路中电感用字母 L 表示，其单位有 H（亨利）、mH（毫亨）、μH（微亨），它们之间的关系为

$$1\ H = 10^3\ mH = 10^6\ \mu H$$

2．电感的分类

（1）按电感形式分类：固定电感、可变电感。
（2）按导磁体性质分类：空芯线圈、铁氧体线圈、铁芯线圈、铜芯线圈。
（3）按工作性质分类：天线线圈、振荡线圈、扼流线圈、陷波线圈、偏转线圈。
（4）按绕线结构分类：单层线圈、多层线圈、蜂房式线圈。

如图 1.11 所示，为常见电感线圈的外形和符号。

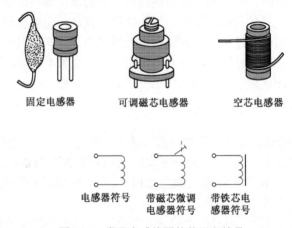

图 1.11　常见电感线圈的外形和符号

3．电感线圈的主要特性参数

和电阻器、电容器一样，电感线圈也是电子设备中大量使用的重要元件之一。但电阻器和电容器都是标准元件，而电感线圈除少数可采用现成产品外，通常为非标准元件，需要根据电路要求自行设计。

（1）电感量及误差

电感量也称做自感系数，是表示电感元件自感应能力的一种物理量。电感线圈表面所标的电感量为额定电感量。实际电感量和额定电感量之间的差值为电感线圈的误差。

电感量表示电感线圈本身固有的特性，与线圈的直径、匝数、绕制方式及磁芯材料有关，与电流大小无关。除专门的电感线圈（色码电感）外，电感量一般不专门标注在线圈上，而以特定的名称标注。

（2）品质因数

品质因数也称做 Q 值，是指线圈中储存能量与消耗能量的比值，是表示线圈品质的重要参数。Q 值的大小取决于线圈电感量、等效损耗电阻、工作频率。Q 值越高，电感的损耗越小，效率就越高。但 Q 值的提高往往会受到一些因素的限制，如导线的直流电阻、线圈

骨架、浸渍物的介质损耗、铁芯和屏蔽罩的损耗，以及导线高频趋肤效应损耗等。线圈的 Q 值通常为几十到几百。

（3）分布电容

线圈的匝和匝之间、线圈与地之间、线圈与屏蔽盒之间，以及线圈的层和层之间也都存在着电容，这些电容统称为线圈的分布电容。分布电容的存在会使线圈的等效总损耗电阻增大，Q 值降低，稳定性变差，因而线圈的分布电容越小越好。为减少分布电容，高频线圈常采用蜂房绕法或分段绕法等。

（4）感抗

电感线圈对交流电流阻碍作用的大小称为感抗，单位是 Ω。感抗与电感量 L 和交流电频率 f 的关系为

$$X_L = 2\pi f L$$

（5）额定电流

额定电流指电感线圈正常工作时，允许通过的最大电流。

4. 电感器的主要标识方法

电感的标识方法有文字符号法、数码标识法和色标法等几种。

（1）文字符号法

电感的文字符号法同样是用单位的文字符号表示，当其单位为 μH 时用 R 作为电感的文字符号（如 4R7 表示 4.7μH）。

（2）数码标识法

电感的数码标识法与电阻器一样，前面两位数为有效数字，第三位为零的个数或倍率 10^n，单位为 μH。

（3）色标法

色码电感多采用色标法表示。色环代表的意义和判断方法同电阻器，单位为 μH。

5. 变压器

（1）变压器的基本知识

变压器是变换电压、电流和阻抗的器件。它是利用电磁感应的原理，两组或两组以上的线圈彼此间感应电压、电流来达到升压或降压的功能。

一般变压器主要由铁芯和线包（又称线圈）两部分组成。线包有两个或更多的绕组。接电源的绕组称为一次绕组，其余的绕组称为二次绕组。变压器的构造如图 1.12 所示。

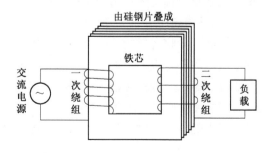

图 1.12　变压器的构造

① 铁芯

可以用很小的电能来产生所需要的交变磁通，或以较少的圈数来得到所需的电感量，因此除工作频率较高的变压器外，一般变压器都具有铁芯。铁芯由磁导率较高的软磁材料制成，一般要求其磁导率高、损耗小、磁感应强度高。由于铁芯损耗与工作频率有关，因此随着频率的不同，制造铁芯所用的材料也不同。

电源变压器的工作频率一般约为 50～1 000 Hz。它往往采用电工硅钢片或硅钢带做铁芯，其常用厚度有 0.08 mm、0.2 mm、0.35 mm 等几种。

音频变压器的工作频率从几十赫到若干千赫，一般也采用硅钢片或硅钢带做铁芯。低电平的音频变压器由于工作磁通密度较低，要求在低磁通密度下也具有高磁导率，故常采用玻莫合金高磁导率铁氧体做铁芯。

中频和高频变压器的工作频率由几百千赫到若干兆赫，一般采用铁氧体材料做铁芯。

② 线包

线包是铁芯变压器的关键部件，由骨架和线圈（一次绕组和二次绕组）等组成。线包应具有足够的机械强度、良好的电气性能和耐热能力，以保证变压器的正常工作。

骨架（或底筒）通常用胶纸板、胶布板、纤维板等制成矩形或圆筒状。为了方便缠绕、保证线包质量，管筒两端和中间可以加墙板和隔板。小型变压器的骨架可用塑料直接压制成型。线圈骨架应具有足够的机械强度和绝缘强度，但不可太厚，以免占据铁芯窗口较大的位置。

小功率变压器的线圈一般都用漆包线来绕制，因为它具有较好的绝缘性，体积小，价格也便宜。低压、大电流的线圈，有时用纱包粗铜线来绕制。为了使变压器的绝缘层不被击穿，线圈的各层间应衬垫薄的绝缘纸。在各组线圈内，由于电位差较大，为了防止绕组间的击穿，要使用耐压、强度高的绝缘材料，如黄蜡布、涤纶膜等。线圈排列的顺序通常是一次线圈在内，二次线圈在外。二次线圈如果有几组绕组，一般先绕高电压的绕组，然后再绕低电压绕组。为了避免干扰电压经过变压器窜入设备，变压器的一次绕组和二次绕组之间通常加有静电屏蔽，以消除一、二次线圈间的分布电容引入的干扰电压。静电屏蔽通常用铜箔或铝箔在一次线圈外缠绕一圈，屏蔽圈的接头处中间必须绝缘，以免短路，金属箔的一头应引出接地。静电屏蔽的另一种方法是用漆包线在一次线圈外单独绕一层散热圈，将线的一头空着，另一头引出接地。为了便于散热，线圈和窗口之间应留有一定空隙，通常留 1～3 mm。但空隙也不必过大，否则变压器的损耗会增大。

（2）变压器的分类

变压器的分类方法很多，通常电子设备中使用的变压器可按下列方式分类。

① 按使用的工作频率可以分为高频、中频、低频、脉冲变压器等。高频变压器一般在收音机和电视机中作为阻抗变换器，如收音机的天线线圈等；中频变压器常用在收音机和电视机的中频放大器中；低频变压器的种类很多，如电源变压器、音频输入变压器、音频输出变压器、线间变压器、耦合变压器等；脉冲变压器则用于脉冲电路中。

② 按其磁芯可分为铁芯（硅钢片或玻莫合金）变压器、磁芯（铁氧体芯）变压器和空芯变压器等几种。铁芯变压器用于低频及工频电路中，而磁芯或空芯变压器则用于中、高频电路中。

③ 按防潮方式可分为非密封式、灌封式、密封式变压器。

④ 按电源相数分为单相变压器、三相变压器和多相变压器。变压器的外形和符号如图 1.13 所示。

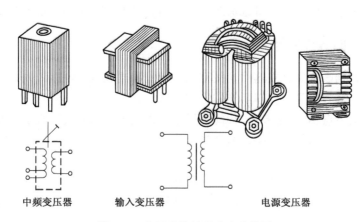

中频变压器　　　　　　输入变压器　　　　　　　　电源变压器

图 1.13　变压器的外形及电路符号

（3）变压器的主要特性参数

① 变压比。变压比是指次级电压与初级电压的比值，或二次绕组匝数与一次绕组匝数的比值。变压比有两种表示方式，一种只说明比值，如 1:2；另一种则同时说明额定电压，如 220 V/440 V 表示一次绕组额定电压为 220 V，二次绕组电压为 440 V。

② 额定功率。额定功率是指在规定的频率和电压下，变压器能长期工作而不超过规定温升的输出功率。额定功率的单位用瓦（W）表示。

③ 温升。变压器的温升主要指线圈的温升，因为线圈决定绝缘系统的寿命。温升是指变压器通电工作发热后，温度上升到稳定时，比周围的环境温度升高的数值。

④ 效率。效率为变压器的输出功率与输入功率的比值。

⑤ 空载电流。变压器二次绕组开路时，一次绕组线圈中仍有一定的电流，称为空载电流。

⑥ 绝缘电阻。变压器的各绕组间，各绕组与铁芯之间并不是理想的绝缘。当外加电压时，总有漏电流存在，这个漏电流的大小可用变压器的绝缘电阻来表示。如果变压器各绕组之间及各绕组对铁芯（或机壳）之间的绝缘电阻过低，可能会使仪器和设备机壳带电，工作不稳定，甚至对设备和人身带来危险。

（4）变压器的故障及检修

变压器的故障有开路和短路两种。开路的检查用万用表欧姆挡很容易进行。一般中、高频变压器的线圈匝数不多，其直流电阻很小，在零点几欧姆至几欧姆之间，视变压器具体规格而异；音频和中频变压器由于线圈匝数较多，直流电阻较大。但变压器的直流电阻正常并不能表示变压器完全正常，例如，电源变压器局部短路对变压器直流电阻的影响不大，但变压器不能正常工作。用万用表也不易测量中、高频变压器的局部短路，一般需用专用仪器，其表现为 Q 值下降、整机特性变差。如果变压器两绕组之间短路会造成直流电压直通，可用万用表欧姆挡测量，测量时应切断变压器与其他元件的连接，以免电路元件并联影响测量的准确性。

电源变压器的内部短路可通过空载通电进行检查，方法是切断电源变压器的负载，接通电源，如果通电 15～30 min 后温升正常，说明变压器正常；如果空载温升较高（超过正常温升），说明内部局部短路。

　　变压器开路是由线圈内部断线或引出端断线引起的。引出端断线是常见的故障，仔细观察即可发现。如果是引出端断线可以重新焊接，但若是内部断线则需要更换或重绕。

1.1.4　半导体分立器件

　　半导体器件包括半导体分立器件（又称晶体管）和集成电路，本节介绍一些最为常用的二极管、三极管、场效应晶体管等半导体分立器件。

　　半导体分立器件自 20 世纪 50 年代问世以来，为电子产品的发展起了重要作用。虽然当今的电子产品已广泛使用集成电路，但半导体分立器件仍以其自身的特点继续在电子产品中发挥着作用。

　　半导体分立器件的应用原理、性能特点等知识，在电子学课程中已有详细介绍，在此着重介绍它们的型号命名方法及实际应用中的工艺知识。

1. 半导体分立器件的型号命名

　　自从国产半导体分立器件问世以来，国家就对半导体分立器件的型号命名制定了统一标准。但是，近年来国内生产半导体器件的厂家纷纷引进国外的先进生产技术，购入原材料、生产设备及全套工艺标准，或者直接购入器件管芯进行封装。因此，市场上常见的是按照日本、欧洲及美国的产品型号命名的半导体器件，符合我国标准命名的器件反而不易买到。在选用进口半导体器件时，应该仔细查阅有关技术资料，比较性能指标。

　　（1）国产半导体分立器件的型号命名

　　根据国标 GB 249—74 规定，国产半导体分立器件的型号命名由下列 5 个部分组成。其具体代号及意义见表 1-6。

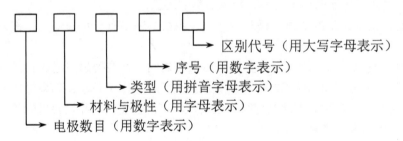

表 1-6　国产半导体分立器件的命名

第一部分		第二部分		第三部分			
用数字表示 器件的电极数目		用汉语拼音字母表示 器件的材料和极性		用汉语拼音字母 表示器件的类别			
2	二极管	A	N 型锗材料	P	普通管	N	阻尼管
		B	P 型锗材料	W	稳压管	F	发光管
		C	N 型硅材料	Z	整流管	U	光电管
		D	P 型硅材料	L	整流堆	S	隧道管
				K	开关管		

续表

第一部分		第二部分		第三部分			
用数字表示 器件的电极数目		用汉语拼音字母表示 器件的材料和极性		用汉语拼音字母 表示器件的类别			
3	三极管	A	PNP 锗材料	X	低频小功率管		
		B	NPN 锗材料	G	高频小功率管		
		C	PNP 硅材料	D	低频大功率管		
		D	NPN 硅材料	A	高频大功率管		
		E	化合物材料				
例如：2AP9 表示普通锗材料二极管；2DW 表示硅材料稳压二极管；2CK 表示硅材料开关二极管； 3AX31 表示锗材料 PNP 型小功率三极管；3DG6 表示硅材料 NPN 型小功率三极管； 3DD12 表示硅材料 NPN 型低频大功率三极管。							

（2）日本半导体分立器件的型号命名

日本半导体分立器件的型号命名也由 5 个部分组成，如下所述。其具体意义见表 1-7。

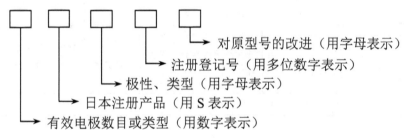

对原型号的改进（用字母表示）

注册登记号（用多位数字表示）

极性、类型（用字母表示）

日本注册产品（用 S 表示）

有效电极数目或类型（用数字表示）

表 1-7　日本半导体分立器件命名

第一部分		第二部分		第三部分		第四部分		第五部分	
用数字表示器件的 有效电极数目或类型		注册标志		用字母表示器件的 使用材料极性、类别		用多位数字 表示登记号		用字母表示 改进型标志	
序号	意义	序号	意义	序号	意义	序号	意义	序号	意义
0	光电二极管或 光电三极管	S	已在日本电子工业协会注册登记的半导体器件	A	PNP 高频三极管及快速开关管	多位数字	该器件在日本电子工业协会的注册登记号	A B C D …	该器件为原型号产品的改进产品
				B	低频大功率 PNP 三极管				
1	二极管			C	高频快速开关 NPN 管				
2	三极管、晶闸管 或有三个电极的 其他器件			D	低频大功率 NPN 三极管				
				E	P 控制极可控硅				
				G	N 控制极可控硅				
				H	基极单结晶体管				
3	四个电极的器件			J	P 沟道场效应管				
				K	N 沟道场效应管				
				M	双向可控硅				

（3）美国半导体分立器件的型号命名

美国半导体分立器件型号命名也由 5 个部分组成，第一部分为前缀，第五部分为后缀，中间部分为型号的基本部分，如下所述。其具体意义见表 1-8。

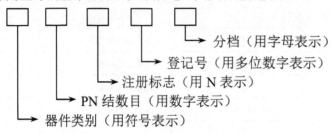

分档（用字母表示）

登记号（用多位数字表示）

注册标志（用 N 表示）

PN 结数目（用数字表示）

器件类别（用符号表示）

表 1-8　美国半导体分立器件的命名

第一部分		第二部分		第三部分		第四部分		第五部分	
用符号表示器件的类别		用数字表示 PN 结的数目		登 记 标 志		用多位数字表示登记号		用字母表示器件分档	
符号	意义	符号	意义	符号	意义	符号	意义	符号	意义
JAN 或 J	军用品	1	二极管	N	该器件是在美国电子工业协会注册登记的半导体器件	多位数字	该器件在美国电子工业协会的登记号	A B C D …	同一型号器件的不同档别
		2	三极管						
	非军用品	3	三个 PN 结器件						
—		n	n 个 PN 结器件						
例如：2SC1895 表示高频 NPN 型三极管；2SB642 表示低频 PNP 型三极管。									

2．半导体二极管

半导体二极管（即晶体二极管）是由一个 PN 结、电极引线和外加密封管壳制成的，它具有单向导电特性。

（1）二极管的分类

① 按结构可分为点接触型和面接触型两种。点接触型二极管的结电容小，正向电流和允许的反向电压小，常用于检波、变频等电路；面接触型二极管的结电容较大，正向电流和允许的反向电压较大，主要用于整流等电路。面接触型二极管中用得较多且较为先进的一类是平面型二极管，平面型二极管可以通过更大的电流，常在脉冲数字电路中用做开关管。

② 按材料可分为锗二极管和硅二极管。与硅管相比，锗管具有正向压降低（锗管 0.2～0.3 V，硅管 0.5～0.7 V）、反向饱和漏电流大、温度稳定性差等特点。

③ 按用途可分为普通二极管、整流二极管、开关二极管、发光二极管、变容二极管、稳压二极管、光电二极管等。常见二极管的外形及图形符号如图 1.14 所示。

（2）二极管的主要技术参数

① 最大正向电流 I_F：指长期运行时晶体二极管允许通过的最大正向平均电流。

② 反向饱和电流 I_S：指二极管未击穿时的反向电流值。I_S 主要受温度影响，该值越小，说明二极管的单向导电性越好。

③ 最大反向工作电压 V_{RM}：指正常工作时，二极管所能承受的反向电压的最大值。

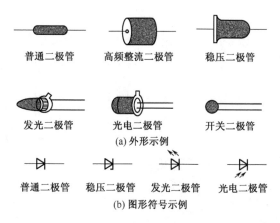

普通二极管　　高频整流二极管　　稳压二极管

发光二极管　　光电二极管　　开关二极管

(a) 外形示例

普通二极管　　稳压二极管　　发光二极管　　光电二极管

(b) 图形符号示例

图 1.14　二极管的外形及图形符号

④ 最高工作频率 f_M：指晶体二极管能保持良好工作性能条件的最高工作频率。

各种不同用途的二极管（如稳压、检波、整流、开关、光电、发光二极管等）还有其各自的特殊参数。

（3）二极管的检测

可用指针式万用表 R×100 或 R×1k 挡测其正、反向电阻来检测二极管。根据二极管的单向导电性可知，测得阻值小时与黑表笔相接的一端为正极；反之，为负极。二极管的正、反向电阻相差越大，说明其单向导电性越好。若正、反向电阻都很大，说明二极管已开路失效；若正、反向电阻都很小，说明二极管已短路失效。注意：不能用 R×1 挡（内阻小，电流太大）和 R×10k 挡（电压高）测试，否则有可能会损坏二极管。

（4）选用二极管的注意事项

① 切勿使电压、电流超过器件手册中规定的极限值，并应根据设计原则选取一定的容量。

② 允许使用小功率电烙铁进行焊接，焊接时间应该小于 3～5 s。在焊接点接触型二极管时，要注意保证焊点与管芯之间有良好的散热。

③ 玻璃封装的二极管引线的弯曲处距离管体不能太近（一般至少 2 mm）。

④ 安装二极管的位置尽量不要靠近电路中的发热元件。

⑤ 接入电路时要注意二极管的极性。通常，一般二极管的阳极接电路的高电位端，阴极接低电位端；而稳压二极管则与此相反。

3．晶体三极管

晶体三极管可分为双极型三极管、单极型三极管（如场效应管）等。双极型三极管因有两种载流子参与导电而得名，单极型三极管只有一种载流子参与导电。本节介绍的晶体三极管为双极型三极管，它是信号放大和处理的核心器件，在电子产品中应用广泛。

（1）晶体三极管的分类

三极管的种类很多，按 PN 结组合可分为 NPN 型和 PNP 型；按材料可分为锗晶体三极管和硅晶体三极管；按工作频率可分为高频管和低频管；按功率可分为大功率管、中功率管和小功率管。常见三极管的外形及符号如图 1.15 所示。

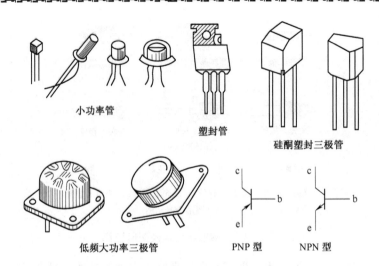

小功率管

塑封管

硅酮塑封三极管

低频大功率三极管　　　　PNP 型　　　NPN 型

图 1.15　常见三极管的外形及符号

（2）晶体三极管的主要技术参数

① 交流电流放大系数，包括共发射极电流放大系数（β）和共基极电流放大系数（α）。它是表明晶体管放大能力的重要参数。

② 集电极最大允许电流 I_{CM}，即放大器的电流放大系数明显下降时的集电极电流。

③ 集电极最大允许耗散功率 P_{CM}，指三极管的参数变化不超过规定允许值时的最大集电极耗散功率。

④ 集–射间反向击穿电压 BV_{ceo}，指三极管基极开路时，集电极和发射极之间允许加的最高反向电压。

（3）晶体三极管的检测

① 三极管类型和基极 b 的判别。指针式万用表置于 R×100 或 R×1k 挡，用黑表笔碰触某一极，红表笔分别碰触另外两极，若两次测量的电阻都小（或都大），则黑表笔（或红表笔）所接管脚为基极且为 NPN（或 PNP）型。

② 发射极 e 和集电极 c 的判别。若已判明基极和类型，则另外两个极为 e、c 端。c、e 的判别如图 1.16 所示。以 PNP 型管为例，将万用表红表笔接假设的 c 端，黑表笔接 e 端，用潮湿的手指捏住基极 b 和假设的集电极 c 端，但两极不能相碰（潮湿的手指即代替图中 100 kΩ 的 R）。再将假设的 c、e 极互换，重复上述步骤，比较两次测得的电阻大小。测得电阻小的那一次，红表笔所接的管脚是集电极 c，另一端是发射极 e。

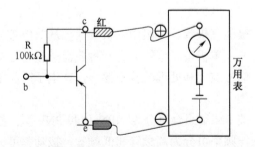

图 1.16　用万用表判别 PNP 型三极管的 c、e 极

（4）选用三极管的注意事项

选用三极管的注意事项与二极管的基本相同，此外还有如下几点需要注意。

① 安装时要分清不同电极的管脚位置，焊点距离管壳不要太近，一般三极管应该距离印制板 2～3 mm 以上。

② 大功率管的散热器与管壳的接触面应该平整、光滑，中间应该涂抹导热硅脂以便减小热阻并减少腐蚀；要保证固定三极管的螺丝钉松紧一致。

③ 对于大功率管，特别是外延型高频功率管，在使用中要防止二次击穿。所谓二次击穿是指这样一种现象：三极管在工作时，可能 V_{ce} 并未超过 BV_{ceo}、P_c 也未达到 P_{CM}，而三极管已被击穿损坏了。为了防止二次击穿，就必须大大降低三极管的使用功率和工作电压。其安全工作区的判定，应该依据厂家提供的资料，或在使用前进行必要的检测筛选。

应当注意，大功率管的功耗能力并不服从等功耗规律，而是随着工作电压的升高，其耗散功率相应减小。对于相同功率的三极管而言，低电压、大电流的工作条件要比在高电压、小电流的更为安全。

4．场效应晶体管

（1）场效应晶体管的基本知识

场效应晶体管（简称场效应管）是利用外加电场，使半导体中形成一个导电沟道并控制其大小（绝缘栅型）或改变原来导电沟道的大小（结型）来控制电导率变化的原理制成的。又因它只有一种载流子参与导电，故又称其为单极型器件。与普通晶体管相比，场效应管有很多优点，从控制作用来看，普通晶体管是电流控制器件，而场效应管是电压控制器件。场效应管最大的特点是输入阻抗高（一般可达上百兆欧姆甚至几千兆欧姆），因此，栅极上加电压时基本上不分取电流，这是一般晶体管不能与之相比的。另外，场效应晶体管还具有噪声低、动态范围大、功耗小、成本低和易于集成等优点，被广泛应用于数字电路、通信设备和仪器仪表等方面。

（2）场效应晶体管的分类

场效应管的种类很多，按结构和材料分，有结型和绝缘栅型场效应管；按导电沟道分，有 N 沟道和 P 沟道场效应管；按工作状态分，有增强型和耗尽型场效应管。

场效应晶体管常用的参数有夹断电压 V_P（结型）、开启电压 V_T（MOS 管型）、饱和漏极电流 I_{DSS}、栅源击穿电压、跨导、噪声系数和最高工作频率等。

（3）选用场效应晶体管的注意事项

① 结型场效应管和一般晶体三极管的使用注意事项类似。

② 对于绝缘栅型场效应管，应该特别注意避免栅极悬空，即栅、源两极之间必须经常保持直流通路。因为它的输入阻抗非常高，所以栅极上的感应电荷就很难通过输入电阻泄漏，电荷的积累使静电电压升高，尤其是在极间电容较小的情况下，少量电荷就会产生很高的电压，以致往往管子还未经使用，就已被击穿或出现性能下降的现象。

为了避免由于上述原因对绝缘栅型场效应管造成的损坏，在存放时应把它的三个电极短路；在采用绝缘栅型场效应管的电路中，通常是在栅、源两极之间接入一个电阻或稳压二极管，使积累电荷不致过多或使电压不致超过某一界限；焊接、测试时应该采取防静电措施，电烙铁和仪器等都要有良好的接地线；使用绝缘栅型场效应管的电路和整机，外壳必须良好接地。

5．单结晶体管

单结晶体管有一个 PN 结和三个电极（一个发射极和两个基极），所以又称双基极二极管。单结晶体管的结构、等效电路及电路符号如图 1.17 所示。单结晶体管因其特殊的内部结构而具有负阻特性，被广泛应用于振荡器电路及定时电路等多种电路中，并使这些电路的结构大为简化。

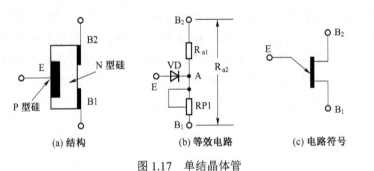

(a) 结构 (b) 等效电路 (c) 电路符号

图 1.17 单结晶体管

6．晶闸管

晶闸管又称可控硅（SCR），其特点是耐压高、容量大、效率高、寿命长及使用方便，可用微小信号对大功率电源等进行控制和变换。晶闸管有单向、双向、可关断、快速、光控晶闸管等，目前应用最多的是单向、双向晶闸管。晶闸管的结构、外形及电路符号如图 1.18 所示。

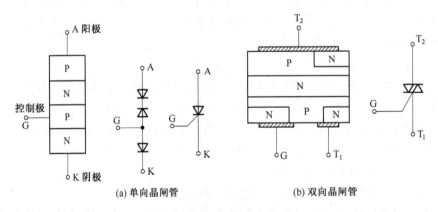

(a) 单向晶闸管 (b) 双向晶闸管

图 1.18 晶闸管的结构及电路符号

（1）单向晶闸管

① 结构及特点。单向晶闸管是 P-N-P-N 四层三 PN 结半导体结构，共有三个电极，分别为阳极（A）、阴极（K）和控制极（G）。用一个正向的触发信号触发控制极（G），一旦触发导通，即使触发信号停止作用，晶闸管仍然维持导通状态。

② 极性及质量检测。用指针式万用表的 R×100 挡测各电极间的正、反向电阻，若测得其中两个电极间阻值较大，调换表笔后其阻值较小，此时黑表笔所接触的电极为控制极

（G），红表笔所接触的为阴极（K），剩下的为阳极（A）；若测量的两电极间正、反向电阻无上述现象时，应更换电极重测。质量判断时，黑表笔接阳极（A），红表笔接阴极（K），黑表笔在保持和阳极（A）接触的情况下，再与控制极（G）接触，即给控制极（G）加上触发电压，此时晶闸管导通，阻值较小。然后，黑表笔保持和阳极（A）接触，并断开与控制极（G）的接触。若断开控制极（G）后，晶闸管仍维持导通状态，即表针偏转情况不变，则晶闸管基本正常。

（2）双向晶闸管

① 结构及特点。双向晶闸管是 N-P-N-P-N 型五层的半导体结构，等效于两个反向并联的单向晶闸管。它也有三个电极：第一阳极（T_1）、第二阳极（T_2）与控制极（G）。双向晶闸管的第一阳极（T_1）和第二阳极（T_2）无论加正向电压或反向电压，都能触发导通。同理，一旦触发导通，即使触发信号停止作用，晶闸管仍然维持导通状态。双向晶闸管在电路中主要用来进行交流调压、交流开关、可逆直流调速等。

② 极性检测

- T2 极判断。由结构图可知，G 极与 T_1 极靠近，与 T_2 极距离较远。因此，G-T_1 极之间的正、反向电阻都很小（仅为几十欧），而 G-T_2、T_1-T_2 极之间的正、反向电阻均较大。这表明，如果测出某极和其他任意两极之间的电阻呈现高阻，则该极一定是 T_2 极（个别管子 G-T_2 间与 G-T_1 间的电阻相差不大，只要确定控制极 G 即可）。
- G 极和 T_1 极判断。假定剩下的两个极分别为 G 极和 T_1 极。将黑表笔接 T_1 极，红表笔接 T_2 极，电阻为无穷大。接着用红表笔将 T_2 极与 G 极短路，给 G 极加上负触发信号，电阻值应为十欧左右，这表明管子已经导通，导通方向为 T_1 极到 T_2 极。再将红表笔与 G 极脱开（但仍接 T_2），若电阻值保持不变，证明管子触发后能维持导通状态。

将红表笔接 T_1 极，黑表笔接 T_2 极，然后使 T_2 极与 G 极短路，给 G 加上正触发信号，如果晶闸管也能导通并维持，则双向晶闸管正常且假定管脚是正确的。否则需重新测定。

在识别 G、T_1 极的过程中，也检测了双向晶闸管的触发能力。如果在测试过程中，都不能使双向晶闸管触发导通，说明管子已损坏。

1.1.5　集成电路

集成电路是利用半导体工艺或厚膜、薄膜工艺（或者这些工艺的结合）将电路的有源元件（二极管、三极管、场效应管等）、无源元件（电阻器、电容器等）按照设计要求连接起来，制作在同一硅片上，形成一个具备特定功能的完整电路。集成电路打破了电路的传统概念，实现了材料、元件、电路的三位一体。与分立元器件组成的电路相比，集成电路具有体积小、重量轻、功耗低、性能好、成本低、可靠性高、电路稳定等优点。几十年来，集成电路的生产技术取得了迅速的发展，它在电子产品中也得到了极其广泛的应用。

1. 集成电路的种类

集成电路的种类很多，按其电气功能不同可分为模拟集成电路和数字集成电路两大类；按制作工艺可分为半导体集成电路、薄膜集成电路、厚膜集成电路和混合集成电路四类；按集成度的高低可分为小规模、中规模、大规模及超大规模集成电路四类；按电路中晶体管的类型可分为双极型集成电路和单极型集成电路两类。除此之外，还有一种混合分类法，即按照制造工艺及功能综合考虑进行分类。

2. 集成电路的命名和封装

（1）集成电路的命名

近年来，集成电路的发展十分迅速，特别是大、中规模集成电路的发展，使各种性能的通用、专用的集成电路大量涌现，类别之多令人眼花缭乱。国外各大公司生产的集成电路在推出时已经自成系列，但除了表示公司标志的电路型号字头有所不同以外，一般说来在数字序号上基本是一致的。大部分数字序号相同的器件，功能差别不大，可以代换。因此，在使用国外集成电路时，应该查阅手册或公司的产品型号对照表，以便正确选用器件。

① 国产半导体集成电路的命名法

根据国家标准 GB 3430—1982《半导体集成电路型号命名法》，国产半导体集成电路的型号由 5 个部分组成，如下所述，其具体意义见表 1-9。

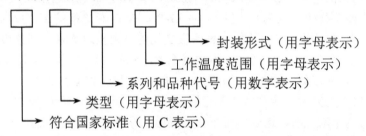

封装形式（用字母表示）
工作温度范围（用字母表示）
系列和品种代号（用数字表示）
类型（用字母表示）
符合国家标准（用 C 表示）

表 1-9　国产半导体集成电路的命名符号及意义

第一部分		第二部分		第三部分	第四部分		第五部分	
字母表示器件符合国家标准		字母表示器件的类型		数字表示器件的系列和品种代号	字母表示器件的工作温度范围（℃）		字母表示器件的封装形式	
符号	意义	符号	意义		符号	意义	符号	意义
C	中国制造	T	TTL 集成电路	（与国际接轨）	C	0～+70	W	陶瓷扁平封装
		H	HTL 电路		E	−40～+85	B	塑料扁平封装
		E	ECL 电路		R	−55～+85	F	全密封扁平封装
		C	CMOS 电路		M	−55～+125	P	塑料直插封装
		F	线性放大器				D	陶瓷直插封装
		D	音响电路				T	金属壳圆形封装
		W	稳压器				K	金属壳菱形封装
		J	接口电路				J	玻璃直插封装
		B	非线性电路				H	玻璃扁平封装
		M	存储器					
		μ	微处理器					
		AD	模拟数字转换器					
		DA	数字模拟转换器					
		S	特殊电路					

② 常见的国外进口集成电路字头符号

国外不同厂家其产品型号的命名也不相同，这里不再详细列出。常见的国外进口集成电路的字头符号见表 1-10。

表 1-10　常见国外进口集成电路的字头符号

字 头 符 号	生产国及公司名称	字 头 符 号	生产国及公司名称
AN、DN	日本松下	UA、F、SH	美国仙童公司
LA、LB、STK、LD	日本三洋公司	IM、ICM、ICL	美国英特尔公司
HA、HD、HM、HN	日本日立公司	UCN、UDN、UGN、ULN	美国斯普拉格
TA、TC、TD、TL、TM	日本东芝公司	SAK、SAJ、SAT	美国 ITT 公司
MPA、μPB、μPC、μPD	日本电气公司	TAA、TBA、TCA、TDA、	欧洲电子联盟
CX、CXA、CXB、CXD	日本索尼公司	SAB、SAS	西德 SIEG
MC、MCM	美国摩托罗拉公司	ML、MH	加拿大米特尔公司

（2）集成电路的封装

由于集成电路的半导体芯片太小，所以一定要封装在适当的外壳里，然后用导线连接芯片作为引出线。集成电路的封装，按材料基本分为金属、陶瓷、塑料三类，按电极引脚的形式分为通孔插装式和表面安装式两种。这几种封装形式各有特点，应用领域也有区别，现在主要介绍插装式引脚的集成电路封装。集成电路的常用封装形式如图 1.19 所示。

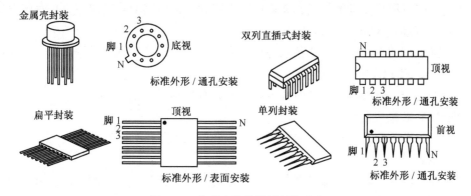

图 1.19　集成电路的常用封装形式

① 金属封装

金属封装散热性好，可靠性高，但安装使用不够方便，成本较高。这种封装形式常用于高精度集成电路或大功率器件，按国家标准有 T 和 K 型两种。

② 陶瓷封装

陶瓷封装可分为扁平型（FP 型）和双列直插型（DIP 型）及单列直插型（SIP 型）。扁平型集成电路的水平引脚较长，现被引脚较短的 SMT 封装所取代。双列直插型集成电路，随着引脚数的增加，已经发展到 PGA 针栅阵列或柱形封装、BGA 球栅阵列形式。陶瓷封装散热性差，但体积小、成本低。

③ 塑料封装

塑料封装是目前最常见的一种封装形式，其最大的特点是工艺简单、成本低，因而被广泛使用。和陶瓷封装一样，塑料封装可分为扁平型和单、双列直插型两种。

3. 集成电路的引脚识别

集成电路是多引脚器件，在电路原理图上，引脚的位置可以根据信号的流向摆放，但在电路板上安装芯片，就必须严格按照引脚的分布位置和计数方向插装。绝大多数集成电路相邻两个引脚的间距是 2.54 mm（100 mil），宽间距的是 5.08 mm（200 mil），窄间距的是 1.778 mm（70 mil）；DIP 封装芯片两列引脚之间的距离是 7.62 mm（300 mil）或 15.24 mm（600 mil）。

双列直插型集成电路引出脚常用的有 4 条、8 条、14 条和 16 条等多种，扁平型集成电路多达几百条。识别这些引脚的常规方法是，将集成电路引脚朝下，以缺口或打有一个点"·"或划有一道竖线的位置为准，按逆时针方向记数排列。如图 1.20 所示，为集成电路引脚识别示意图。

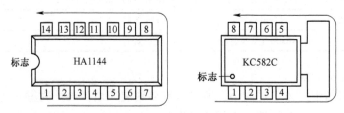

图 1.20　集成电路引脚识别

（1）单列直插式（SIP）集成电路

以正面（印有型号商标的一面）朝自己，引脚朝下，引脚编号顺序一般从左到右排列。

（2）双列直插式（DIP）集成电路

集成电路引脚朝下，以缺口或色点等标记为参考标记，其引脚编号按逆时针方向排列。

（3）扁平封装（QFP）集成电路

从左下方起，其引脚编号按逆时针方向依次计数排列（顶视）。

（4）金属封装集成电路

从凸缘或小孔处起，其引脚编号按顺时针方向依次计数排列（底部朝上）。

（5）三脚封装

主要是稳压集成电路，一般规律是正面（印有型号商标的一面）朝自己，引脚编号顺序自左向右排列。

除了以上常规的引脚方向排列外，也有一些引脚方向排列较为特殊的集成电路，应引起注意。这些大多属于单列直插式封装结构，其引脚方向排列与上面说的相反，使用时应以手册资料为准。

4. 集成电路使用注意事项

① 使用前应对集成电路的功能、内部结构、电特性、外形封装及与该集成电路相连接的电路作全面的分析和理解，使用中各项电性能参数不得超出该集成电路所允许的最大使用范围。

② 安装集成电路时要注意方向，不要搞错（在不同型号间互换时更要注意）。

③ 正确处理空脚，遇到空的引出脚时，不应擅自接地，这些引出脚为更替或备用脚，有时也作为内部连接。CMOS 电路不用的输入端不能悬空，要特别防止栅极静电感应击

穿。一切测试仪器（特别是信号发生器和交流测量仪器）、电烙铁及线路本身，均须良好接地。另外在存储 MOS 集成电路时，必须将 MOS 集成电路放在金属盒内或用金属箔包装起来。

④ 注意引脚能承受的应力与引脚间的绝缘。

⑤ 功率集成电路需要有足够的散热，并尽量远离热源。

⑥ 在手工焊接电子产品时，一般应该最后装配、焊接集成电路；不要使用额定功率大于 45 W 的电烙铁，每次焊接时间不得超过 10 s，以免损坏电路或影响电路性能。集成电路引出线的间距较小，在焊接时不要相互锡连，以免造成短路。

⑦ 集成电路及其引线应远离脉冲高压源，切忌带电插拔集成电路。

1.1.6　光电器件

光电器件的种类繁多，大致分为发光二极管、光敏器件和数显器件三大类。这里介绍常用的发光二极管、光电二极管、光电三极管和光电耦合器。

1. 发光二极管

发光二极管（LED）是将电能转化为光能的一种器件，由砷化镓（GaAs）、磷砷化镓（GaAsP）、磷化镓（GaP）等半导体材料制成。常见普通发光二极管的外形及电路符号如图 1.21 所示。

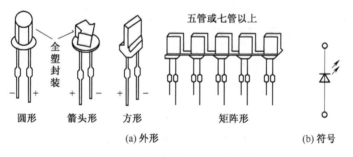

图 1.21　发光二极管外形及电路符号

与普通二极管一样，发光二极管具有单向导电性，工作在正向偏置状态，但它的正向导通电压降较大，一般在 2 V 左右。当正向电流达到 2 mA 时，发光二极管开始发光，并且光线强度的增加与电流强度成正比。发光二极管发出的颜色主要取决于晶体材料及其所掺杂质。常见发光二极管发出的光线颜色有红色、黄色、绿色和蓝色。

发光二极管具有功耗低、体积小、色彩艳丽、响应速度快、抗震动、寿命长等优点，被广泛用于电平指示器和电源指示器。

发光二极管的正、负极可以通过查看引脚（长脚为正）或内芯结构来识别。检测发光二极管正、负极和性能的方法与检测普通二极管相似，但也存在不同。对于非低压发光二极管，由于其正向导通电压大于 1.8 V，而万用表大多用 1.5 V 的电池（R×10k 挡除外），所以无法使发光二极管导通，测量其正、反向电阻均为很大或无穷大，难以判断管子的好坏。所以要用设有 R×10k 挡、内装 9 V 或 9 V 以上电池的万用表来进行测量，用 R×10k 挡测正向电阻，用 R×1k 挡测反向电阻。

2．光电二极管和光电三极管

光电二极管和光电三极管均为红外线接收管。这类管子能把光能变成电能，主要用于各种控制电路，如红外线遥感、光纤通信、光电转换器等。

（1）光电二极管

光电二极管又称光敏二极管，其构造和普通二极管相似，不同点在于管壳上有入射光窗口，使光线能进入 PN 结。光电二极管可以在两种状态下工作，如下所述。

① 光电二极管加反向工作电压，没有光线入射时，它只能流过很小的反向电流，此时，反向电流的大小与普通二极管相同；有光线入射时，在耗尽层中产生自由载流子，所产生的自由载流子移出耗尽层，反向电流增大，反向电流与入射光线的照度之间呈现良好的线性关系，这是光电二极管最常用的工作状态。

② 光电二极管上不加电压，当有光线入射时，PN 结受光照射产生正向电压，具有光电池的性质。

如图 1.22 所示，图（a）是光电二极管的电路符号，图（b）是光电二极管的反向电流与入射光线的照度之间的关系曲线，图（c）是光电二极管在不同照度下反向电压与反向电流之间的关系曲线。

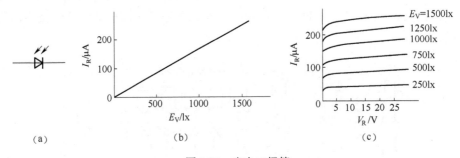

图 1.22　光电二极管

光电二极管的检测：光电二极管的正向电阻约为 $10\text{k}\Omega$ 左右，用指针式万用表 R×1k 挡测试。在无光照情况下，反向电阻为无穷大；有光照时，反向电阻随光照强度的增加而减少，阻值达几千欧或 1 千欧以下，说明此管是好的。若反向电阻都是无穷大或为零，则管子是坏的。

（2）光电三极管

光电三极管也是靠光的照射来控制电流的器件，可等效为一个光电二极管和一个三极管的结合，所以具有放大作用。光电三极管常用的材料是硅，一般只引出集电极和发射极，有的基极也引出，作温度补偿用。其外形和发光二极管相似。光电三极管的测试方法见表 1-11。

表 1-11　光电三极管简易测试方法

方　　法	接　　法	无　光　照	在白炽灯光照下
测电阻 R×1k 挡	黑表笔接 c，红表笔接 e	指针微动接近无穷大	随光照变化而变化，光照强度增大时，电阻变小，可达几千欧至 1 千欧以下
	黑表笔接 e，红表笔接 c	电阻为无穷大	电阻为无穷大（或微动）
测电流 50 μA 或 0.5 mA 挡	电流表串在电路中，工作电压为 10V	小于 0.3 μA（用 50 μA 挡）	随光照增加而加大，在零点几毫安至 5 毫安之间变化（用 5 mA 挡）

3．光电耦合器

光电耦合器利用光束实现电信号的传输。工作时，把电信号加到输入端，使发光器件发光，受光器件在光辐射的作用下产生并输出电流，从而实现以光为媒介的"电→光→电"的转换；通过光进行输入端和输出端之间的耦合，从而能有效地抑制系统噪声，消除接地回路的干扰。光电耦合器通常是由一个光发送器（常见为发光二极管）和一个光接收器（常见为光敏三极管）组成，如图 1.23 所示。

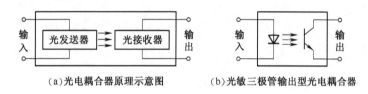

(a)光电耦合器原理示意图　　　　(b)光敏三极管输出型光电耦合器

图 1.23　光电耦合器

光电耦合器的工作过程：光敏三极管的导通与截止，是由发光二极管所加的正向电压控制的。当发光二极管加上正向电压时，发光二极管有电流通过并发光，使光敏三极管内阻减少而导通；反之，当发光二极管不加正向电压或所加正向电压很小时，发光二极管中无电流通过或通过电流很小，发光强度减弱，光敏三极管的内阻增大而截止。这个电→光→电的过程实现了输入电信号与输出电信号间既可用光来传输，又可通过光隔离的功能，从而提高电路的抗干扰能力。

光电耦合器具有体积小、使用寿命长、工作温度范围宽、抗干扰性能强等特点，因而在各种电子设备上得到了广泛的应用。光电耦合器可用于电气隔离、电平转换、级间耦合、开关电路、脉冲放大、固态继电器和微型计算机接口电路中。常见的光电耦合器由管式、双列直插式等封装形成。如图 1.24 所示，为通用光电耦合器的外形结构和符号。

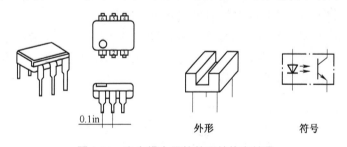

0.1in　　　　　　　外形　　　　符号

图 1.24　光电耦合器的外形结构和符号

由于光电耦合器的发射管（光发送器）和接收管（光接收器）是独立的，因此可以用万用表分别进行检测。输入部分的检测和检测发光二极管相同，输出部分与受光器件的类型有关。如果输出部分是光电二极管和光电三极管，则可按光电二极管、光电三极管的检测方法进行测量。

光电耦合器的主要参数有正向电压、反向击穿电压、饱和压降、电流传输比、输入/输出间绝缘电压、上升/下降时间和外形结构等。

1.1.7　电声器件

完成电信号与声音信号相互转换的元件称为电声器件。电声器件的种类繁多，有扬声器、耳机、传声器（送话器、受话器）等。我们这里只简单介绍扬声器、传声器的一些基本知识。

1．扬声器

扬声器（又称喇叭）是收音机、录音机、音响设备中的重要元件。扬声器的种类很多，可按不同的方式进行分类。常见的有电动式、励磁式、舌簧式和晶体压电式等几种，应用最广的是电动式扬声器，舌簧式已很少应用。扬声器的结构、外形及电路符号如图 1.25 所示。

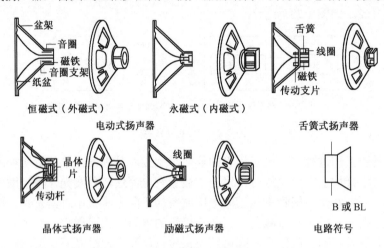

图 1.25　扬声器的结构、外形及电路符号

（1）电动式扬声器

电动式扬声器，按其所采用的磁性材料可分为永磁式和恒磁式两种。永磁式扬声器因磁铁可以做得很小，所以可以安放在内部，又称内磁式。它的特点是漏磁少、体积小但价格较贵。恒磁式扬声器往往要求磁体体积较大，所以安放在外部，又称外磁式。它的特点是漏磁大、体积大，但价格便宜，常用于普通收音机等电子产品中。

电动式扬声器由纸盆、音圈、磁体等组成，如图 1.26 所示。当音频电流通过音圈时，音圈产生随音频电流而变化的磁场，此交变磁场与固定磁场相互作用，导致音圈随电流变化而前后运动，并带动纸盆振动发出声音。

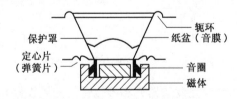

图 1.26　电动式扬声器的结构

（2）压电陶瓷扬声器和蜂鸣器

压电陶瓷随两端所加交变电压而产生机械振动的性质叫做压电效应。利用压电陶瓷片的压电效应，可以制成压电陶瓷扬声器及各种蜂鸣器。压电陶瓷扬声器主要由压电陶瓷片和纸盆组成，其特点是体积小、厚度薄、重量轻，但频率特性差、输出功率小，目前应用少。压电陶瓷蜂鸣器则广泛应用于门铃、报警及小型智能化装置中。

（3）耳机和耳塞机

耳机和耳塞机在电子产品的放音系统中代替扬声器播放声音。它们的结构和形状各有不同，但工作原理和电动式扬声器相似，也是由磁场将音频电流转变为机械振动而还原声音的。耳塞机的体积微小，携带方便，一般应用在袖珍收、放音机中。耳机的音膜面积较大，能够还原的音域较宽，音质、音色更好一些，一般价格也比耳塞机更贵。

（4）使用注意事项

① 扬声器应安装在木箱或机壳内，以利于扩展音量、改善音质、保护扬声器。

② 扬声器应远离热源，防止扬声器磁铁长期受热而退磁。压电陶瓷扬声器的晶体受热后会改变性能。

③ 扬声器应防潮，特别是纸盆扬声器要避免纸盆变形。

④ 扬声器严禁撞击和振动，以免失磁、变形而损坏。

⑤ 扬声器的长期输入电功率不应超过其额定功率。

2. 传声器

传声器俗称话筒，其作用与扬声器相反，是一种将声能转换为电能的电声器件。传声器的种类很多，常见的有动圈式、晶体式、铝带式、电容式和碳粒式等。现在应用最广的是动圈式和驻极体电容式传声器。传声器的文字符号，以前用 S、M 及 MIC 等表示，新国标规定为 B 或 BM。传声器的电路符号如图 1.27 所示。

（1）动圈式传声器

动圈式传声器的结构如图 1.28 所示，由永久磁铁、磁钢、音圈、音膜、输出变压器等组成。音膜的音圈处于永久磁铁的圆形磁隙中，当声音传到话筒膜片后，声压使膜片振动，带动音圈做切割磁力线振动，从而产生感应电势，经过阻抗匹配变压器变换后输出，完成声-电转换。这种话筒有低阻 200～600 Ω 和高阻 10～20 kΩ 两类。常用动圈式传声器的阻抗为 600 Ω，频率响应一般为 200～5 000 Hz。动圈式传声器结构坚固，工作稳定，具有单方向性，经济耐用，用途十分广泛。

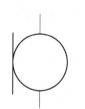 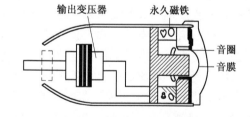

图 1.27 传声器的电路符号   图 1.28 动圈式传声器的结构

（2）普通电容式传声器

普通电容式传声器由固定电极与膜片组成。当有声压时，膜片因受力振动引起电容量发生变化，使电路中的充电电流随电容量的变化而变化。此变化电流流过电阻转换成电压输出。普通电容式传声器带有电源和放大器，给电容振动膜提供极化电压并将传声器输出的微弱信号放大。普通电容式传声器的频率响应好，输出阻抗极高，但结构复杂、体积大，又需要供电系统，使用不便，比较适合在质量要求高的扩音、录音中工作，如固定的录音室等。其结构与接线如图 1.29 所示。

（3）驻极体电容式传声器

由于驻极体表面的电荷能永久保持，不需外加直流极化电压，故用驻极体振动膜的驻极体电容式传声器除具备普通电容式传声器的优良性能外，还具有结构简单、体积小、重量轻、耐振、价格低廉、使用方便等特点，因而应用广泛。其缺点是在高温、高湿下的寿命较短。

图 1.29　普通电容式传声器的结构与接线

　　驻极体电容式传声器的输出阻抗很高，约有几十兆欧，应用时要加一个结型场效应管进行阻抗变换后才能与音频放大级相匹配。驻极体电容式传声器的结构如图 1.30 所示。

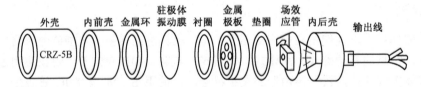

图 1.30　驻极体传声器的结构

1.1.8　电磁元件

　　利用电磁感应原理制造的电磁元件在电子产品中广泛应用，霍尔元件（霍尔集成电路）和磁记录元件（磁头）是其中的典型。

1．霍尔集成电路

　　霍尔集成电路是一种利用霍尔效应工作的磁敏元件，由于它由霍尔元件和有关电子电路构成一体，故称霍尔集成电路。具有霍尔效应的元件称为霍尔元件。霍尔效应指的是给元件加上相互垂直的控制电流 I 和磁场 B 后，便会产生既垂直于磁场方向又垂直于电流方向的感应电压 V，如图 1.31 所示。当没有控制电流或没有垂直于电流方向的磁场时，便无输出电压。由此可见，霍尔元件具有将磁信号转换成电信号的能力。

　　如图 1.32 所示，是两种霍尔集成电路的外形示意图。其中 1 脚为电源引脚，3 脚为输出脚，4 脚为接地脚。检测霍尔集成电路的好坏，可以通过在路时测量它有无输出电压来判断，方法是用数字式万用表直流电压挡，在永久磁铁接近霍尔集成电路时测其输出端电压，若无电压说明已损坏。在测量主导电动机上的霍尔集成电路时，可直接用数字万用表的交流电压挡。在用手旋转电动机转子的情况下检测霍尔集成电路的输出端电压时，若有电压输出则说明正常。当霍尔集成电路损坏后，电动机将不转，因为霍尔集成电路构成了电动机的电子电刷电路。当然，霍尔集成电路还可用于其他电路，如电动机转速和相位的检测电路及传感器的保护电路等。

2．磁头

　　磁头也是一种电磁转换器件。磁头的种类很多，并有多种分类方法。例如，按用途可分为录音（音频）磁头、录像（视频）磁头、录码（脉冲）磁头；按磁头中铁芯的数量，可分为单道磁头、多道磁头；按其结构特点，可分为块状磁头和薄膜磁头。

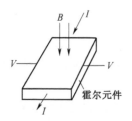

图 1.31　霍尔效应示意图

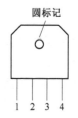

图 1.32　两种霍尔集成电路外形示意图

各种块状磁头有着相同的基本结构，其示意图如图 1.33（a）所示。与块状磁头相比，薄膜磁头的分辨率较高。薄膜磁头的磁惯量小，能满足快速存取、高密度记录的要求。薄膜磁头分为垂直型和水平型两种，其结构示意分别如图 1.33（b）和（c）所示。

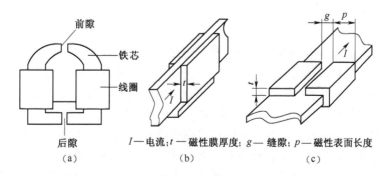

I—电流；t—磁性膜厚度；g—缝隙；p—磁性表面长度

（a）　　　　　　　（b）　　　　　　　（c）

图 1.33　块状磁头和薄膜磁头的基本结构

常用的磁头铁芯材料有玻莫合金、铁氧体、铝硅铁粉等材料。

在各种音像电子产品中，磁头都是关键部件之一，其性能的好坏直接影响音频/视频信号的录、放质量。以音频磁头为例（如图 1.34 所示，电路符号表示了它们在产品中所起的作用），可以分为放音磁头、录音磁头、录放磁头和抹音磁头。

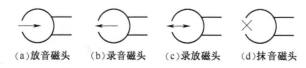

（a）放音磁头　　（b）录音磁头　　（c）录放磁头　　（d）抹音磁头

图 1.34　音频磁头的电路符号

1.1.9　机电元件

机电元件是指利用机械力和电信号的作用，使电路产生接通、断开或转换等功能的元件。整机产品中使用的接插件、开关、继电器等都属于机电元件。它们是通过一定的机械动作完成电气连接和断开的元件。其主要功能是传输信号和传输电能，以及通过金属接触点的闭合和开启使其所连接的电路接通和断开。接插件和开关大多是串联在电路中的，起着连接各个系统或电路模块的作用。机电元件是故障多发点，因此，其质量和可靠性将直接影响整机的质量和可靠性。为此，要求机电元件接触要可靠，具有良好的导电性、足够的机械强度、适当的插拔力和绝缘性。选用这些元件时，除了应根据产品技术条件规定的电气、机械、环境要求外，还要考虑元件动作的次数、镀层的磨损等因素。

1．接插件

接插件又称连接器。在电子整机中，接插件可提供简便的插拔式电气连接。为了便于组装、更换、维修，在分立元器件（或集成电路）与印制电路板之间，在整机的主机和各部件之间，多采用各类接插件进行电气连接。

接插件的种类很多，分类方法各不相同。习惯上，常按照接插件的工作频率和外形结构特征来分类。

按照接插件的工作频率分类，低频接插件通常是指适合在频率 100 MHz 以下工作的连接器。而适合在频率 100 MHz 以上工作的高频接插件，在结构上需要考虑高频电场的泄漏、反射等问题，一般都采用同轴结构，以便与同轴电缆连接，所以也称为同轴连接器。

按照接插件的外形结构特征分类，常见的有圆形接插件、矩形接插件、印制板接插件、带状电缆接插件等。

（1）圆形接插件

圆形接插件的插头具有圆筒状外形，插座焊接在印制电路板上或紧固在金属机箱上，插头与插座之间有插接和螺接两类连接方式，广泛用于系统内各种设备之间的电气连接。插接方式的圆形接插件用于插拔次数较多、连接点数少且电流不超过 1 A 的电路连接，常见的台式计算机键盘、鼠标插头（PS/2 端口）就属于这一种。螺接方式的圆形接插件俗称航空插头、插座，如图 1.35 所示，它有一个标准的螺旋锁紧机构，特点是接点多、插拔力较大、连通电流大、连接较方便、抗震性极好等，容易实现防水密封及电磁屏蔽等特殊要求（接点数目从两个到近百个，额定电流可从 1 安培到数百安培，工作电压均在 300～500 V 之间）。

（2）矩形接插件

矩形接插件如图 1.36 所示。矩形接插件的体积较大，电流容量也较大，并且矩形排列能够充分利用空间，所以这种接插件被广泛用于印制电路板上安培级电流信号的互相连接。有些矩形接插件带有金属外壳及锁紧装置，可以用于机外的电缆之间和电路板与面板之间的电气连接。

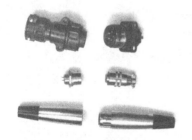

图 1.35　圆形接插件

图 1.36　矩形接插件

（3）印制板接插件

印制板接插件如图 1.37 所示，用于印制电路板之间的直接连接，其外形是长条形，结构有直接型、绕接型、间接型等形式。插头由印制电路板（"子"电路板）边缘上镀金的排状铜箔条（俗称"金手指"）构成；插座根据设计要求订购，焊接在"母"电路板上。"子"电路板插入"母"电路板上的插座，就连接了两个电路。印制板插座的型号很多，主要规格有排数（单排、双排）、针数（引线数目，从 7 线到近 200 线不等）、针间距（相邻接点簧片之间的距离）及有无定位装置、有无锁定装置等。在台式计算机的主板上最容易见到符合不同的总线规范的印制板插座，用户选择的显卡、声卡等就是通过这种插座与主板实现连接的。

（4）同轴接插件

同轴接插件又称做射频接插件或微波接插件，用于传输射频信号、数字信号的同轴电缆之间的连接，工作频率可达到数千兆赫兹以上，如图 1.38 所示。Q9 型卡口式同轴接插件常用于示波器的探头电缆连接。

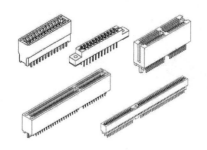

图 1.37　印制板接插件

图 1.38　同轴接插件

（5）带状电缆接插件

带状电缆是一种扁平电缆，从外观看像是几十根塑料导线并排黏合在一起的。带状电缆占用空间小、轻巧柔韧、布线方便、不易混淆。带状电缆接插件的插头是电缆两端的连接器，它与电缆的连接不用焊接，而是靠压力使连接端内的刀口刺破电缆的绝缘层实现电气连接的，工艺简单可靠，如图 1.39 所示。带状电缆接插件的插座部分直接装配焊接在印制电路板上。带状电缆接插件用于低电压、小电流的场合，能够可靠地同时传输几路到几十路数字信号，但不适合用在高频电路中。在高密度的印制电路板之间已经越来越多地使用带状电缆接插件，特别是在微型计算机中，主板与硬盘、软盘驱动器等外部设备之间的电气连接几乎全部使用带状电缆接插件。

图 1.39　带状电缆接插件

（6）插针式接插件

插针式接插件常见的有两类，如图 1.40 所示。图（a）为民用消费电子产品常用的插针式接插件，插座可以装配焊接在印制电路板上，插头压接（或焊接）导线，连接印制板外部的电路部件。例如，电视机里可以使用这种接插件连接开关电源、偏转线圈和视放输出电路。图（b）所示的插针式接插件为数字电路所常用，插头、插座分别装焊在两块印制电路板上，用来做两者之间的连接，这种接插件比标准的印制板体积小，连接更加灵活。

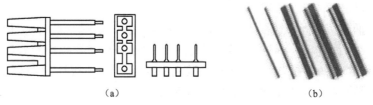

（a）　　　　　　　　　　　　　　　（b）

图 1.40　插针式接插件

（7）D形接插件

D形接插件的端面很像字母"D"，具有非对称定位和连接锁紧机构，如图1.41所示。常见的接点数有9、15、25、37等几种，连接可靠，定位准确，用于电器设备之间的连接。典型的应用有计算机的RS-232串行数据接口和LPT并行数据接口（打印机接口）。

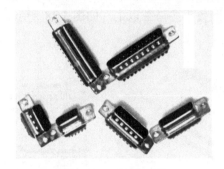

图1.41　D形接插件

（8）条形接插件

条形接插件如图1.42所示，广泛用于印制电路板与导线之间的连接。接插件的插针间距有2.54 mm（额定电流1.2 A）和3.96 mm（额定电流3 A）两种，工作电压250 V，接触电阻约为0.01 Ω。插座焊接在电路板上，导线压接在插头上（压接质量对连接可靠性的影响很大）。这种接插件保证插拔次数约30次。

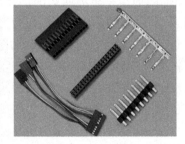

图1.42　条形接插件

（9）音视频接插件

音视频接插件也称AV连接器，用于连接各种音响设备、摄/录像设备及视频播放设备，传输音频、视频信号。音视频接插件有很多种，常见的有耳机/话筒插头座和莲花插头座。

耳机/话筒插头、插座比较小巧，用来连接便携式、袖珍型音响电子产品，如图1.43（a）所示。插头直径∅2.5的用于微型收录机耳机；∅3.5的用于计算机多媒体系统输入/输出音频信号；∅6.35的用于台式音响设备（大多是话筒插头）。这种接插件的额定电压为30 V，额定电流为30 mA，不宜用来连接电源。一般使用屏蔽线作为音频信号线与插头连接，可以传送单声道或双声道信号。

莲花插头、插座又称同心连接器，它的尺寸要大一些，如图1.43（b）所示。插座常被安装在声像设备的后面板上，插头用屏蔽线连接，传输音频和视频信号。选用视频屏蔽线时，要注意导线的传输阻抗与设备的传输阻抗相匹配。这种接插件的额定电压为50 V（AC），额定电流为0.5 A，保证插拔次数约100次。

（a）　　　　　　　　　　　　　　　　　　　（b）

图 1.43　音视频接插件

（10）直流电源接插件

如图 1.44 所示，直流电源接插件用于连接小型电子产品的便携式直流电源，如"随身听"收录机的小电源和笔记本电脑的电源适配器都是使用这类接插件连接的。插头的额定电流一般为 2～5 A，尺寸有 3 种规格，分别为（外圆直径×内孔直径）3.4 mm×1.3 mm、5.5 mm×2.1 mm、5.5 mm×2.5 mm。

接插件的主要参数有额定电压、额定电流和接触电阻等。

图 1.44　直流电源接插件

2．开关

开关是在电子设备中用于接通或切断电路的广义功能元件，其种类繁多。

传统的开关都是手动式机械结构，操作方便，廉价可靠，使用十分广泛。随着新技术的发展，各种非机械结构的开关不断出现，如气动开关、霍尔开关和感应式开关等。但它们已经不是传统意义上的开关，往往包括比较复杂的电子控制单元。

开关的主要参数有额定电压、额定电流、接触电阻、绝缘电阻、耐压和工作寿命等。

这里只简要介绍几种机械类开关。由开关机械结构带动的活动触点俗称"刀"，也称"极"；对应同一活动触点的静触点数（即活动触点各种可能的位置）俗称"掷"，也称"位"。因此，开关的性能规格常用"×刀×掷"或"×极×位"来表示，如图 1.45 所示。

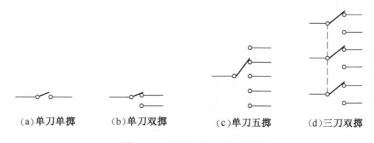

（a）单刀单掷　　　（b）单刀双掷　　　（c）单刀五掷　　　（d）三刀双掷

图 1.45　开关"刀"与"掷"

（1）旋转式开关

① 波段开关

波段开关如图 1.46 所示，分为大、中、小型三种。波段开关靠切入或咬合实现接触点的闭合，可有多刀位、多层型的组合，其绝缘基体有纸质、瓷质或玻璃布环氧树脂板等几种。旋转波段开关的中轴带动各层的接触点联动，同时接通或切断电路。波段开关的额定工作电流一般为 0.05～0.3 A，额定工作电压为 50～300 V。

　　② 刷形开关

　　刷形开关如图 1.47 所示，靠多层簧片实现接点的摩擦接触，其额定工作电流可达 1 A以上，也可分为多刀、多层等不同规格。

图 1.46　波段开关

图 1.47　刷形开关

　　（2）按动式开关

　　① 按钮开关

　　按钮开关分为大、小型，形状多为圆柱体或长方体，其结构主要有簧片式、组合式、带指示灯和不带指示灯等几种。按下或松开按钮开关，电路则接通或断开，常用于控制电子设备中的电源或交流接触器。

　　② 键盘开关

　　键盘开关如图 1.48 所示，多用于计算机（或计算器）中数字式电信号的快速通断。键盘有数码键、字母键、符号键及功能键，或是它们的组合。触点的接触形式有簧片式、导电橡胶式和电容式等多种。

　　③ 直键开关

　　直键开关俗称琴键开关，属于摩擦接触式开关，有单键的，也有多键的，如图 1.49 所示。每个键的触点个数均是偶数（即二刀、四刀、……以至十二刀）。键位状态可以锁定，也可以是无锁的；可以是自锁的，也可以是互锁的（当某一键按下时，其他键就会弹开复位）。

　　④ 波形开关

　　波形开关俗称船形开关，其结构与钮子开关相同，只是把扳动方式的钮柄换成波形而按动换位，如图 1.50 所示。波形开关常用做设备的电源开关。其触点分为单刀双掷和双刀双掷等几种，有些开关带有指示灯。

图 1.48　键盘开关

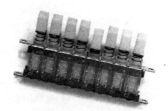

图 1.49　直键开关

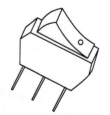

图 1.50　波形开关

　　（3）拨动开关

　　① 钮子开关

　　如图 1.51 所示的钮子开关是电子设备中最常用的一种开关，有大、中、小型和超小型等几种，触点有单刀、双刀及三刀等几种，接通状态有单掷和双掷两种，额定工作电压一般为 250 V，额定工作电流为 0.5～5 A 范围中的多挡。

②　拨动开关

拨动开关如图 1.52 所示，一般是水平滑动式换位、切入咬合式接触，常用于计算器、收录机等民用电子产品中。

图 1.51　钮子开关　　　　　　　　　　图 1.52　拨动开关

3. 其他连接元件

（1）接线柱

如图 1.53 所示的接线柱常用做仪器面板的输入、输出端口，其种类很多。

图 1.53　接线柱

（2）接线端子

接线端子常用于大型设备的内部接线，如图 1.54 所示。

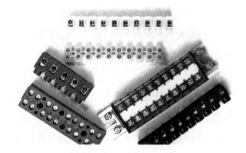

图 1.54　接线端子

4. 继电器

继电器是自动控制电路中一种常用的开关元件，它是利用电磁原理、机电原理或其他（如热电或电子）方法实现自动接通（或断开）一个（或一组）接点、完成电路功能的开关，是一种可以用小电流（或低电压）来控制大电流（或高电压）的自动开关。继电器在电路中起着自动操作、自动调节、安全保护等作用。

（1）继电器的型号命名

继电器的型号命名不一，部分常用继电器的型号命名法见表 1-12。

表 1-12　部分常用继电器的型号命名法

第一部分		第二部分				第三部分		第四部分	第五部分	
主　称		产品分类				形状特征		序　号	防护特性	
符号	意义	符号	意义	符号	意义	符号	意义		符号	意义
J	继电器	R	小功率	S	时间	X	小型	数字	F	封闭式
		Z	中功率	A	舌簧	C	超小型		M	密封式
		Q	大功率	M	脉冲	Y	微型			
		C	电磁	J	特种					
		V	温度							

（2）继电器的分类

继电器，按动作原理或结构特征分，有电磁继电器、磁保持继电器、固态继电器、高频继电器、控制继电器、舌簧继电器和时间继电器；按接触点负荷分，有微功率继电器、小功率继电器、中功率继电器和大功率继电器；按防护特征分，有密封继电器和封闭式继电器。

（3）继电器的主要性能参数

① 额定工作电压，是指继电器正常工作时线圈所需要的电压。根据继电器的型号不同，额定工作电压可以是交流电压，也可以是直流电压。

② 直流电阻，是指继电器中线圈的直流电阻，可以通过万用表测量。

③ 吸合电流，是指继电器能够产生吸合动作的最小电流。在正常使用时，给定的电流必须略大于吸合电流，这样继电器才能稳定地工作。而对于线圈所加的工作电压，一般不要超过额定工作电压的 1.5 倍，否则会产生较大的电流而把线圈烧毁。

④ 释放电流，是指继电器产生释放动作的最大电流。当继电器吸合状态的电流减小到一定程度时，继电器就会恢复到未通电的释放状态。这时的电流远远小于吸合电流。

⑤ 触点切换电压和电流，是指继电器允许加载的电压和电流。它决定了继电器能控制电压和电流的大小，使用时不能超过此值，否则很容易损坏继电器的触点。

（4）几种传统继电器

① 电磁继电器。如图 1.55 所示，电磁继电器一般由一个带铁芯的线圈、一组或几组带触点的簧片和衔铁组成。当线圈通电时，线圈中间的铁芯被磁化产生足够的电磁力，吸动衔铁，使动触点与静触点 5 断开，而与静触点 4 闭合，这称做继电器"释放"或"复位"。当线圈未通电时，处于断开状态的静触点，称为"常开触点"；处于接通状态的静触点，称为"常闭触点"；一个动触点与一个静触点常闭，而同时与另一个静触点常开，称为"转换触点"。电磁继电器一般只设一个线圈（也有设多个线圈的），但可以具有一个或数个（组）触点，线圈通电时便可实现多组触点的同时转换。

电磁继电器的图形符号用长方框表示，如图 1.56（a）所示。在方框内或框外用"K"表示继电器。继电器的触点有三种形式，如图 1.56（b）所示。继电器的触点可画在方框旁边，这样比较直观；也可以根据电路连接的需要，将各触点分别画在各自的控制电路中，并标上相关符号。按规定，继电器的触点状态应按线圈不通电时的初始状态画出。

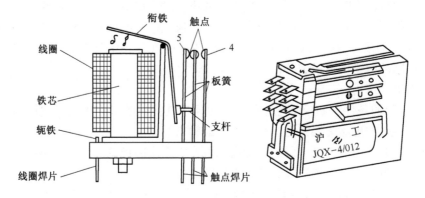

图 1.55　电磁继电器

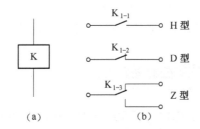

图 1.56　电磁继电器电路符号及接点

电磁继电器的特点是触点接触电阻很小，结构简单，工作可靠。其缺点是动作时间较长，触点寿命较短，体积较大。

② 舌簧继电器。舌簧继电器是一种结构简单的小型继电器，具有动作速度快、工作稳定、机电寿命长及体积小等优点。常见的有干簧继电器和湿簧继电器两类。

③ 固态继电器。固态继电器（简称 SSR）是一种由固态半导体器件组成的新型无触点的电子开关器件。它的输入端仅要求很小的控制电流，驱动功率小，能用 TTL、CMOS 等集成电路直接驱动，其输出回路采用大功率晶体管或双向晶闸管的开关特性来接通或断开负载，达到无触点、无火花的接通或断开电路的目的。与电磁继电器相比，固态继电器具有体积小、抗干扰性能强、工作可靠、开关速度快、工作频率高、寿命长、噪声低等特点，因此其应用越来越广泛。固态继电器按使用场合不同可分为直流型（DC－SSR）和交流型（AC－SSR）两种。它们只能分别做直流开关和交流开关，而不能混用。

（5）继电器测试

① 测触点电阻。用万用表的电阻挡测量动断触点与动点之间的电阻，其阻值应为 0；而动合触点与动点之间的阻值就为无穷大。由此可以区别出哪个是动断触点，哪个是动合触点。

② 测线圈电阻。可用万用表"R×10"挡测量继电器线圈的阻值，从而判断该线圈是否存在开路现象。

③ 测量吸合电压和吸合电流。利用可调稳压电源和电流表，给继电器输入一组电压，且在供电回路中串入电流表进行监测。慢慢调高电源电压，听到继电器吸合声时，记下该吸合电压和吸合电流。为求准确，可以多试几次而求平均值。

④ 测量释放电压和释放电流。也是像上述③那样连接测试，当继电器发生吸合后，再逐渐降低供电电压，当听到继电器再次发出释放声音时，记下此时的电压和电流，亦可尝试多做几次而取得平均的释放电压和释放电流。一般情况下，继电器的释放电压约为吸合电压的 10%～50%。如果释放电压太小（小于吸合电压的 10%），则继电器不能正常使用了，因为这样会对电路的稳定性造成威胁，工作不可靠。

（6）继电器的选用

① 了解必要的条件。如控制电路的电源电压、能提供的最大电流、被控制电路中的电压和电流，以及被控电路需要几组、什么形式的触点等。

选用继电器时，一般控制电路的电源电压可作为选用的依据。控制电路应能给继电器提供足够的工作电流，否则继电器吸合是不稳定的。

② 查阅有关资料确定使用条件。可查找相关资料，找出所需继电器的型号和规格号。若手头已有继电器，可依据资料核对是否可以利用，最后考虑尺寸是否合适。

③ 注意容积。若是用于一般电器，除考虑机箱容积外，小型继电器主要考虑电路板的安装布局。对于小型电器（如玩具、遥控装置），则应选用超小型继电器产品。

1.2　电子元器件的检验和筛选

为了保证电子整机产品能够稳定、可靠地长期工作，在装配前必须对所使用的电子元器件进行检验和筛选。在正规化的电子整机生产厂中，都设有专门的车间或工位，根据产品具体电路的要求，依照元器件的检验筛选工艺文件，对元器件进行严格的"使用筛选"。使用筛选的项目，包括外观质量检验、功能性筛选和老化筛选。

1.2.1　外观质量检验

在电子整机产品的生产厂家中，对元器件外观质量检验的一般标准如下所述。

① 元器件封装、外形尺寸、电极引线的位置和直径应该符合产品标准外形图的规定。

② 外观应该完好无损，其表面无凹陷、划痕、裂口、污垢和锈斑；外部涂层不能有起泡、脱落和擦伤现象。

③ 电极引出线应该镀层光洁，无压折或扭曲，没有影响焊接的氧化层、污垢和伤痕。

④ 各种型号、规格标志应该完整、清晰、牢固，特别是元器件参数的分档标志、极性符号和集成电路的种类型号，其标志、字符不能模糊不清或脱落。

⑤ 对于电位器、可变电容或可调电感等元器件，在其调节范围内应该活动平顺、灵活，松紧适当，无机械杂音；开关类元件应该保证接触良好，动作迅速。

各种元器件用在不同的电子产品中，都有其自身的特点和要求，除上述共同点以外，往往还有一些特殊要求，应根据具体的应用条件区别对待。

在业余条件下制作电子产品时，对元器件外观质量的检验，可以参照上述标准，但有些条款可以适当放宽，有些元器件的缺陷能够修复。例如，元器件引线上有锈斑或氧化层的，可以擦除后重新镀锡；玻璃或塑料封装的元器件表面的涂层脱落的，可以用油漆涂补；可调元件或开关类元件的机械性能，可以经过细心调整改善等。但是，这并不意味着业余制作时可以在装配焊接前放弃对电子元器件的检验。

1.2.2　电气性能使用筛选

电子整机中使用的元器件，一般需要在长时间连续通电的情况下工作，并且要受到环境条件和其他因素的影响，因此要求它们必须具有良好的可靠性和稳定性。要使电子整机稳定可靠地工作，并能经受环境和其他一些不可预见的不利条件的考验，对元器件进行必要的老化筛选，是非常重要的一个环节。

每一台电子整机产品都要用到很多元器件，在装配焊接之前把元器件全部逐一检验筛选，事实上也是困难的。所以，整机生产厂家在对元器件进行使用筛选时，通常是根据产品的使用环境要求和元器件在电路中的工作条件及其作用，按照国家标准和企业标准，分别选择确定某种元器件的筛选手段。在考虑产品的使用环境要求时，一般要区别该产品是否是军工产品、是否是精密产品、使用环境是否恶劣、产品损坏是否可能带来灾害性的后果等；在考虑元器件在电路中的工作条件及作用时，一般要分析该元器件是否是关键元器件、功率负荷是否较大、局部环境是否良好等因素，特别要认真研究元器件生产厂家提供的可靠性数据和质量认证报告。对那些要求不是很高的低档电子产品，一般采用随机抽样的方法检验筛选元器件；而对那些要求较高、工作环境恶劣的产品，则必须采用更加严格的老化筛选方法来逐个检验元器件。

需要特别注意的是，采用随机抽样的方法对元器件进行检验筛选，并不意味着检验筛选是可有可无的——凡是科学管理的企业，即使是对于通过固定渠道进货、经过质量认证的元器件，也都要常年、定期进行例行的检验（例行试验）。例行试验的目的，不仅在于验证供应厂商提供的质量数据，还要判断元器件是否符合具体电路的特殊要求。所以，例行试验的抽样比例、样本数量及其检验筛选的操作程序，都是非常严格的。

① 老化筛选的原理及作用是：给电子元器件施加热的、电的、机械的或者多种因素结合的外部应力，模拟恶劣的工作环境，使它们内部的潜在故障加速暴露出来，然后进行电气参数测量，筛选剔除那些失效或参数变化了的元器件，尽可能把早期失效消灭在正常使用之前。

② 老化筛选的指导思想是：经过老化筛选，有缺陷的元器件会失效，而优质品能够通过。这里必须注意实验方法的正确和外加应力的适当，否则，可能对参加筛选的元器件造成不必要的损伤。

在电子整机产品生产厂家中，广泛使用的老化筛选项目有高温存储老化、高低温循环老化、高低温冲击老化和高温功率老化等，其中高温功率老化是目前使用最多的试验项目。高温功率老化是给元器件通电，模拟它们在实际电路中的工作条件，再加上+80～+180 ℃的高温进行几小时至几十个小时的老化。这是一种对元器件的多种潜在故障都有筛选作用的有效方法。

老化筛选需要专门的设备，投入的人力、工时、能源成本也很高。随着生产水平的进步，电子元器件的质量已经明显提高，并且电子元器件生产企业普遍开展在权威机构监督下的质量认证，一般都能够向用户提供准确的技术资料和质量保证书，这无疑可以减少整机生产厂家对筛选元器件的投入。所以，目前除了军工、航天等可靠性要求极高的企业还对元器件进行 100%的严格筛选以外，一般都只对元器件进行抽样检验，并且根据抽样检验的结果决定该种、该批元器件是否能够投入生产；如果抽样检验不合格，则应该向供货方退货。

对于电子技术爱好者和初学者来说，在业余制作之前对电子元器件进行正规的老化筛选一般是不太可能的，通常可以采用的方法有以下几种。

（1）自然老化

人们发现，对于电阻等多数元器件来说，若在使用前经过一段时间（如 1 年以上）的储存，其内部也会产生化学反应及机械应力释放等变化，使其性能参数趋于稳定，这种情况叫做自然老化。但要特别注意的是，电解电容器的储存时间一般不要超过半年，这是因为在长期搁置不用的过程中，电解液可能干涸，电容量将逐渐变小，甚至彻底损坏。存放时间超过半年的电解电容器，应该进行"电锻老化"恢复其性能；存储时间超过 3 年的，就应该认为已经失效（注意：电解液干涸或电容量减小的电解电容器，在使用中可能发热以致爆炸）。

（2）简易电老化

对于那些工作条件要求比较苛刻的关键元器件，可以按照图 1.57 所示的方法进行简易电老化。其中，应该采用输出电压可以调整并且未经过稳压的脉动直流电压源，使加在元器件两端的电压略高于额定（或实际）工作电压；调整限流电阻 R，使通过元器件的电流达到 1.5 倍额定功率的要求；通电 5 min，利用元器件自身的功耗发热升温（注意：不能超过允许温度的极限值）来完成简易功率老化。还可以利用图 1.57 所示的电路对存放时间超过半年的电解电容器进行电锻老化：先加上三分之一的额定直流工作电压 30 min，再升到三分之二的额定直流工作电压 1 h，然后加额定直流工作电压 2 h。

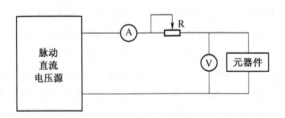

图 1.57　简易电老化电路

（3）参数性能测试

经过外观检验及老化的元器件，应该进行电气参数测量。要根据元器件的质量标准或实际使用的要求，选用合适的专用仪表或通用仪表，并选择正确的测量方法和恰当的仪表量程。测量结果应该符合该元器件的有关指标，并在标称值允许的偏差范围内。这里不再详述具体的测试方法，但有两点是必须注意的，如下所述。

① 绝不能因为购买的元器件是"正品"而忽略测试。很多初学者由于缺乏经验，把未经测试检验的元器件直接装配并焊接到电路上。假如电路不能正常工作，就很难判断出原因，结果使整机调试陷入困境，即使后来查明了电路失效是因为某种元器件不合格，但由于已经对元器件做过焊接，供货单位也不予退换。

② 要学会正确使用仪器仪表的测量方法，一定要避免由于测量方法不当而引起的错误或不良后果。例如，用晶体管特性测试仪测量三极管或二极管时，要选择合适的功耗限制电阻，否则可能损坏晶体管；用指针式万用表测量电阻时，要使指针指示在量程刻度中部的三分之一范围内，否则读数误差很大；等等。

1.3　本章小结

电子元器件是电路中具有独立功能的基本单元。元器件在各类电子产品中占有重要地位，特别是通用电子元器件，如电阻器、电容器、电感器、晶体管、集成电路等，更是电子设备中必不可少的基本器件。

本章讲述了常用元器件的种类、命名、主要参数及检测方法等，使读者全面了解各类电子元器件的结构和特点，学会正确的选择及应用。本章重点介绍了电阻器、电位器、电容器、电感器的分类、命名、标称值识别及检测方法和晶体管、集成电路的命名、引脚识别及检测方法。对于电阻器、电容器，要熟练掌握标称值的识别和质量检测；对于晶体二极管、三极管，要了解其型号的含义，掌握检测方法；对于集成电路，要了解其命名和引脚识别方法。另外，本章还简要介绍了电声器件、光电器件、电磁元件和机电元件，使读者对这些器件有一定的感性认识，为今后的使用奠定基础。

1.4　思考与习题 1

1.1　电阻器、电容器、电感线圈的主要技术参数有哪些？

1.2　电阻器、电容器的标志方法有哪些？

1.3　写出下列电阻器的标称值和允许偏差，并说明它们的标识方法。

①　6Ω8±10%；②　33k±5%；③　棕黑棕银；④　黄紫橙金；⑤　棕橙黑黑棕；

⑥　棕绿黑棕棕

1.4　如何判断一个电位器的质量好坏？

1.5　写出下列电容器的标称容量和允许偏差，并说明它们的标识方法。

①　CT81-0.022-1.6kV；②　560；③　47n；④　203 331

1.6　用万用表如何判定二极管、三极管的极性和性能优劣？

1.7　变压器的主要技术参数有哪些？

1.8　选用半导体器件应注意哪些事项？

1.9　集成电路的常用封装形式有哪些？

1.10　如何识别集成电路的引脚？使用集成电路时应注意哪些事项？

第2章 常用材料和工具

制造电子产品，不仅要使用电子元器件，还要用到各种材料及基本装配工具。了解各种材料的分类、特点和性能参数，掌握正确选择和合理使用它们的方法，对于优化设计方案、控制生产过程及保证产品质量至关重要。本章将介绍电子产品生产中常用的导线、绝缘材料、覆铜板、磁性材料、黏合剂等材料的分类和用途，以及电子工艺实训和电子产品装配中的常用工具。

2.1 常用导线与绝缘材料

2.1.1 导线

导线是能够导电的金属线，是电能或电磁信号的传输载体。电子产品中的所有导线大多由铜、铝等高导金属制成圆形截面，少数按特殊要求制成矩形或其他形状的截面。

1. 导线的分类

电子产品中常用的导线分为电线与电缆两类，又可细分成裸线、电磁线、绝缘电线电缆和通信电缆四类，其中绝缘电线电缆又分为电力电缆和电气装配用电线电缆。

（1）电线类

导线是构成电线与电缆的核心，导线的品种很多，按其材料可分为单金属丝（如铜丝、铝丝）、双金属丝（如镀银铜线）和合金线；按有无绝缘层可分为裸电线和绝缘电线。导线的粗细标准称为线规。线规有线号制和线径制两种表示方法：按导线的粗细排列成一定号码的叫线号制，线号越大，其线径越小；线径制则按导线直径大小的毫米数表示。英、美等国采用线号制，中国采用线径制。

① 裸导线，又称裸线，是表面没有绝缘层的单股或多股导线。裸线大部分作为电线电缆的导电线芯；一部分则直接使用，如电子元器件的连接线、架空裸线（又称裸电缆）等。

② 电磁线，是一种具有绝缘层的导线，主要用于绕制电机、变压器、电感线圈等的绕组，所以又称为绕组线。其作用是通过电流产生磁场或切割磁力线产生电流，以实现电能和磁能的相互转换。电磁线的导电线芯有圆线、扁线、带箔等。按绝缘层的特点和用途，电磁线包括通常所说的漆包线或高频漆包线。常用电磁线的型号、特点及用途见表2-1。

在生产电子产品时，经常要使用电磁线（漆包线或高频漆包线）绕制高频振荡电路中的电感线圈。在模具或骨架上绕线并不困难，但刮去线端的漆皮时容易损伤导线。采用热融法可以去除线端的漆皮：将线端浸入小锡炉，漆皮就融化在熔融的锡液中，同时线端被镀上锡。燃烧法也是去除线端漆皮的简便方法之一：将线端放在酒精灯上燃烧，使漆皮炭化，然后迅速浸入乙醇中，取出后用棉布即可擦净线端的漆皮。

表 2-1　常用电磁线的型号、特点及用途

型　号	名　称	线径规格 Φ/mm	主要特点	用　途
QQ	高强度聚乙烯醇缩醛漆包圆铜线	0.06～2.44	机械强度高，电气性能好	电机、变压器绕组
QZ	高强度聚酯漆包圆铜线	0.06～2.44	同 QQ 型，且耐热性可达130 度，抗溶剂性能好	耐热要求 B 级的电机、变压器绕组
QSR	单丝（人造丝）漆包圆铜线	0.05～2.10	工作温度范围达−60°～+125°	小型电机、电器和仪表绕组
QZB	高强度聚酯漆包扁铜线	(2.00～10.00)×(0.2～2.83)	绕线满槽率高	同 QZ 型，用于大型线圈绕组
QJST	单丝包绞合高频电磁线	0.05～0.20	高频性能好	高频线圈、变压器的绕组

③ 绝缘电线，是在裸导线表面裹以不同种类的绝缘材料。根据用途和导线结构分为固定敷设电线、绝缘软电线（橡皮绝缘编织软线、聚氯乙烯绝缘电线、铜芯聚氯乙烯绝缘安装电线、铝芯绝缘塑料护套电线）。还有一种叫屏蔽线，是在绝缘层的外面再包上一层编织的金属导线，构成一个金属屏蔽层，以防止因导线周围磁场的干扰而影响电路的正常工作。

（2）电缆类

电缆是在单根或多根绞合且相互绝缘的芯线外面再包上金属壳层或绝缘护套而组成的。电缆线的结构如图 2.1 所示。其各部分作用如下所述。

导体　绝缘层　屏蔽层　护套

图 2.1　电缆线的结构示意图

① 导体。导体的电阻率低于 $10^{-3}\Omega\cdot cm$。其材料主要是铜线或铝线，一般采用多股细线绞合而成，以增加电缆的柔软性。为了减小集肤效应，也有采用铜管或皱皮铜管做导体材料的。

② 绝缘层。绝缘层防止通信电缆漏电和电力电缆放电，它由橡皮、塑料、油纸、绝缘漆、无机绝缘材料等组成，有良好的电气和机械物理性能。有的采用半空气绝缘和空气绝缘。

③ 屏蔽层。屏蔽层就是用导电或导磁材料制成的盒、壳、屏、板等将电磁能限制在一定的范围内，使电磁场的能量从屏蔽体的一面传到另一面时受到很大的衰减。屏蔽层一般用金属丝绕包或用细金属丝编织而成，也有采用双金属和多层复合屏蔽的。

④ 护套。电线电缆的绝缘层或导体上面包裹的物质称为护套，它主要起机械保护和防潮的作用，有金属和非金属两种。

为了增强电缆的抗拉强度及保护电缆不受机械损伤，有的电缆在护套外面还加有钢带铠装、镀锌扁钢丝或镀锌圆钢丝铠装等保护层。

根据用途，电缆可分为如下三类。

① 电力电缆，主要用于电力系统中的传输和分配，大多是纸或橡皮绝缘的 2 芯至 4 芯电缆，有的外层还用铅作为保护层，甚至再加上钢带铠装。

② 电气装配用电缆，主要指矿用、船用、石油勘探、信号电线和直流高压软电缆等特殊场合及日用电器、小型电动设备、防水电缆及无线电用电缆。

③ 通信电缆，包括电信系统中的各种通信电缆、射频电缆、电话线和广播线等。通信电缆按不同结构分为对称电缆和同轴电缆；按不同用途分为市内通信电缆、长途对称电缆和干线通信电缆三种。一般通信电缆多为对称、多芯电缆，是成对出现的，对数可达几百甚至上千对，其芯间多为纸或塑料绝缘，外面还用橡皮、塑料或铅等作为保护层。由于对称电缆的每一对绝缘芯线与地是对称的，其磁场效应及涡流效应较强，所以传输频率不能太高，通常在几百千赫兹以下。

铜芯线　　橡胶绝缘

图 2.2　SBVD 带型线

高频电缆（射频电缆）主要用于传输高频、脉冲、低电平信号等，具有良好的传输效果，其衰减小、抗干扰能力强、天线效应小、有固定的波抗阻，便于匹配，但加工较困难。高频电缆又分为单芯和双芯电缆，双芯高频电缆又称为平行线。如图 2.2 所示的 SBVD 带型电视引线，其特性阻抗为 300 Ω。它的优点是价格便宜，易实现匹配；缺点是没有屏蔽层，易引入干扰杂波，抗干扰性能差。单芯高频电缆通常又称为同轴电缆，其结构同图 2.1，内外导体对地是不对称的，其传输损耗小，传输效率很高，适于长距离和高频传输。同轴电缆的特性阻抗有 50 Ω 和 75 Ω 两种，常用型号为 SYV-XX-X（意为聚乙烯绝缘射频同轴电缆），XX 表示特性阻抗，X 表示外导体近似直径（mm）。

2．安装导线、屏蔽线

在电子产品生产中常用的安装导线主要是塑料线，如图 2.3 所示。其中有屏蔽层的导线称为屏蔽线，如图 2.3（c）、（h）所示。屏蔽线能够实现静电（或高电压）屏蔽、电磁屏蔽和磁屏蔽的效果。屏蔽线有单芯、双芯和多芯等数种，一般用在工作频率为 1 MHz 以下的场合。

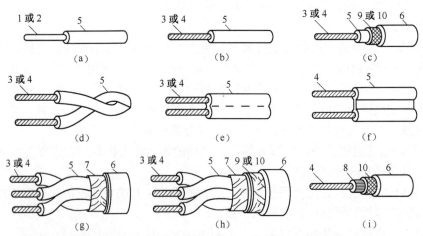

1-单股镀锡铜芯线　　2-单股铜芯线　　3-多股镀锡铜芯线　　4-多股铜芯线
5-聚氯乙烯绝缘层　　6-聚氯乙烯护套　　7-聚氯乙烯薄膜绕包　　8-聚氯乙烯星形管绝缘层
9-镀锡铜编织线屏蔽层　　10-铜编织线屏蔽层

图 2.3　常用安装导线

选择使用安装导线时，要注意以下几点。

（1）安全载流量

表 2-2 中列出的安全载流量，是铜芯导线在环境温度为 25 ℃、载流芯温度为 70 ℃的条件下架空敷设的载流量。当导线在机壳内、套管内等散热条件不良的情况下，载流量应该打折扣，取表中数据的 1/2 即可。一般情况下，载流量可按 5 A/mm^2 估算，这在各种条件下都是安全的。

表 2-2　铜芯线的安全载流量（25 ℃）

截面积/mm^2	0.2	0.3	0.4	0.5	0.6	0.7	0.9	1.0	1.5	4.0	6.0	8.0	10.0
载流量/A	4	6	8	10	12	14	17	20	25	45	56	70	85

（2）最高耐压和绝缘性能

随着所加电压的升高，导线绝缘层的绝缘电阻将会下降；如果电压过高，就会导致放电击穿。导线标志的试验电压，是表示导线加电 1 min 不发生放电现象的耐压特性。实际使用中，工作电压应该大约为试验电压的 1/5～1/3。

（3）导线颜色

塑料安装导线有棕、红、橙、黄、绿、蓝、紫、灰、白和黑等各种单色导线，还有在基色底上带一种或两种颜色花纹的花色导线。为了便于在电路中区分使用，习惯上经常选择的导线颜色见表 2-3。

表 2-3　选择安装导线颜色的一般习惯

电　路　种　类		导　线　颜　色
三相交流电路	A 相	红
	B 相	绿
	C 相	蓝
	零线后中性线	淡蓝
	安全接地	绿底黄纹
	一般交流电路	（1）白（2）灰
	接地电路	（1）黑（2）绿底黄纹
直流电路	＋	（1）红（2）棕
	GND	（1）黑（2）紫
	－	（1）青（2）白底青纹
晶体管电极	E 极	（1）红（2）棕
	B 极	（1）黄（2）橙
	C 极	（1）青（2）绿
	指示灯	青
电子管电极	＋B	棕
	阳极	红
	帘栅极	橙

续表

电 路 种 类		导 线 颜 色
	控制栅极	黄
	阴极	绿
	灯丝	青
立体声电路	左声道	（1）红（2）橙
	右声道	（1）白（2）灰
有号码的接线端子		1～10：单色无花纹（10是黑色）
		11～19：基色有花纹

（4）工作环境条件

① 室温和电子产品机壳内部空间的温度不能超过导线绝缘层的耐热温度；

② 当导线（特别是电源线）受到机械力作用的时候，要考虑它的机械强度。对于抗拉强度、抗反复弯曲强度、剪切强度及耐磨性等指标，都应该在选择导线的种类、规格及连线操作、产品运输等方面进行考虑，应留有充分的裕量。

（5）要便于连线操作

应该选择使用便于连线操作的安装导线。例如，带丝包绝缘层的导线用普通剥线钳很难剥出端头，如果不是机械强度的需要，最好不要选择这种导线作为普通连线。

2.1.2　绝缘材料

电阻率大于 $10^9\Omega\cdot cm$ 的材料称为绝缘材料，又称电介质，其作用是在电气设备中把电位不同的带电部分隔离开来。因此绝缘材料应该有良好的介电性能，即有较高的绝缘电阻和耐压强度，能避免发生漏电、爬电或电击穿等事故；耐热性能要好（尤其以不因长期受热作用而产生性能变化最为重要）；还应有良好的导热性、耐潮、较高的机械强度及工艺加工方便等特点。

1．绝缘材料的分类

常用绝缘材料，按其化学性质不同，分为无机绝缘材料、有机绝缘材料和混合绝缘材料三种类型。按物质形态可分为气体绝缘材料（如空气、氮气、氢气等）、液体绝缘材料（如电容器油、变压器油、开关油等）、固体绝缘材料（如电容器纸、聚苯乙烯、云母、陶瓷、玻璃等）。按其用途可分为介质材料（如陶瓷、玻璃、塑料膜、云母、电容器纸等）、装置材料（如装置陶瓷、酚醛树脂等）、浸渍材料和涂敷材料等。

（1）无机绝缘材料

无机绝缘材料有云母、石棉、陶瓷、玻璃、大理石、硫磺、某些气体等，主要用做电机、电器的绕组绝缘，以及开关底板和绝缘子的制造材料等。

（2）有机绝缘材料

有机绝缘材料有树脂、棉纱、麻、蚕丝、人造丝等，大多用来制造绝缘漆、绕组导线的被覆绝缘物等。

（3）混合绝缘材料

混合绝缘材料是由以上两种材料经加工后制成的各种成型绝缘材料，一般用做电器底座、外壳等。

2．常用绝缘材料的性能指标及用途

（1）绝缘材料的主要性能指标

① 抗电强度。抗电强度又称耐压强度，即每毫米厚度的材料所能承受的电压。它与材料的种类及厚度有关。对一般电子产品生产中常用的材料来说，抗电强度比较容易满足要求。

② 机械强度。绝缘材料的机械强度一般是指抗张强度，即每平方厘米所能承受的拉力。对于不同用途的绝缘材料，机械强度的要求不同。例如，绝缘套管要求柔软，结构绝缘板则要求有一定的硬度并且容易加工。同种材料因添加料的不同，其强度也有较大差异，选择时应该注意。

③ 耐热等级。耐热等级是指绝缘材料允许的最高工作温度，它完全取决于材料的成分。按照一般标准，耐热等级可分为七级，见表 2-4。在一定耐热级别的电机、电器中，应该选用同等耐热等级的绝缘材料。必须指出，耐热等级高的材料，价格也高，但其机械强度不一定高。所以，在不要求耐高温时，要尽量选用同级别的材料。

表 2-4　绝缘材料的耐热等级

级别代号	最高温度/℃	主要绝缘材料
Y	90	未浸渍的棉纱、丝、纸等制品
A	105	浸渍的棉纱、丝、纸等制品
E	120	有机薄膜、有机瓷漆
B	130	用树脂黏合或浸渍的云母、玻璃纤维、石棉
F	155	用相应树脂黏合或浸渍的无机材料
H	180	用耐热有机硅、树脂、漆或其他浸渍的无机物
C	>200	硅塑料、聚氟乙烯、聚酰亚胺及与玻璃、云母、陶瓷等材料的组合

④ 介电常数。绝缘材料（电介质）中的电荷成对结合，但在电场作用下，电介质表面会出现净的正、负电荷，这称为电介质的极化。

表征电介质极化程度的物理量称为介电常数（又称电容率，用 ε 表示，以法拉每米即 F/m 为单位）。中性电介质的介电常数一般小于 10，而极性电介质的介电常数一般大于 10，甚至达数千。绝缘材料的相对介电常数越大，表明电介质在同一交流电场作用下的极化程度越高。

⑤ 电阻率。在电场作用下，绝缘材料总会有极微弱的电流流过，此电流称为漏导电流或漏导。绝缘材料的电导特性一般用电阻率 ρ 或电导率 γ 来定量地表示，其关系为 $\gamma=1/\rho$。若绝缘材料的电阻为 R（Ω）、截面积为 A（cm^2）、长度为 l（cm），则该绝缘材料的电阻率为

$$\rho = R\frac{A}{l}$$

电阻率单位是 $\Omega \cdot cm$，其大小直接反映绝缘材料绝缘性能的优劣。理想绝缘材料的电阻率趋于无穷大，而实际绝缘材料的电阻率为 $10^9 \sim 10^{18}$ 数量级范围内。

⑥ 介质损耗。在交变电场作用下，电介质的部分电能将转变成热能，这部分能量叫做

电介质的损耗，简称介质损耗。

介质损耗是绝缘材料的重要指标之一，特别是用做电容器的介质，不容许有大量的能量损耗，否则会降低整个电路的工作质量，损耗严重时甚至会引起介质的过热而损坏绝缘层。

（2）电子产品中常用的绝缘材料

① 塑料。塑料是以合成树脂为基本材料，加入其他填料、增塑剂、染料和稳定剂等制成的。其原料丰富，价格便宜。塑料制品对温度变化和潮湿比较敏感，因此，对尺寸精度要求高的零件不宜用塑料。以下简单介绍几种常用塑料。

- 聚氯乙烯，是热塑性塑料，加入不同的增塑剂和稳定剂，可制成各种硬质或软质制品。
- 聚酰胺（尼龙），是热塑性塑料，抗拉强度高且有良好的耐冲击韧性，适宜于制造接插件、基座、衬套、电缆护套等。
- 聚四氟乙烯，是热塑性塑料，有耐酸、耐碱等良好的化学性能。其产品有板料、棒料、管料、薄膜等。
- 甲基丙烯酸甲酯（有机玻璃），是热塑性塑料，有较好的韧性、耐磨性和耐冲击强度，适用于做透明罩壳、绝缘零件等。
- 酚醛塑料，是热固性塑料，性质较脆，有良好的耐酸、耐霉、耐油、耐热性，适用于做耐腐蚀零件和各类规格的层压板。

② 绝缘漆。其应用最多的是浸渍电器线圈和表面覆盖。常用的绝缘漆有油性浸渍漆（1012）、醇酸浸渍漆（1030）、环氧浸渍漆（1033）、环氧无溶剂浸渍漆（515—1/2）、有机硅漆（1053）、覆盖漆、醇酸磁漆、有机硅磁漆等。其中，有机硅漆能耐受较高的温度（H级），无溶剂漆使用较为方便。

③ 橡胶。橡胶是一种具有弹性的绝缘材料，分为天然橡胶和合成橡胶两大类。橡胶在较大的温度范围内具有优良的弹性、电绝缘性、耐热、耐寒和耐腐蚀性，是一种用途广泛的绝缘材料。

④ 云母。云母是一种层状结晶型硅酸盐聚合物，具有良好的导热性能和良好的绝缘性能，化学性能稳定。云母主要用于绝缘要求高且能导热的场合，如用做大功率晶体管与散热片之间的垫片。

⑤ 陶瓷。陶瓷是无机盐类，具有耐热、耐潮性好，机械强度高，电绝缘性能优良，温度膨胀系数小等优点，但性质较脆。陶瓷常用于制作插座、线圈骨架、瓷介电容等。

2.2 覆铜板

覆铜板是用减成法制造印制电路板的主要材料。所谓覆铜板，全称为覆铜箔层压板，就是经过粘接、热挤压工艺，使一定厚度的铜箔牢固地附着在绝缘基板上的板材。

2.2.1 覆铜板的组成与制造

1. 覆铜板的组成

所用基板材料及厚度不同、铜箔与粘接剂不同，制造出来的覆铜板在性能上就有很大的差别。铜箔覆在基板一面的，叫做单面覆铜板；覆在基板两面的称为双面覆铜板。

（1）覆铜板的基板

高分子合成树脂和增强材料组成的绝缘层压板可以作为覆铜板的基板。合成树脂作为黏合剂，是基板的主要成分，决定其电气性能；增强材料一般有纸质和布质两种，决定基板的热性能和机械性能，如耐浸焊性、抗弯强度等。这些基板除了可以用来制造覆铜板，其本身也是生产材料，可以作为电器产品的绝缘底板。下面介绍几种常用覆铜板的基板材料及其性质。

① 酚醛树脂基板。用酚醛树脂浸渍绝缘纸或棉纤维板，两面加无碱玻璃布，就能制成酚醛树脂层压基板。在基板一面或两面黏合热压铜箔制成的酚醛纸基覆铜板，价格低廉，但容易吸水。吸水以后，绝缘电阻降低，受环境温度影响大。当环境温度高于 100 ℃时，板材的机械性能明显变差。这种覆铜板在民用或低档电子产品中广泛使用，在高档电子产品或工作在恶劣环境条件和高频条件下的电子设备中则极少采用。酚醛纸基覆铜板的标准厚度有 1.0 mm、1.5 mm、2.0 mm 等几种，一般优先选用厚度为 1.5 mm 和 2.0 mm 的板材。

② 环氧树脂基板。纤维纸或无碱玻璃布用环氧树脂浸渍后热压而成的环氧树脂层压基板，电气性能和机械性能良好。用双氰胺作为固化剂的环氧树脂玻璃布板材，性能更好，但价格偏高；将环氧树脂和酚醛树脂混合使用制造的环氧酚醛玻璃布板材，价格降低了，但也能达到满意的质量。在这两种基板的一面或两面黏合热压铜箔制成的覆铜板，常用于工作在恶劣环境下的电子产品和高频电路中。两者在机械加工、尺寸稳定、绝缘、防潮、耐高温等方面的性能指标，前者更好一些。直接观察两者，前者的透明度较好。这两种板材的厚度规格较多，厚度为 1.0 mm 和 1.5 mm 的覆铜板最常用来制造印制电路板。

③ 聚四氟乙烯基板。用无碱玻璃布浸渍聚四氟乙烯分散乳液后热压制成的层压基板，是一种高度绝缘、耐高温的新型材料。把经过氧化处理的铜箔黏合、热压到这种基板上制成的覆铜板，可以在很宽的温度范围（−230～+260 ℃）内工作，间断工作的温度上限甚至达到 300 ℃。这种高性能的板材介质损耗小，频率特性好，耐潮湿、耐浸焊性且化学稳定性好，抗剥强度高，主要用来制造超高频（微波）电子产品、特殊电子仪器和军工产品的印制电路板，但它的成本较高，刚性比较差。

此外，常见的覆铜板材还有聚苯乙烯覆铜板和柔性聚酰亚胺覆铜板等品种。

（2）铜箔

铜箔是制造覆铜板的关键材料，必须有较高的导电率及良好的焊接性。铜箔质量直接影响覆铜板的性能。要求铜箔表面不得有划痕、砂眼和皱折，金属纯度不低于 99.8%，厚度误差不大于±5 μm。按照原电子工业部的部颁标准规定，铜箔厚度的标称系列为 18 μm、25 μm、35 μm、50 μm、70 μm 和 105 μm，目前普遍使用的是 35 μm 厚度的铜箔。铜箔越薄，越容易蚀刻和钻孔加工，特别适合于制造线路复杂的高密度印制板。铜箔可通过压延法和电解法两种方法制造，后一种方法易于获得表面光洁、无皱折、厚度均匀、纯度高、无机械划痕的高质量铜箔，是生产铜箔的理想工艺。

（3）黏合剂

铜箔能否牢固地附着在基板上，黏合剂是重要因素。覆铜板的抗剥强度主要取决于黏合剂的性能。常用的覆铜板黏合剂有酚醛树脂、环氧树脂、聚四氟乙烯和聚酰亚胺等。

2. 覆铜板的生产工艺流程

铜箔氧化后，使零价铜变为二价氧化铜或一价氧化亚铜，提高了它与基板的黏合力。铜箔氧化后在其粗糙面上胶，然后放入烘箱使之预固化。玻璃布（或纤维纸）预先浸渍树脂并烘烤，也使其处于半固化状态。将胶处于半固化状态的铜箔与玻璃布（或纤维纸）对贴，根据基板的厚度要求选择玻璃布（或纤维纸）层的数量，按尺寸剪切后进行压制。压制中使用蒸汽或电加热，使半固化的黏合剂彻底固化，铜箔与基板牢固地黏合成一体，冷却后即为覆铜板。覆铜板的生产工艺流程如图 2.4 所示。

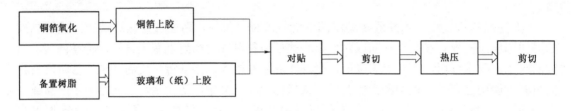

图 2.4　覆铜板的生产工艺流程

2.2.2　覆铜板的技术指标和性能特点

覆铜板质量的优劣，直接影响印制电路板的质量。衡量覆铜板质量的主要技术指标有电气性能和非电技术指标两类。电气性能包括工作频率、介电性能（介质损耗）、表面电阻、绝缘电阻和耐压强度等几项；非电技术指标包括抗剥强度、翘曲度、抗弯强度和耐浸焊性等。

1. 覆铜板的非电技术指标

（1）抗剥强度

抗剥强度指使单位宽度的铜箔剥离基板所需要的最小力，用来衡量铜箔与基板之间的结合强度，单位为 kgf/cm。在常温下，普通覆铜板的抗剥强度应该在 1.2 kgf/cm 以上。目前，国内生产的环氧酚醛玻璃布覆铜板的抗剥强度可达到 2.3 kgf/cm。抗剥强度主要取决于黏合剂的性能、铜箔的表面处理和制造工艺质量。

（2）翘曲度

翘曲度指单位长度上的翘曲（弓曲或扭曲）值，是衡量覆铜板相对于平面的平直度指标。由于国内各生产厂家的试验、测试方法不同，所取试样的尺寸不同，故尚无统一的标准。覆铜板的翘曲度取决于基板材料和板材厚度。目前以环氧酚醛玻璃布覆铜板的质量为最好。同样材料的翘曲度，双面覆铜板比单面板小，厚的比薄的小。在制作较大面积的印制板时，应该注意这一指标。如果翘曲度大，则不仅印制板的外观不佳，还可能导致严重问题：把电路板装入电子产品的机壳时，紧固电路板的矫正力会引起电路的插接部分接触不良，甚至使元器件受到机械损伤或开焊。

（3）抗弯强度

抗弯强度表明覆铜板所能承受弯曲的能力，以单位面积所受的力来计算，单位为 kg/cm^2。抗弯强度主要取决于覆铜板的基板材料及厚度。在同样厚度下，环氧酚醛玻璃布层压板的抗弯强度为酚醛纸质板的 30 倍左右。相同材料的板材，厚度越大则抗弯强度越高。在确定印制板厚度时应考虑这一指标。

（4）耐浸焊性（耐热性、耐焊性）

耐浸焊性指覆铜板置入一定温度的熔融焊料中停留一段时间（大约 10 s）后，所能承受的铜箔抗剥能力。耐浸焊性取决于基板材料和黏合剂，对印制电路板的质量影响很大。一般要求覆铜板经过焊接后不起泡、不分层。如果耐浸焊性差，印制板在经过多次焊接时，将可能使铜箔焊盘或线条脱落。环氧酚醛玻璃布覆铜板能在 260 ℃的熔锡中停放 180～240 s 而不出现起泡和分层现象。

除了上述几项外，衡量覆铜板质量的非电技术指标还有表面平整度、光滑度、坑深和耐化学溶剂侵蚀等多项。

2．几种常用覆铜板的性能特点

几种常用覆铜板的性能特点见表 2-5。

表 2-5　常用覆铜板的性能特点

品　　种	标称厚度/mm	铜箔厚度/μm	性 能 特 点	典 型 应 用
酚醛纸基覆铜板	1.0、1.5、2.0、2.5、3.0、3.2、6.4	50～70	价格低，易吸水，不耐高温，阻燃性差	中、低档消费类电子产品，如收音机、录音机等
环氧纸基覆铜板	同上	35～70	价格高于酚醛纸基板，机械强度、耐高温和耐潮湿较好	工作环境好的仪器仪表和中、高档消费类电子产品
环氧玻璃布覆铜板	0.2、0.3、0.5、1.0、1.5、2.0、3.0、5.0、6.4	35～50	价格较高，基板性能优于酚醛纸板且透明	工业装备或计算机等高档电子产品
聚四氟乙烯玻璃布覆铜板	0.25、0.3、0.5、0.8、1.0、1.5、2.0	35～50	价格高，介电性能好，耐高温、耐腐蚀	超高频（微波）、航空航天和军工产品
聚酰亚胺覆铜板	0.2、0.5、0.8、1.2、1.6、2.0	35	重量轻，用于制造柔性印制电路板	工业装备或消费类电子产品，如计算机、仪器仪表等

3．SMT 技术的新型基板材料

采用 SMT 工艺的印制电路基板，适应布线的细密化是主要的技术要求。造成布线细密化的原因有两个：大规模集成电路电极引脚的间距日趋缩小，目前已经达到 0.3 mm；元器件在印制板上装配的高度密集，使印制电路板的布线越来越密，导线的宽度正向 0.1 mm 发展。这些因素都要求基板材料有更好的机械性能、电性能和热性能。

由于元器件在电路板上的散热量增多，酚醛纸基板或环氧玻璃布基板散热性能差成为明显的缺点，而采用金属芯印制板能够解决这个问题。

金属芯印制板，就是用一块厚度适当的金属板代替环氧玻璃布基板，经过特殊处理以后，电路导线在金属板两面相互连通，而与金属板本身高度绝缘。金属芯印制板的优点是散热性能好，尺寸稳定；所用金属材料具有电磁屏蔽作用，可以防止信号之间相互干扰；并且制造成本也比较低。金属芯印制板的制造方法有很多种，典型的工艺流程如图 2.5 所示。

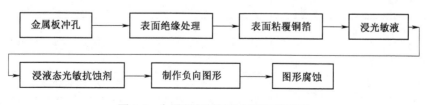

图 2.5　金属芯印制板的制造工艺流程

2.3　其他常用材料

2.3.1　磁性材料

1．磁性材料的分类

磁性材料通常分为软磁材料和硬磁材料两类。

（1）软磁材料

软磁材料在较弱的外磁场下就能产生高的磁感应强度，并随外磁场的增强很快达到饱和。当外磁场去除时，其磁性即基本消失。

（2）硬磁材料（永磁材料）

硬磁材料的主要特点是，在所加磁化磁场去掉以后仍能在较长时间内保持强而稳定的磁性。永磁材料包括金属永磁材料和永磁铁氧体材料。

2．常用磁性材料的主要用途

软磁材料主要用做传递、转换能量和信息的磁性零部件或器件，广泛用于制造各种变压器、振流圈、电感线圈、继电器的铁芯或磁芯、听筒的膜片、扬声器中的导磁零件等。

永磁材料主要用于各种电声元件，如扬声器、拾音器、话筒及极化继电器的永久磁铁。此外，在电子聚焦装置、磁控管、微电机中亦有应用。

常用磁性材料的主要用途见表 2-6。

表 2-6　常用磁性材料的主要用途

分类	名　　称	牌　号	主　要　用　途
金属软磁材料	电磁纯铁	DT3～6	用于磁性屏蔽、话筒膜片、直流继电器磁芯等恒定磁场（不适用于交流）
	硅钢片	DQ、DW 系列	做电源变压器、音频变压器、铁芯扼流圈、电磁继电器的铁芯，还可做驱动控制用微电机的铁芯（低频）
	铁镍合金	1J50、1J79 系列	做中、小功率变压器，扼流圈，继电器及控制微电机的铁芯
		1J51、1J85～87	中、小功率的脉冲变压器和记忆元件，作扼流圈、音频变压器铁芯，也可用于录音机磁头
	软磁合金	1J6、1J12、J13、J16 等	微电机铁芯、中功率音频变压器、水声和超声器件、磁屏蔽等
	非晶态软磁材料	Fe、Fe-Ni、Fe-Co 系列	50～400 Hz 电源变压器、20～200 kHz 开关电源变压器
	磁介质（铁粉芯）	Fe	用于制造高频电路中的磁性线圈（可达几十兆赫兹）
非金属软磁材料	铁氧体磁性材料（铁淦氧）	锰锌铁氧体　MnO、ZnO、Fe₂O₃	适用于 2 MHz 以下的磁性元件，如滤波线圈、中频变压器、偏转线圈、中波磁性天线等的磁芯
		镍锌铁氧体	高频性能好（1～800 MHz），用做短波天线磁棒及调频中周和高频线圈磁芯
金属永磁材料	铝镍钴系（铸造粉末）稀土类永磁、塑性变形永磁		用于微电机、扬声器耳机、继电器、录音机、电机、里程表等
	永磁铁氧体、塑料铁氧体	BaM	扬声器、助听器、话筒等电声器件的永磁体及电视显像管、耳机、薄型扬声器、舌簧开关、继电器、磁放大器、伺服电机和磁性信息存储器等

2.3.2 黏合剂

1．常用黏合剂的类型

黏合剂可用于同类或不同类材料之间的胶接。两种材料是否能很好地胶合主要取决于黏合剂的特性。绝大部分的黏合剂由合成树脂、橡胶等化工材料配制而成，由于组成、比例和合成方法的不同，其黏合性能差异很大，具体用途也各不相同。黏合剂分类的方法很多，具体如下所述。

（1）按黏合强度分

按黏合强度可分为低强度胶（抗剪切强度在 $30\sim40\ kg/cm^2$ 以下，胶合件承载轻）、中强度胶（抗剪切强度在 $40\sim100\ kg/cm^2$ 之间，能承受一定的载荷）、高强度胶（抗剪切强度在 $100\ kg/cm^2$ 以上，如环氧胶，黏合负荷较重的结构件）。

（2）按胶合件材料分

① 橡胶胶，用于橡胶之间、橡胶与金属之间的黏合，如 xy-401 胶。

② 木胶，用于木料之间的黏合，如牛皮胶、聚醋酸胶。

③ 塑料胶，用于一般塑料之间、塑料与金属之间的黏合，如聚氨脂类的 101 胶。

④ 层压纤维胶，用于纤维板层压、浸渍及其胶合，如缩醛类的 X98-1 胶。

⑤ 硬质材料胶，用于陶瓷、玻璃、金属等材料之间的黏合，如环氧胶。

⑥ 有机玻璃胶，用于黏合有机玻璃，经抛光后无痕迹，如三氯甲烷、502 胶。

（3）按胶膜的特殊性能分（特种黏合剂）

① 导电胶，有结构型和添加型两种。结构型指粘接材料本身具有导电性，添加型则是在绝缘的树脂中加入金属导电粉末（如银粉、铜粉等）配制而成。导电胶的电阻率各有不同，大约为 $20\ \Omega\cdot cm$。导电胶可用于塑料、陶瓷、金属、玻璃及石墨等制品的机械-电气连接。例如，在维修、检验电路板时，常用导电胶修复那些不可焊接的电位型连接缺陷。成品导电胶有 701、711、DAD3～DAD6、三乙醇胺导电胶等。

② 导磁胶，是在黏合剂中加入一定的磁性材料，使粘接层具有导磁作用。聚苯乙烯、酚醛树脂、环氧树脂等加入铁氧体磁粉或羰基铁粉等，可组成不同导磁性和工艺性的导磁胶。导磁胶主要用于铁氧体零件、变压器及扬声器等的粘接加工。

③ 感光胶，胶内加重铬酸铵等感光剂，胶膜对光照有敏感性，曝光后的胶膜具有较强的粘结力，非曝光部分的胶膜容易洗除，可用做丝网漏印的模板。

④ 密封胶，胶膜的气密性好，有一定的弹性，用于要密封的场合，如聚醚型聚氨酯胶。

⑤ 防潮灌封胶，具有防潮、绝缘和固定作用，为线包组件的灌封材料，如有机硅凝胶。

⑥ 超低温胶，胶膜在 –196 ℃ 或更低的负温下仍有较好的黏合强度，如 DW-3 胶。

⑦ 高温结构胶，在 +180～+250 ℃ 温度中仍具有中等胶合强度，如 E-4 胶。

⑧ 压敏胶，常态为干式胶膜，胶合时只需用手指的压力就能黏合，胶膜不固化，能被撕剥，便于返修，适于标牌的粘贴。

⑨ 热熔胶，在室温时为固态，加热到一定温度时成为熔融状态，冷却后可将被粘物体粘接在一起。热熔胶存放方便并可长期反复使用，其绝缘、耐水及耐酸性能也很好，是一种

应用广泛的黏合剂。热熔胶可粘接的材料包括金属、木材、塑料、皮革、纺织品等。

2. 常用黏合剂的特性与应用

黏合剂的特性包括使用性能和施工特性，主要有强度、吸附性、润湿性、固化特性、涂刷性能、工作寿命、耐温性、耐老化、耐介质腐蚀和毒性等。

黏合剂有单组份和双组份两类。双组份由主体胶与固化剂组成，固化剂所占比例会影响胶膜的固化条件。常用黏合剂的特性和应用见表2-7。

表2-7　常用黏合剂的特性和应用

牌号名称	组　份	固化条件	应　用
101 乌利当胶	双组份 甲：乙	室温时5～6小时，100℃时1.5～2小时，130℃时30分钟	纸张、皮面、木材；一般材料；金属胶合
XY-401 橡胶胶	单组份立体胶：丁（烷）基酚甲醛树酯	室温24小时，80～90℃下2小时	橡皮之间、橡皮与金属、玻璃、木材的胶合
501、502 瞬干胶	单组份	室温下仅几秒至几分钟	金属、陶瓷、玻璃、塑料（除聚乙烯、聚四氟乙烯外）、橡皮本身及相互间胶合
Q98-1 硝基胶	单组份	常温24小时	织物、木材、纸之间胶合，镀层补涂覆
G98-1 过氯乙烯胶	单组份 过氯乙烯树酯	常温24小时	聚氯乙烯自身及其与金属、织物之间的胶合
白胶水	单组份聚醋酸乙烯树酯	常温24小时	织物、木材、纸、皮革自身或相互间胶合
X98-1 缩醛胶	单组份	60℃时8小时 80～100℃时2～4小时	金属、陶瓷、玻璃、塑料（聚氯乙烯、聚乙烯除外）自身及相互间胶合
压敏胶	单组份氯丁橡胶	室温无固化期	轻质金属、纸、塑料薄膜标牌的胶合
204 耐高温胶	单组份 酚醛-缩醛-有机硅	180℃下2小时	各种金属玻璃钢、耐热酚醛板自身及相互间胶合
环氧胶	多组份 环氧树脂为基体	不同固化剂、不同比例有不同的固化条件	柔韧型用于橡胶与塑料，刚性型多作为结构胶用，胶合金属、玻璃、陶瓷、胶木

2.3.3　静电防护材料和设备

在电子产品的装接中，随着MOS器件和集成电路的大量使用，防静电已成为企业必须重视的一个关键工艺问题，它直接影响到产品的质量和安全。本节将介绍电子产品制造中常用的静电防护材料和设备。

1. 常用静电防护材料

（1）人体防静电服饰

① 防静电腕带。如图2.6所示，防静电腕带的材料是弹性编织物，佩戴在操作人员的手腕上。其内侧材料具有导电性，与人的皮肤接触，可以把人体积累的静电通过一个1MΩ的电阻，沿自由伸缩的导线释放到保护零线上。

图2.6　防静电腕带

　　按照防静电的安全要求，所有在电子产品插装生产线上工作的操作者必须佩戴防静电腕带。佩戴防静电腕带必须注意，防静电腕带必须与手腕紧密接触并避免松脱，不要把它套在衣袖上；防静电腕带的导线另一端的夹头必须在保护零线上固定妥当。安全管理人员要经常检测，人手和地面之间的电阻应该在 0.5～50 MΩ之间。

　　② 防静电工作服、手套和工作鞋。防静电的工作服如图 2.7（a）所示，作用是尽量减少静电场效应或者避免工作服积累电荷。工作服两只袖子之间的电阻约在 100 kΩ～1 000 MΩ范围内。

　　防静电手套如图 2.7（b）所示，其作用是尽量减少静电场效应或者避免人体带电对电子元器件的损害。如图 2.7（c）所示，防静电工作鞋提供人体和防静电地面保持必要的静电释放接触，人脚和地面之间的电阻应该在 0.5～50 MΩ范围内。

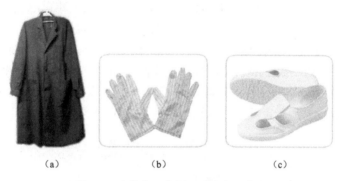

（a）　　　　　　　（b）　　　　　　　（c）

图 2.7　防静电工作服、手套和工作鞋

（2）防静电包装材料

　　① 抗静电材料，在材料上喷涂抗静电液体，使材料自身不会产生静电或仅产生微量静电（不大于 100 V）。这类材料的表面电阻率应该在 10^{10}～10^{11} Ω·cm 之间，静电消散时间小于 2 s。如图 2.8（a）、（b）所示，分别是抗静电网格包装袋和抗静电海绵的照片。使用抗静电材料时要注意，抗静电材料仅能防止自身产生静电，而却无法防止静电场对元器件的破坏，并要考虑表面涂层的有效期。一般供货商的习惯是把这些产品制成粉红色。

　　② 静电屏蔽材料，一般由 2 层或 3 层复合而成，2 层的内层和 3 层的中间层是薄的金属箔（电阻率小于 10^{11} Ω·cm），其他是抗张力强的抗静电化学合成物质（电阻率：10^9～10^{11} Ω·cm）。静电屏蔽包装袋如图 2.8（c）、（d）所示。

　　静电屏蔽包装材料不能彻底消除静电威胁，只有封闭的导电包装袋或容器才能起到完全保护的作用，但使用时要避免尖锐物刮坏金属层。

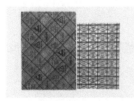

（a）抗静电网格包装袋　　　（b）抗静电海绵　　　（c）静电屏蔽防潮袋　　　（d）静电屏蔽袋

图 2.8　防静电包装材料

2．常用静电防护设备

（1）静电消除器

在特别需要防静电的场所，可以利用静电消除器（如图 2.9 所示）产生大量的负氧离子

图 2.9　静电消除器

来中和绝缘材料表面的静电。使用静电消除器时必须注意：

① 静电消除器工作的有效区域约为 4～5 m²；

② 必须定期清理静电消除器所积聚的灰尘，至少每 3 个月要清理一次；

③ 必须定期检查静电消除器输出的离子气体是否平衡；

④ 静电消除器产生的臭氧（O₃）对人体无害，但其浓度不得超过 0.1 ppm，否则其异味会使人难以忍受。

（2）防静电工作台垫和防静电地板

铺设防静电工作台垫（防静电桌布）的目的是使人体及与工作台面接触的工具、仪表等达到统一的电位，并借助接地系统释放静电，同时避免工作时由于摩擦而产生静电。防静电台垫如图 2.10（a）所示。永久性的防静电地板，由 PVC（聚氯乙烯）、导电石墨和增塑剂等组成，如图 2.10（b）所示，要求其对地电阻为 10 kΩ～1 MΩ。

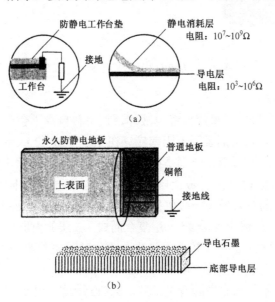

图 2.10　防静电工作台垫和防静电地板

3．设备的防静电要求

① 设备机壳，各种设备的交流电源一律使用有接地端的三端电源插头，设备外壳一律接地。

② 外加工的工装，一律使用防静电材料制作并接地处理。

③ 工作台，表面需铺上防静电工作台垫，其表面电阻率为 $10^5 \sim 10^9\ \Omega \cdot cm$。

④ 电烙铁，外壳需接地处理，烙铁头对地电阻小于 2 Ω。

⑤ 零件盒，半导体元器件被装入或取出时，操作人员必须佩戴防静电腕带；元器件严

禁放置在塑料容器或其他非防静电盒中，必须存放在导电的容器或零件盒中。

⑥ 周转箱，周转产品使用专用的防静电周转箱。

⑦ 传送带，生产线若以传送带方式作业，传送带及其驱动装置需要确实接地。

⑧ 周转车，生产线之间的周转搬运车，必须使用导体材质，并在台车底部加接地链条，链条必须与地面接触。

2.3.4 电子安装小配件

1．散热器

为使功率消耗较大的元器件所产生的热量能尽快地释放出去，降低元器件的工作温度，常常在元器件上固定金属翼片，称其为散热器。目前，散热器常用传热较好的铝或铜等金属制造。铝型材料更由于其重量轻、价格低廉的特点得到了广泛应用。

常见散热器的外形如图 2.11 所示，图（a）是用于金属封装元件（如 TO—3 型）的散热器；图（b）是用于塑料封装大、中功率器件（如 TO—220）的散热器。

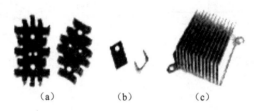

(a)　　　(b)　　　(c)

图 2.11　常见散热器的外形

2．焊片

焊片通常固定在螺钉、接线柱及大功率器件等零部件上，或者用铆钉铆接在印制电路板上，是用来安装元器件、导线的一种导电附件。常用焊片的形状如图 2.12 所示。焊片一般由表面镀铬、镀银或镀锌的黄铜片制成，要根据通过的电流、连接件的尺寸决定如何选用焊片。常用焊片的型号和规格特点见表 2-8。

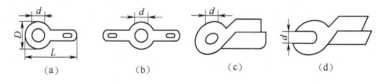

(a)　　　　(b)　　　　(c)　　　　(d)

图 2.12　常用焊片的形状

表 2-8　常用焊片的型号和规格特点

型　号	名　称	规格尺寸 d/mm	特　点	形　状
HP11	单向接线焊片	2.2，2.8，3.2，1.2，5.3，6.3，8.3	L 随 d 的尺寸变大，有长臂焊片	见图 2.12（a）
HP21	双向接线焊片	2.2，2.8，3.2	两端可以分别焊接	见图 2.12（b）
DH1	闭口式端套焊片	3.2，4.2	臂端可以焊接或压接	见图 2.12（c）
DH3	开口式端套焊片	3.2，4.2	臂端可以焊接或压接	见图 2.12（d）

3．接线板

接线板的形状如图 2.13 所示，它能够固定在机箱内的任何位置，可以作为元器件或导线的中转连接点，也可以固定少量元器件，组成简单的电路。在传统的电子管设备中，接线板得到了大量应用。接线板的规格是根据焊片的数目来区分的。

4．压片、卡子

压片和卡子的种类很多，常用金属或塑料制成，主要用来把导线束、电缆或零部件固定在整机的机壳、底板等处，防止在震动时脱落，并使导线布局整齐、美观，如图 2.14 所示。用塑料制成的尼龙扎紧链常用在电子设备中捆扎线束。

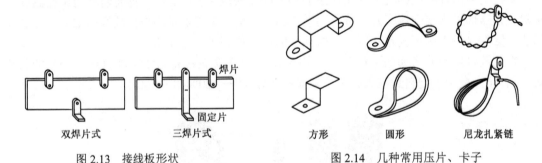

图 2.13　接线板形状　　　　　　　　图 2.14　几种常用压片、卡子

5．金属标准零件

在制造电子整机产品的过程中，要用到很多金属零件。这些金属零件的质量会直接影响整机的性能和质量。例如，结构是否稳定、活动是否灵便、连接是否牢固、在盐雾或潮湿的环境中是否能够耐受腐蚀等，都与是否正确选用金属零件有关。

在电子设备中使用的金属零件，比在普通机械设备中使用的金属零件应该有更高的要求——尺寸更精密、工艺更精细、材料更精良，特别是它们的表面一般都经过电镀处理：用于电气连接的零件，为了减小接触电阻，多用黄铜（或铝）制成，表面镀金或镀银；用于机械连接的零件，为了增强抗锈蚀性，多用钢或不锈钢制成，表面镀亮铬、镀镍或镀锌；要求最低的零件也要经过钝化（发蓝或发黑）处理。例如，空心铆钉是电子制作中使用较多的一种电气连接铆钉，一般由黄铜或紫铜制成。为增强导电性能及可焊性，有些铆钉的表面采用镀银。实际应用时要根据接点电流、板材厚度等条件灵活选用各种金属标准零件。

2.4　常用装接工具

在电子整机装接过程中使用的工具称为装接工具。常用的装接工具有装配工具和焊接工具。

2.4.1　装配工具

1．钳子

（1）钳子的尺寸规格与绝缘要求

国标规定，工具的尺寸规格一般用其长度（mm）来描述，但实用中更通俗的形容是

"寸"（英寸）。电子产品生产中用的钳子一般是 5～8 寸，尺寸大的钳子更坚强有力，但用来夹持小型电子元器件不太方便。电子产品生产操作者使用最多的是 5 寸（约 125 mm）或 6 寸（约 150 mm）的钳子。从安全操作的角度考虑，钳柄上必须套有绝缘胶套，且其绝缘耐压应该达到 500 V。

（2）装配电子产品常用的钳子

装配电子产品常用的钳子如图 2.15 所示。

|（a）桃口钳　　（b）斜口钳　　（c）平口钳　　（d）尖嘴钳　　（e）剥线钳|

图 2.15　装配电子产品常用的钳子

① 桃口钳、斜口钳。如图 2.15（a）、（b）所示，这两种钳子都可以用于剪断导线或其他较小的金属、塑料等物件。并拢斜口钳的钳口，应该没有间隙，在印制板装配焊接以后，使用斜口钳剪断元器件的多余引线比较方便。并拢桃口钳的钳口，则前部无间隙而后部稍有间隙。这两种钳子都不能用于剪断较粗的金属件或用来夹持东西。

② 平口钳。平口钳如图 2.15（c）所示。小平口钳的钳口平直，并拢后前部无间隙，后部稍有间隙。大平口钳的钳口较厚且有纹路。这两种钳子都可以用于弯曲元器件的引脚或导线，也可用来夹持某些零件。平口钳不宜夹持螺母或其他受力较大的部位，特别是小平口钳的钳口较薄，容易变形。

③ 尖嘴钳。尖嘴钳如图 2.15（d）所示。尖嘴钳的钳口形状分为平口和圆口两种，一般用来处理小零件，如导线打圈、小直径导线的弯曲等，适合在其他工具难以到达的部位进行操作。尖嘴钳不能用于扳弯粗导线，也不能用来夹持螺母。

④ 剥线钳。如图 2.15（e）所示，剥线钳适用于剥去导线的绝缘层。使用时，注意将需要剥皮的导线放入合适的槽口，剥皮时不能剪断导线。剥线钳剪口的槽并拢以后应为圆形。

2．改锥

（1）改锥的一般特点

改锥的标准名称是螺钉旋具，也叫做螺丝刀或螺丝起子。无论使用哪种改锥，都要注意根据螺钉尺寸合理选择。一般只能用手拧改锥，不能外加工具扳动旋转，也不应该把改锥当成撬棍或凿子使用。在电气装配中常用的改锥具有如下特点。

① 改锥的手柄绝缘良好，通常用塑料或合成橡胶制成。

② 改锥头要适合螺钉的旋槽开口，有"一"字口、"十"字口、内六角、外六角套筒等很多种改锥头。外六角套筒改锥头用于装卸螺母。

③ 有些改锥头经过磁化处理，可以利用磁性吸起小螺丝钉或其他铁磁元件，便于装配操作。

（2）常用改锥

① 无感改锥。无感改锥的旋杆通常也用绝缘材料制成，可以减少调试过程中旋杆或人

体对电路的感应，专用于无线电产品中电感类元件的调试。无感改锥一般不能承受较大的扭矩，其外形如图 2.16 所示。

图 2.16　无感改锥的外形

②　带试电笔的改锥。电工操作人员使用这种改锥非常方便，既可以用它来指示工作对象是否带电，还能用来旋转螺钉。常见的带试电笔的改锥有氖泡指示和液晶指示两种，如图 2.17 所示。它们的共同特点是在测电回路中串联有一个兆欧级的电阻，把检测电流限制在安全范围内。

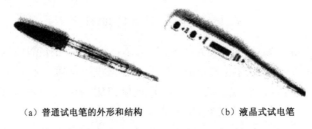

（a）普通试电笔的外形和结构　　　　　（b）液晶式试电笔

图 2.17　带试电笔的改锥

③　自动或半自动改锥。自动改锥有电动改锥和气动改锥两类，适合在批量大、螺钉小、要求装配一致性好的流水线生产中使用。电动改锥用 24 V 安全电压供电，可以通过调整电源电压来改变旋杆的转速，使用时应根据紧固对象和紧固件的不同要求，选择相应的旋杆，并调节电动旋具的力矩；气动改锥由生产车间的高压气泵提供动力。如图 2.18 所示，为自动改锥的外形示意图，图（a）是电动改锥，图（b）是气动改锥。自动改锥有顺旋和倒旋两种动作方式，顺旋用于旋紧螺钉，倒旋用于拆卸螺钉。电动和气动改锥都可以根据螺钉的大小、旋槽开口的形式更换改锥头。

半自动改锥的外形如图 2.19 所示。半自动改锥是一种手动工具，除顺旋、倒旋外，还具有同旋的模式。当开关置于同旋挡时，相当于一把普通改锥；当开关置于顺旋或倒旋位置时，旋杆即随手工压力连续顺旋或连续倒旋。

（a）电动改锥　　　　（b）气动改锥

图 2.18　自动改锥　　　　　　　　　图 2.19　半自动改锥

3. 小工具

（1）镊子

镊子的外形如图 2.20 所示。镊子适用于夹持细小的元器件和导线，在焊接某些怕热的元器件时，用镊子夹住元器件的引线根部，还能帮助散热。若夹持较大的零件，应该换用头部带齿的大镊子或平口钳（注意：若镊子尖变形，则用起来很不方便）。

（2）小刀和锥子

小刀和锥子如图 2.21 所示。

小刀常用来刮去待焊导线上的绝缘层或氧化层，有时印制电路板需要修整时，也要使用小刀。最经济适用的小刀可以用废锯条磨制而成（根据需要，还能磨成各种形状的小刀备用）。当然，也可使用壁纸刀。

锥子可用较硬的钢丝弯曲后在砂轮上磨制而成，电子操作工常称之为通针，用在焊接时拨线或通开印制板上的小孔。为清除某些小孔中的杂物，锥子尖最好有圆形和三角形的两种。

图 2.20　镊子　　　　　　　　　　　图 2.21　小刀和锥子

（3）集成电路起拔器

集成电路起拔器的外形如图 2.22 所示。图（a）所示的起拔器用于从集成电路插座上取下双列直插（DIP）封装的芯片；图（b）所示的起拔器用来从 SMT 电路板上的 PLCC 插座中取出集成电路；图（c）所示是一种简易的起拔器，虽不如前两种结构精巧，但对应于不同封装的芯片，操作时却比较灵活。

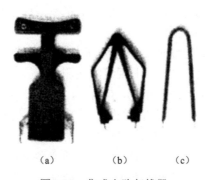

（a）　　　　　　　（b）　　　　　　　（c）

图 2.22　集成电路起拔器

4. 检修 SMT 电路板的工具

SMT 电路板一般是大批量生产的产品，普遍采用自动化设备进行装配、焊接和检验。

与其他产品一样，虽然 SMT 产品在元器件筛选、制造过程控制等方面都有更加严格的要求，但要达到 100%的正品率仍然是不现实的。对未达到标准的产品要进行维修，在维修过程中要使用各种便于处理 SMT 元器件的手动、半自动工具；在研制采用 SMT 技术的新产品时，也可能需要使用一些简易的工具来焊接、处理贴片元器件。所以，有必要了解、熟悉这些工具。

（1）检修 SMT 电路板对工具的要求

要检修 SMT 电路板，更换性能不良或连接错误的元器件，恢复电路的功能，必须使用方便有效的检测和维修工具，以准确判断和更换失效的部件而不损坏电路的其他部分。现在，越来越多的 BAG（球栅阵列）、倒装芯片等高精度微型元器件被采用，直接使用传统的手工方法几乎无法满足检修的要求。因此，必须借助专用的、半自动的甚至全自动的检修设备。

（2）检修 SMT 电路板常用的手动小工具

① 检查棒。检修电路板时，经常要使用万用表或示波器等仪器，为了防止高密度的SMT 电路板短路，应当使用检查棒。检查棒又称检测探针，其顶端是针尖，末端是一个套筒，套筒可以套在万用表的表笔和示波器的探头上。使用时将万用表的表笔或示波器的探头插在检查棒内，用探针点测电路板，这样会比较安全。如图 2.23 所示，为检查棒的外形图。

图 2.23　检查棒外形图

使用检查棒进行检测时应该注意以下问题。

- SMT 元器件的体积小，电路板上的间距也小，检测的时候必须谨慎，不要碰坏元器件。特别是尖硬的检测探针，如果使用不当，很容易损坏元器件表面（注意：探针不要点在片状电阻器表面的脆性钝化层上，否则不仅电阻器表面可能受到损伤，甚至其电阻值也可能发生变化）。

- 为了防止出现虚假数值，探针应该点在元器件的焊点上，不要点放在引脚或焊端处，否则可能会因为氧化层影响测量数据的准确性。

- 与 THT（通孔插装技术）电路板不同，有些 SMT 电路板上的过线孔是实心的（盲孔），检测时若以这些过线孔作为检测点，不仅探针很容易从孔的边缘上"滑"下来，使测量数据不准确，而且容易划伤电路板。应该特别注意，最好不要把 SMT电路板上的过线孔作为检测点。

- SMT 电路板上的印制导线非常细，为避免划伤导线，探针不要压放在印制线的表面，应当尽量放在 SMT 电路板上规定的检测点上。

② 专用镊子。SMT 元器件的专用镊子有两种，如图 2.24 所示。图（a）是尖头的，用于夹取细小的东西；图（b）的尖端带有平面，用于夹取片状元器件。这两种镊子的张力都比较小，容易夹持小元器件。使用时要注意不要损伤元器件的表面。

③ 小吸嘴。如图 2.25 所示，小吸嘴主要用来拾取 SMT 元器件，其上端是一个塑胶气囊，挤捏气囊，会在小吸嘴的下端形成负气压；下端是一个橡胶吸盘，吸盘贴到 SMT 元器件的上平面，就能把元器件吸起来。用小吸嘴代替用手直接拾取 SMT 元器件，避免了集成电路引脚的扭曲和对焊端的污染。小吸嘴下端的橡胶吸盘可以更换，以便适应大小不同的元器件。

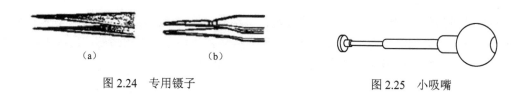

　　　　（a）　　　　　　　　　　　　　（b）

图 2.24　专用镊子　　　　　　　　　　图 2.25　小吸嘴

2.4.2　焊接工具

常用的手工焊接工具是电烙铁。其作用是加热焊料和被焊金属，使熔融的焊料润湿被焊金属表面并生成合金。

1. 电烙铁的种类

电烙铁由烙铁头、烙铁芯、外壳、手柄和电源线等组成。常见的电烙铁有内热式、外热式、感应式、恒温式和吸锡式等种类。

（1）内热式电烙铁

内热式电烙铁的发热元件装在烙铁头内部，从烙铁头内部向外传热，所以被称为内热式电烙铁，其外形如图 2.26 所示。它具有发热快、热效率高、体积小、重量轻和耗电低等优点。

目前，手工焊接中，使用最多的是 20 W 内热式烙铁。它的实际发热功率与 25～40 W 的外热式电烙铁相当，其头部的温度可达到 350 ℃ 左右，且发热速度快，一般通电 2 min 就可以进行焊接。由于 20 W 电烙铁的电热丝很细，热量较集中，所以使用不当很容易烧断。另外，烙铁芯与电源线的连接是通过一个接线柱相连的，机械强度较差，使用时不能敲击，以免损坏。烙铁芯烧坏后不能修复，只能更换。

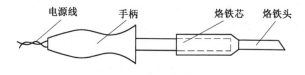

图 2.26　内热式电烙铁外形

（2）外热式电烙铁

外热式电烙铁的烙铁芯包在烙铁头外面，有直立式、T 形等不同形式，其中最常用的是直立式，其外形如图 2.27 所示。外热直立式电烙铁的规格按功率分有 30 W、45 W、75 W、100 W、200 W、300 W 等，其中 100 W 以上的最为常见；工作电压有 220 V、110 V、36 V 等几种，其中最常用的电压是 220 V。

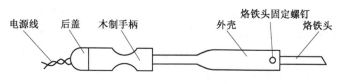

图 2.27　外热式电烙铁外形

（3）感应式电烙铁

感应式电烙铁又称速热烙铁，俗称焊枪，其结构如图 2.28 所示。其内部实际上是一个变压器，变压器的次级线圈一般只有一匝。当变压器初级通电时，次级感应出的大电流通过加热体，使与它相连的烙铁头迅速达到焊接所需要的温度。

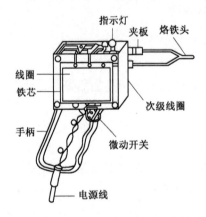

图 2.28　感应式电烙铁结构示意图

感应式电烙铁的特点是加热速度快，一般通电几秒钟即可以达到焊接温度。因此，不需要像内热式和外热式电烙铁那样持续通电。它的手柄上带有电源开关，工作时只需要按下开关几秒钟即可进行焊接，特别适合于断续工作的使用。

由于感应式电烙铁的烙铁头实际上是变压器的次级绕组，所以对一些电荷敏感器件，如绝缘栅型 MOS 电路，常会因感应电荷的作用而损坏器件。因此，在焊接这类电路时，不能使用感应式电烙铁。

（4）恒温式电烙铁

普通电烙铁的烙铁头温度都超过 300 ℃ 且不可控制，这对晶体管、集成块等的焊接是不利的，一是焊锡容易被氧化而造成虚焊；二是烙铁头的温度过高，若烙铁头与焊点接触时间较长，就会造成元器件的损坏。在要求较高的场合，通常采用恒温式电烙铁。

恒温式电烙铁有电控和磁控两种。电控恒温式电烙铁是用热电偶作为传感元件来检测和控制烙铁头温度的。当烙铁头的温度低于规定数值时，温控装置就接通电源，使烙铁头温度上升；当达到预定温度时，温控装置自动切断电源。这样反复动作，使烙铁基本保持恒定的温度。

磁控恒温式电烙铁是目前常用的恒温式电烙铁，烙铁头上装有一个强磁性体传感器，用于吸附磁性开关（控制加热器开关）中的永久磁铁来控制温度。升温过程中，当烙铁头达到预定温度时，强磁性体传感器到达居里点而失去磁性，从而使磁性开关的触点断开，加热器断电，烙铁头的温度下降。当温度下降至低于强磁性体传感器的居里点时，强磁性体恢复磁性，又继续给烙铁头供电加热。如此不断循环，达到控制烙铁头温度的目的。

如果需要控制不同的温度，只需要更换不同居里点的强磁性体传感烙铁头即可。恒温式电烙铁采用断续加热，省电、恒温且升温快；焊接过程中焊锡不易氧化，可减少虚焊，提高焊接质量。恒温式电烙铁的结构如图 2.29 所示。

（5）吸锡式电烙铁

在电子产品的调试维修时，经常需要拆下某些元器件或部件。使用吸锡式电烙铁能够方便地吸附印制电路板焊接点上的焊锡，使焊接件与印制板脱离，从而可以方便地进行检查、修理和调试。吸锡式电烙铁的结构如图 2.30 所示。使用时将烙铁头的空心口对准焊点稍微用力，待焊锡熔化后放松橡皮囊，焊锡就被吸入烙铁头内。

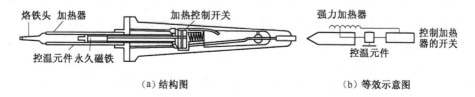

(a) 结构图　　　　　　　　　　　　(b) 等效示意图

图 2.29　恒温式电烙铁示意图

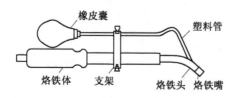

图 2.30　吸锡式电烙铁

2．烙铁头

（1）烙铁头的种类和形状

电烙铁的烙铁头以紫铜为主材，根据表面电镀层的不同，可分为长寿型和普通型。普通型烙铁头通常镀锌，镀层的保护能力较差，在高温时容易氧化，易受助焊剂的腐蚀，使用时烙铁头要经常清理和修整，应始终保持烙铁头端面包裹着焊锡。长寿型烙铁头是在紫铜外面电镀一层铁镍合金，它可以防腐蚀，不易氧化，不用修整，只要将烙铁头加热后放在松香上或湿布、湿海绵上擦洗干净即可，减少了维护。长寿型烙铁头运载焊锡的能力比普通型烙铁头差一些。

为了保证可靠方便的焊接，必须合理选用烙铁头的形状和尺寸。如图 2.31 所示，为几种常用烙铁头的形状。其中，圆斜面式是市售烙铁头的一般形式，适于在单面板上焊接不太密集的焊点；凿式和半凿式烙铁头多用于电气维修工作；尖锥式和圆锥式烙铁头适合于焊接高密度的焊点和小而怕热的元件，如焊接 SMT 元器件；当焊接对象变化大时，可选用适合于大多数情况的斜面复合式烙铁头。

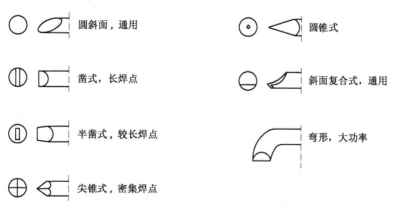

图 2.31　各种常用烙铁头的形状

选择烙铁头的依据是，应使其尖端的接触面积小于焊接处（焊盘）的面积。烙铁头的接触面过大，会使过量的热量传导给焊接部位，损坏元器件。一般说来，烙铁头越长、越粗，则温度越低，需要焊接的时间越长；反之，烙铁头越短、越尖，则温度越高，焊接的时间越短。每个操作者都可以根据自己的习惯选用烙铁头。有经验的电子装配工手中都准备有几个不同形状的烙铁头，以便根据焊接对象的变化和工作的需要随时选用。对于一般的科研技术人员来说，复合型烙铁头能够适应大多数情况。

（2）烙铁头的修整和镀锡

按照规定，电烙铁头应该经过渗镀铁镍合金，使其具有较强的耐高温、耐氧化性能，但目前市售的一般低档电烙铁的烙铁头大多只是在紫铜表面镀了一层锌合金。镀锌层虽然也有一定的保护作用，但在经过一段时间的使用以后，由于高温及助焊剂的作用（松香助焊剂在常温时为中性，在高温下呈弱酸性），烙铁头往往出现氧化层，使其表面凹凸不平，这时就需要修整。一般是将烙铁头拿下来，夹到台钳上用粗锉刀修整成自己要求的形状，然后再用细锉刀修平，最后用细砂纸打磨光。有经验的操作工都会根据焊接对象的形状和焊点的密集程度，对烙铁头的形状和粗细进行修整。

修整过的烙铁头应该立即镀锡。将烙铁头装好，在松香水中浸一下，然后接通电烙铁的电源，待烙铁变热后，在木板上放些松香并放一段焊锡，烙铁头沾上锡，在松香中来回摩擦，直到整个烙铁头的修整面均匀镀上一层焊锡为止（也可以在烙铁头沾上锡后，在湿布上反复摩擦）。

注意，修整后的电烙铁通电以前，一定要先浸松香水，否则烙铁头表面会生成难以镀锡的氧化层。

3．电烙铁的使用

（1）合理选用电烙铁

如果条件允许，选用恒温式电烙铁是比较理想的。对于一般的科研、生产，可以根据不同的焊接对象选择不同功率的普通电烙铁，通常就能够满足需要。表 2-9 提供了选择烙铁的依据，可供参考。

表 2-9　选择烙铁的依据

焊接对象及工作性质	烙铁头温度/℃（室温、220 V 电压）	选 用 烙 铁
一般印制电路板、安装导线	300～400	20 W 内热式，30 W 外热式、恒温式
集成电路	300～400	20 W 内热式、恒温式
焊片、电位器、2～8 W 电阻、大电解电容器、大功率管	350～450	35～50 W 内热式、恒温式 50～75 W 外热式
8 W 以上的大电阻器、$\phi 2$ mm 以上导线	400～550	100 W 内热式，150～200 W 外热式
汇流排，金属板等	500～630	300 W 外热式
维修、调试一般电子产品	20 W 内热式、恒温式、感应式等

烙铁头温度的高低，可以用热电偶或表面温度计测量，也可以根据助焊剂的冒烟状态粗略地估计出来。如图 2.32 所示，温度越低，冒烟越小，持续时间越长；温度高时则与此相

反。当然，对比的前提是在烙铁头上滴了等量的助焊剂。

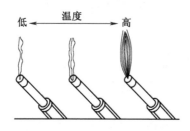

图 2.32　观察冒烟状态估计电烙铁温度

实际工作中，要根据具体情况灵活使用电烙铁。不要以为烙铁的功率小就不会烫坏元器件。假如用一个小功率烙铁焊接大功率元器件，因为烙铁的功率较小，烙铁头同元器件接触以后不能提供足够的热量，焊点达不到焊接温度，于是不得不延长烙铁头的停留时间。这样，热量将传到整个器件上，并使管芯温度可能达到损坏器件的程度。相反，用较大功率的烙铁，则能很快使焊点局部达到焊接温度，不会使整个元器件承受长时间的高温，因此不容易损坏元器件。

（2）使用电烙铁的注意事项

① 使用电烙铁中，不能用力敲击，要防止跌落。烙铁头上的焊锡过多时，可用布擦掉。不可乱甩，以防烫伤他人。

② 常用湿布、浸水海绵擦拭烙铁头，以保持烙铁头良好的挂锡，并可防止再次加热时出现氧化层。

③ 焊接过程中，烙铁不能随意放置；不焊接时，应放在烙铁架上。注意，电源线不可搭在烙铁头上，以防烫坏绝缘层而发生事故。

④ 焊接时，应采用松香或弱酸性助焊剂，以保护烙铁头不被腐蚀。

⑤ 使用结束后，应及时切断电源，待冷却后，再将电烙铁放回工具箱。电烙铁不能长期通电而不使用，这样容易使烙铁芯加速氧化而烧断，同时会使烙铁头因长时间加热而氧化，甚至被"烧死"而不再"吃锡"。

2.5　本章小结

本章主要讲述电子整机装配中常用的导线、绝缘材料、覆铜板、磁性材料、黏合剂、静电防护等材料的分类、特性和用途，简要介绍了常用装接工具。

通过本章的学习，应了解常用导线的分类、特点及正确选用的方法；了解绝缘材料的概念、分类、主要性能指标和用途；了解覆铜箔板的分类、制造工艺和用途；了解磁性材料的分类、特点和主要用途；了解胶合的概念，熟悉黏合剂的分类、特点与使用；了解常用静电防护材料；能够正确选用常用的装配、焊接工具，明确其使用注意事项。

2.6　思考与习题 2

2.1　电子产品装配中，常用线材分为哪几种？其作用如何？

2.2　什么叫绝缘材料，分为几类？其主要性能指标有哪些？

2.3　简述覆铜箔板的种类。覆铜箔板的主要技术指标有哪些？

2.4　磁性材料分为哪两类？

2.5　黏合剂有何作用，是如何分类的？

2.6　常用的防静电材料和设备有哪些？

2.7　如何合理选用和正确使用电烙铁？

第3章 表面安装技术

表面安装技术（SMT，Surface Mount Technology）又称表面贴装技术或表面组装技术，它是一种无须对 PCB（印制电路板）钻插装孔而直接将表面贴装元器件（无引脚或短引脚的元器件）贴焊到 PCB 表面规定位置上的装联技术。具体地说，就是首先在印制电路板焊盘上涂布焊锡膏，再将表面贴装元器件准确地放到涂有焊锡膏的焊盘上，通过加热印制电路板直至焊锡膏熔化，冷却后便实现了元器件与印制电路之间的互连。

3.1 概述

3.1.1 SMT 的发展过程

自 1963 年世界出现第一只表面贴装元件和飞利浦公司推出第一块表面贴装集成电路以来，经过四十多年的发展，SMT 已由初期的主要应用在军事、航空、航天等尖端产品和投资类产品，逐渐广泛应用到计算机、通信、军事、工业自动化、消费类电子产品等行业。SMT 的发展非常迅猛，进入 20 世纪 80 年代，SMT 就已成为国际上最热门的新一代电子组装技术，被誉为电子组装技术的一次革命。

从 20 世纪 70～80 年代起，SMT 发展的主要技术目标是把小型化的片状元件应用在混合电路（我国称为厚膜电路）的生产制造中。从这个角度来说，SMT 对集成电路的制造工艺和技术发展做出了重大的贡献。同时，SMT 开始大量使用在民用的石英电子表和电子计算器等产品中。

20 世纪 80 年代中期以来，SMT 进入高速发展阶段，90 年代初已成为完全成熟的新一代电路组装技术，并逐步取代通孔插装技术（THT）。据资料报道，自 90 年代以来，全球采用 THT 的电子产品正以每年 11%的速度下降，而采用 SMT 的电子产品正以 8%的速度递增。到目前为止，日、美等国已有 90%以上的电子产品采用了 SMT。我们使用的计算机、手机、打印机、复印机、DVD、摄像机、传真机、高清晰度电视机、数码相机、MP3 等，都是采用 SMT 生产制造出来的，可以说如果没有 SMT 做基础，很难想象我们能用上这些使生活丰富多彩的商品。

美国是世界上最早应用 SMT 的国家，并且一直重视在投资类电子产品和军事装备领域发挥 SMT 高组装密度和高可靠性方面的优势。

日本在 20 世纪 70 年代从美国引进 SMT 并将之应用在消费类电子产品领域，同时投入巨资大力加强基础材料、基础技术和推广应用方面的开发研究工作。从 80 年代中后期起，日本加速了 SMT 在产业电子设备领域中的全面推广应用，仅用四年时间就使 SMT 在计算机和通信设备中的应用数量增长了近 30%，并很快超过了美国，在 SMT 方面处于世界领先地位。

欧洲各国的 SMT 起步较晚，但他们重视发展并有较好的工业基础，发展速度也很快，其发展水平仅次于日本和美国。20 世纪 80 年代以来，新加坡、韩国和我国的香港、台湾地区也不惜投入巨资，纷纷引进先进技术，使 SMT 获得了较快的发展。

SMT 总的发展趋势是：元器件越来越小，组装密度越来越高，组装难度也越来越大。当前，SMT 正向四个方面发展，如下所述。

① 元器件体积进一步小型化。在大批量生产的微型电子整机产品中，0201 系列元件（外形尺寸 0.6 mm×0.3 mm）、窄引脚间距达到 0.3 mm 的新型封装的大规模集成电路已经大量采用。元器件体积的进一步小型化，对 SMT 表面组装工艺水平、SMT 设备的定位系统等提出了更高的精度与稳定性要求。

② 进一步提高 SMT 产品的可靠性。面对微小型 SMT 元器件被大量采用和无铅焊接技术的应用，在极限工作温度和恶劣环境条件下，应消除因为元器件材料的线膨胀系数不匹配而产生的应力。避免因这种应力导致的电路板开裂或内部断线及元器件焊接被破坏等故障，已成为不得不考虑的问题。

③ 新型生产设备的研制。在 SMT 电子产品的大批量生产过程中，焊膏印刷机、贴片机和再流焊设备是不可缺少的。近年来，各种生产设备正朝着高密度、高速度、高精度和多功能方向发展，高分辨率的激光定位、光学视觉识别系统及智能化质量控制等先进技术得到了推广应用。

④ 柔性 PCB 的表面组装技术。随着电子产品组装中柔性 PCB 的广泛应用，在柔性 PCB 上组装元件的技术已被业界攻克，其难点在于柔性 PCB 如何实现刚性固定的准确定位要求。

3.1.2　SMT 技术的特点

SMT 是从传统的通孔插装技术（THT）发展起来的，但又区别于传统的 THT。电子电路装联技术的发展主要受元器件类型的支配。因此从组装工艺的角度分析，SMT 和 THT 的根本区别，一是所用元器件、PCB 焊盘的外形不完全相同；二是前者是"贴装"，即将元器件贴装在 PCB 焊盘表面，而后者则是"插装"，即将长引脚元器件插入 PCB 焊盘孔内；前者是预先将焊膏形式的焊料涂放在焊盘上，贴装元件后一次加热而完成焊接过程的，而后者是通过波峰焊机利用熔融的焊料流实现焊接的。SMT 与 THT 的主要区别见表 3-1。

表 3-1　SMT 与 THT 的主要区别

类　　型	SMT	THT
元器件	片式电阻器、电容器 SOT、PLCC、QFP、BGA 等 IC 封装，尺寸比 DIP 小很多	有引线电阻器、电容器 DIP、SIP 等 IC 封装
基板	PCB 一般采用 50MIL 栅格设计，通孔孔径 0.3～0.5 mm，布线密度提高 2 倍以上	PCB 一般采用 100MIL 栅格设计，通孔孔径 0.8～0.9 mm
焊接方法	再流焊	波峰焊
PCB 面积	小，缩小比约为 1:3～1:10	大
组装方法	表面安装（贴装）	穿孔插装
自动化程度	使用自动贴片机，生产效率高于自动插件机	使用自动插件机

随着电子产品的微型化，使得 THT 无法适应产品的工艺要求。因此，SMT 是电子装联技术的发展趋势。其表现如下。

① 电子产品追求小型化，使得以前使用的穿孔插件元件已无法适应其要求。

② 电子产品的功能更完整，所采用的集成电路（IC）因功能强大使引脚众多，已无法做成传统的穿孔元件，特别是大规模、高集成 IC，不得不采用表面贴片形式的封装。

③ 产品批量化，生产自动化，厂方要以低成本、高产量，生产出优质产品以迎合顾客需求及加强市场竞争力。

④ 电子元件的发展，集成电路的开发，半导体材料的多元应用。

⑤ 电子产品的高性能及更高装联精度的要求。

与 THT 相比较，SMT 具有下面一些较为突出的优点。

① 组装密度高，电子产品体积小，重量轻。贴片元件的体积和重量只有传统插装元件的十分之一左右，一般采用 SMT 之后，电子产品的体积可缩小 40%～60%，重量减轻60%～80%。

② 可靠性高，抗震能力强，焊点缺陷率低。

③ 高频特性好。片式元器件通常为无引线或短引线，降低了寄生电感和寄生电容的影响，提高了电路的高频性能，减少了电磁和射频干扰。

④ 易于实现自动化，提高生产效率。

⑤ 可降低成本 30%～50%。印制板的使用面积减少；印制板上钻孔的数量减少，节约返修费用；电路频率特性提高，减少了电路调试费用；片式元器件体积小、重量轻，减少了包装、运输和储存费用；同时片式元器件发展快，价格下降迅速；节省材料、能源、设备、人力、时间等。

目前，一般认为 SMT 主要由表面贴装元器件（SMD）、贴装技术和贴装设备三部分组成。

SMT 涉及的相关学科技术有电子元件、集成电路的设计制造技术，电子产品的电路设计技术，电路板的制造技术，自动贴装设备的设计制造技术，电路装配制造工艺技术，装配制造中使用的辅助材料的开发生产技术。

3.2　SMT 工艺的生产材料

SMT 工艺的生产材料又称表面组装材料，是指 SMT 装联中所用的材料，即 SMT 工艺材料。它主要包括锡膏、焊剂和贴片胶等。

3.2.1　膏状焊料

锡膏是由合金焊料粉（又称锡粉）和糊状助焊剂均匀搅拌而成的膏状体，是 SMT 工艺中不可缺少的焊接材料，是再流焊工艺的基本要素，提供清洁表面所必需的焊剂和最终形成焊点的焊料。锡膏在表面贴装组件的制作中具有多种重要用途，由于它含有有效焊接所需的焊剂，故无须像插装器件那样单独加入焊剂和控制焊剂的活性及密度。锡膏在常温下具有一定的黏性，在进行再流焊接之前，可将电子元件初粘在既定的位置，在表面贴装元件的贴放和传送期间起着临时的固定作用。在焊接温度下，随着溶剂和部分添加剂的挥发，将被焊元件与 PCB 互连在一起形成永久连接。

目前，涂布锡膏多数采用不锈钢丝网漏印法，其优点是操作简便，快速印刷后即刻可用。但其难保证焊点的可靠性，易造成虚焊；浪费锡膏，成本较高。

用计算机控制的自动锡膏点涂机可以克服上述缺陷。

1．锡膏的化学组成

锡膏主要由合金焊料粉末（锡粉）和助焊剂组成。其中合金焊料粉末占总重量的85%～90%，助焊剂占 10%～15%。

（1）合金焊料粉末

合金焊料粉末是锡膏的主要成分。常用的合金粉末如下：

① Sn63%、Pb37%，熔解温度为 183 ℃；

② Sn62%、Pb36%、Ag2%，熔解温度为 179 ℃；

③ Sn43%、Pb43%、Bi14%，熔解温度为 114～163 ℃。

合金焊料粉末的形状、粒度和表面氧化程度对锡膏性能的影响很大。其形状分成无定形和球形两种，球形合金粉末的表面积小，氧化程度低，制成的锡膏具有良好的印刷性能。锡粉的粒度一般在 200～400 目。粒度愈小，黏度愈大；粒度过大，会使锡膏的粘接性能变差；粒度太细，表面积增大，会使其表面含氧量增高，也不宜采用。

SMT 引脚间距与锡粉颗粒的关系见表3-2。

表 3-2　SMT 引脚间距与对应的锡粉颗粒直径

引脚间距/mm	0.8 以上	0.65	0.5	0.4
颗粒直径/μm	75 以下	60 以下	50 以下	40 以下

（2）助焊剂

助焊剂是锡粉的载体，其组成与通用助焊剂基本相同。为了改善印刷效果，有时还需加入适量的溶剂。通过助焊剂中活性剂的作用，能清除被焊材料表面及锡粉本身的氧化物，使焊料迅速扩散并附着在被焊金属表面。助焊剂的组成对锡膏的扩展性、润湿性、塌陷、黏度变化、清洗性和储存寿命等起决定性作用。

2．锡膏的分类

（1）按锡粉的合金熔点，可分为普通锡膏（熔点 178～183 ℃）、高温锡膏（熔点 250 ℃以上）、低温锡膏（熔点 150 ℃以下）。

不同熔点锡膏的再流焊温度见表3-3。

表 3-3　不同熔点锡膏的再流焊温度

合金类型	熔化温度/℃	再流焊温度/℃
Sn62/Pb36/Ag2	179	204～219
Sn96.5/Pb3.5	221	241～251
Sn95/Ag5	221～245	265～275
Sn1/Pb97.5/Ag1.5	309	329～339
Sn100	232	252～262
Sn95/Pb5	232～240	260～270

续表

合 金 类 型	熔化温度/℃	再流焊温度/℃
Sn42/Bi58	139	164～179
Sn43/Pb43/Bi14	114～163	188～203
Au80/Sn20	280	300～310
In60/Pb40	174～185	205～215
In50/Pb50	180～209	229～239
In19/Pb81	270～280	300～310
Sn37.5/Pb37.5/In25	138	163～178
Sn5/Pb92.5/Ag2.5	300	320～330

（2）按助焊剂的活性，可分为无活性锡膏（R）、中等活性锡膏（RMA）、活性锡膏（RA）。

（3）按清洗方式，可分为有机溶剂清洗型锡膏、水清洗型锡膏、免清洗型锡膏。

3．使用注意事项

① 储存温度。建议在冰箱内储存，温度为 5～10 ℃，勿低于 0 ℃。

② 出库原则。必须遵循先进先出的原则，切勿造成锡膏在冷柜中的存放时间过长。

③ 解冻要求。从冷柜取出锡膏后自然解冻至少 4 个小时，解冻时不能打开瓶盖。

④ 生产环境。建议车间温度为（25±2）℃，相对湿度在 45%～65%RH 的条件下使用。

⑤ 搅拌控制。取已解冻好的锡膏进行搅拌。机器搅拌时间控制约 3 分钟（视搅拌机转速而定），手工搅拌约 5 分钟（以搅拌刀提起锡膏缓慢流下为准）。

⑥ 使用过的旧锡膏。开盖后的锡膏建议在 12 小时内用完，如需保存，要用干净的空瓶子来装，然后再密封放回冷柜保存。

⑦ 放在钢网上的锡膏量。第一次放在钢网上的锡膏量，以印刷滚动时不超过刮刀高度的 1/2 为宜，应勤观察、勤加次数少加量。

⑧ 印刷暂停时。如印刷作业需暂停超过 40 分钟时，最好把钢网上的锡膏收在瓶子里，以免变干造成浪费。

⑨ 贴片后的时间控制。贴片后的 PCB 要尽快过回流炉，最长时间不要超过 12 个小时。

4．印刷作业时需要的条件

（1）刮刀

① 刮刀材质。最好采用钢刮刀，有利于印刷在焊盘上的锡膏成型和脱膜。

② 刮刀角度。人工印刷为 45°～60°；机器印刷为 60°。

③ 印刷速度。人工 30～45 mm/min；印刷机 40～80 mm/min。

④ 印刷环境。温度（23±3）℃，相对湿度 45%～65%RH。

（2）钢网

① 钢网开孔。根据产品的要求选择钢网的厚度和开孔的形状、比例，对应于引脚中心间距小于 0.5 mm 的 QFP 封装 IC 和 0402 封装片状元件焊盘需用激光开孔。

② 检测钢网。每周要进行一次钢网的张力测试，张力值要求在 35 N/cm 以上。

③ 清洁钢网。在连续印刷 5～10 片 PCB 后，要用无尘擦网纸擦拭一次。最好不使用碎布。

（3）清洁剂

清洁钢网时最好采用异丙醇（IPA）和酒精溶剂，不能使用含氯的溶剂，以免破坏锡膏的成分，影响整个品质。

3.2.2　无铅焊料

1. 无铅焊料的发展

电子工业中大量使用的 Sn/Pb 合金焊料是造成污染的重要来源之一。在制造和使用 Sn/Pb 焊料的过程中，熔化温度较高，有大量的铅蒸气逸出，将直接严重影响操作人员的身体健康。波峰焊设备在工作中产生的大量的富铅焊料废渣，对人类生态环境污染极大；而那些丢弃的各种电子产品、PCB 中所含的铅也不容忽视。这些被作为垃圾处理的废旧产品埋入地下后，其中所含的铅可能会从电子产品中渗出，进入地下水。此外，下雨时随电子产品丢弃的 PCB 上的铅将变成溶于水的盐类，逐渐溶解并污染水，特别是在遇酸雨后，雨中所含的硝酸和盐酸更促使铅的溶解，从而污染水源，破坏环境，并流入我们的饮用水之中。在被人饮用后，铅会逐渐在人体内累积，损害神经，导致呆滞、高血压、贫血、生殖功能障碍等疾病，浓度过大时，还可能致癌。因此，为了保护人类的身体健康和生态环境，在电子行业中使用无铅焊料势在必行。

日本首先研制出无铅焊料并应用到实际生产中，并在 2003 年 1 月开始全面推行电子制造无铅化。欧盟于 2003 年 2 月正式公布了《关于废弃电子电气设备回收指令》（WEEE）和《关于在电子电气设备中限制使用某些有害物质指令》（RoHS）。WEEE 于 2005 年 8 月 13 日实施，它要求电子制造商负责废弃电子电气设备的收集、处理、回收和处置。RoHS 于 2006 年 7 月 1 日起实施，它明确规定了投放欧盟市场的电器不得含有（<0.1%）铅、汞、镉、六价铬、多溴联苯和多溴联苯醚等六种有害物质。2006 年 2 月 28 日，我国信息产业部、国家发改委、商务部、海关总署、工商总局、质检总局、环保总局联合颁布了《电子信息产品污染控制管理办法》，并于 2007 年 3 月 1 日正式实施。

绿色制造与"无铅制造"是一个世界趋势。可以预期，无铅技术将逐步成熟，而无铅制造将是电子组装业的又一个角逐场。我们应该认真了解相关立法的具体内容，密切关注"无铅制造"的进展。在有铅向无铅的转换期间，应该特别关注先进的无铅理念和实践、国际范围内无铅电子的进展，推进无铅工艺、无铅元件贴装、无铅印刷、无铅检测、无铅再流焊、无铅返工与修理等技术的发展。

2. 无铅焊料的技术要求

（1）价格。一般厂商都要求无铅焊料的价格不能高于 Sn63/Pb37，但目前无铅替代物的成本都比 Sn63/Pb37 高出 50%以上。

（2）熔点。大多数厂家要求无铅焊料的固相温度最小为 150 ℃，以满足电子设备的工作要求；液相温度则视具体应用而定，而无铅焊料的温度一般都比有铅焊料高 30 ℃。

① 波峰焊用焊条：为成功实现波峰焊，液相温度应低于 265 ℃。

② 手工焊用焊锡丝：液相温度应低于烙铁工作温度（345 ℃）。

③ 锡膏：液相温度应低于 250 ℃。

（3）导电性。导电性是电子连接的基本要求，要与 Sn63/Pb37 的共晶焊料相当。

（4）导热性好。为了能散发热能，合金必须具备快速传热能力。

（5）较小的固液共存范围。一般此温度范围要控制在 10 ℃ 之内，以便形成良好的焊点，从而达到最佳的焊接状态和较少的缺陷。如果合金凝固范围太宽，则有可能发生焊点开裂。

（6）低毒性。合金及其成分必须无毒，此项要求将镉、铊和汞排除在考虑范围之外；有些人也要求不能采用有毒物质所提炼的副产品，因而也有可能将铋排除在外，因为铋主要来源于铅提炼的副产品。

（7）具有良好的润湿性。在现有设备和免清洗型助焊剂的条件下，该合金应具备充分的润湿度，以能够与常规免清洗焊剂一起使用。

（8）良好的物理特性（强度、拉伸、疲劳）。合金必须能够提供 Sn63/Pb37 所能达到的强度和可靠性。

（9）生产的可重复性、焊点的一致性。由于电子装配工艺是一种大批量制造工艺，要求其重复性和一致性均要保持较高的水平，所以如果某些合金成分不能在大批量条件下重复制造，或者其熔点在批量生产时由于成分的改变而发生较大的变化，便不能予以考虑。

（10）焊点外观。焊点外观应与锡铅焊料的外观接近。

（11）与铅的兼容性。由于短期内不会立刻全面转型为无铅系统，所以铅可能仍会用于 PCB 焊盘和元件的端子上。若焊料中掺入铅，可能会使焊料合金的熔点降得很低，强度大大降低。

（12）供货能力。所选用的无铅替代材料应能保证充分供应。例如，从技术的角度而言，铟是一种相当特别的材料，但是如果考虑全球范围内铟的供货能力，就会将它彻底排除在考虑范围之外。

3．目前状况

替代有铅焊料中铅的元素在与其他成分形成合金后所制成的无铅焊料，必须与有铅焊料的特性（不论在电气性能，还是在机械性能等方面）具有相似的性质，甚至更好。目前替代有铅焊料的元素主要有七种，见表 3-4。

表 3-4　可替代有铅焊料中铅的元素

替代元素	作　　　用	缺　　　陷
锑（Sb）	锑的加入（0.25%～0.50%），通过锑与银和锑与铜的金属间结构，可以提供更高的温度阻抗	—
铋（Bi）	铋可降低 Sn/Zn 的熔点，是目前最常用的一种无铅焊料	随着铋的增加，焊料的熔化间隔即固液间隔增大，会使合金熔点降低，脆性也比有铅焊料大
铜（Cu）	—	—
铟（In）	可使 Sn 合金的液相线和固相线降低，目前很少用这种配方	其耐热疲劳、延展性、合金变脆性、加工性差等
银（Ag）	—	—
锡（Sn）	—	—
锌（Zn）	锌可降低锡的熔点	若锌的增加大于 9% 后，熔点会上升

　　如表 3-4 所示，最有可能替代 Sn/Pb 焊料的无铅合金以 Sn 为主，添加 Ag、Zn、Cu、Sb、Bi、In 等金属元素，通过焊料合金化来改善合金性能以提高可焊性。这几年来无铅焊料的发展越来越受到重视，目前已经有一系列的无铅焊料出现，而且还在不断地进一步开发之中。目前主要的无铅焊料系列见表 3-5。

表 3-5　目前已有的无铅焊料比较

种　　类	规　　格	熔点（℃）	特　　点
Sn/Ag 系列	Sn96.5-Ag	221	蠕变特性、强度、耐热疲劳、力学性能等方面优于 Sn/Pb 共晶焊料。以拉伸强度为例，Sn/Ag 系列焊料可达 Sn/Pb 共晶焊料的 1.5～2.5 倍，但就浸润性而论，Sn/Ag 系列焊料则比 Sn/Pb 共晶焊稍差。一般情况下 Sn/Pb 共晶焊料的浸润展宽系数在 90% 以上，而 Sn/Ag 系列焊料的浸润展宽系数在 70%～90%。成本较高
	Sn95-Ag	221～245	
	其他合金比例	220～245	
Sn/Cu 系列	Sn99.3-Cu	200～227	高强度、焊接性好，浸润、力学性能略差，但制造成本较低
	Sn99-Cu	200～227	
	其他合金比例	200～230	
Sn/Ag/Cu 系列	Sn95.6-Ag-Cu	217	熔点较低，具有相当好的物理与机械性能、良好的可靠性，其可焊性也很好
Sn/Sb 系列	Sn99-Sb	233～240	高强度，焊接性好
Sn 系列	Sn100	232	针对工艺品的焊接
Sn/Zn 系列		195～200	容易被氧化使浸润性变差，保存性较差，结合界面强度低
Sn/Bi 系列		140～180	熔点较低，对耐热性较差的元器件焊接有利，保存稳定性较好，可使用与 Sn/Pb 焊料大体相同的助焊剂，润湿性良好。但焊料因偏析引起的熔融现象，造成耐热性变差，当 Bi 大晶粒析出时容易造成强度下降
Sn/Ag/Cu/Sb 系列		217	可提供更高的强度、更高的疲劳寿命，润湿性能好，适用于浸焊

　　目前使用的无铅焊料主要是 Sn/Ag/Cu 系列与 Sn/Bi 系列。

4．当前无铅焊料仍存在的主要问题

　　① 由于合金本身的结构，与有铅焊料相比，无铅焊料比较脆，且其弹性不好；

　　② 浸润性差。例如，Sn/Ag 系列的合金添加 In，在提高合金微细化强度和扩张特性的同时，表面会形成氧化膜，所以浸润性稍差。

　　③ 色彩暗淡，光泽度稍差。因为在无铅焊料的搭配中限制了磷元素的使用，所以光泽度稍差，但并不影响其他质量问题。

　　④ 锡桥（桥接）、空焊、针孔等不良率有待降低。此类缺陷多于有铅焊料，但并不是无法解决的问题。助焊剂的种类与质量在选购时要更严格；预热器恒温要稳定。波峰的焊接时间、接触面、PCB 板的温度如第一波峰焊接时间 1～1.5 s；接触面积 10～13 mm²；第二波峰焊接时间 2～2.5 s，接触面积 23～28 mm² 左右，板面温度不能超过 140 ℃。所以无铅焊料对设备性能的要求高，特别上双波峰的距离，如果设计得太近，会造成板面的温度增高、损坏元件并增加助焊剂挥发，产生锡桥等缺陷。

5．需要与无铅焊接相适应的其他事项

（1）元器件。要求元器件耐高温，而且无铅化，即元器件的焊接端头和引出线也要采用无铅镀层。

（2）PCB。要求 PCB 基材耐更高的温度，焊后不变形，表面镀覆无铅化，与组装焊接用无铅焊料相容，成本要低。

（3）助焊剂。要开发新型的润湿性更好的助焊剂，要与加热温度和焊接温度相匹配，而且要满足环保要求。

（4）焊接设备。焊接设备要适应较高的焊接温度要求。

（5）工艺。无铅焊料的印刷、贴片、焊接、清洗及检测都是新的课题，都要适应无铅焊料的要求。

3.2.3　助焊剂

1．助焊剂的特性

助焊剂是 SMT 焊接过程中不可缺少的辅料。在波峰焊中，助焊剂和焊锡分开使用，而在回流焊中，助焊剂则作为锡膏的重要组成部分。焊接效果的好坏，除了与焊接工艺、元器件和 PCB 的质量有关外，助焊剂的选择也是十分重要的。性能良好的助焊剂应具有以下作用：

① 去除焊接表面的氧化物，防止焊接时焊锡和焊接表面的再氧化，降低焊锡的表面张力；

② 熔点比焊料低，在焊料熔化之前，助焊剂要先熔化，这样才能充分发挥助焊作用；

③ 浸润扩散速度比熔化焊料快，通常要求扩展在 90%左右或 90%以上；

④ 黏度和比重比焊料小，黏度大会使浸润扩散困难，比重大就不能覆盖焊料表面；

⑤ 焊接时不产生焊珠飞溅，也不产生毒气和强烈的刺激性臭味；

⑥ 焊后残渣易于去除，并具有不腐蚀、不吸湿和不导电等特性；

⑦ 不沾性，焊接后不沾手，焊点不易拉尖；

⑧ 在常温下储存稳定。

2．助焊剂的化学组成

传统的助焊剂通常以松香为基体。松香具有弱酸性和热熔流动性，并具有良好的绝缘性、耐湿性、无腐蚀性、无毒性和长期稳定性，是不可多得的助焊材料。

目前在 SMT 中采用的大多是以松香为基体的活性助焊剂。由于松香随着品种、产地和生产工艺的不同，其化学组成和性能有较大差异，因此对松香的优选是保证助焊剂质量的关键。

通用的助焊剂还包含活性剂、成膜物质、添加剂和溶剂等。

（1）活性剂

活性剂是为了提高助焊能力而在焊剂中加入的活性物质。活性剂的活性是指它与焊料和被焊材料的表面氧化物起化学反应以便清洁金属表面和促进润湿的能力。活性剂分为无机活性剂（如氯化锌、氯化铵等）和有机活性剂（如有机酸及有机卤化物等）。通常，无机活性剂的助焊性好，但作用时间长、腐蚀性大，不宜在电子装联中使用；有机活性剂的作用柔和、时间短、腐蚀性小、电气绝缘性好，适宜在电子装联中使用。活性剂的含量约为 2%～10%，若为含氯化合物，其含氯量应控制在 0.2%以下。

（2）成膜物质

加入成膜物质，能在焊接后形成一层紧密的有机膜，保护了焊点和基板，具有防腐蚀性和优良的电气绝缘性。常用的成膜物质有松香、酚醛树脂、丙烯酸树脂、氯乙烯树脂、聚氨酯等。一般其加入量在 10%～20%，若加入过多会影响扩展率，使助焊作用下降。在普通家电或要求不高的电器装联中使用成膜物质，装联后的电器部件不清洗，以降低成本，然而在精密电子装联中焊后仍要清洗。

（3）添加剂

添加剂是为了适应工艺和环境而加入的具有特殊物理和化学性能的物质。常用的添加剂如下所述。

① 调节剂，是为调节助焊剂的酸性而加入的材料。如三乙醇胺可调节助焊剂的酸度；在无机助焊剂中加入盐酸可抑制氧化锌的生成。

② 消光剂，能使焊点消光，在操作和检验时克服眼睛疲劳和视力衰退。一般加入无机卤化物、无机盐、有机酸及其金属盐类，如氯化锌、氯化锡、滑石、硬脂酸铜、钙等，一般加入量约 5%。

③ 缓蚀剂，加入缓蚀剂能保护印制板和元器件引线，具有防潮、防霉、防腐蚀性能，又保持了优良的可焊性。用缓蚀剂的物质大多是以含氮化物为主体的有机物。

④ 光亮剂，能使焊点发光，可加入甘油、三乙醇胺等，一般加入量约为 1%。

⑤ 阻燃剂，是为保证使用安全、提高抗燃性而加入的材料。

（4）溶剂

实际使用的助焊剂大多是液态的，为此必须将助焊剂的固体成分溶解在一定的溶剂里，使之成为均相溶液。大多采用异丙醇和乙醇作为溶剂，其对助焊剂中的各种固体成分均具有良好的溶解性，常温下挥发程度适中，在焊接温度下能迅速挥发，气味小，毒性小。

3．助焊剂的分类

（1）按状态分有液态、糊状和固态三类。

（2）按用途分有涂刷、喷涂和浸渍三类。

（3）按助焊剂的活性大小可分为未活化、低活化、适度活化、全活化和高度活化五类。

3.2.4 黏合剂

SMT 中使用的黏合剂主要是贴片胶（SMA，Surface Mount Adhesives）。贴片胶是应用于表面组装的特种胶黏剂，又称为表面组装用黏结剂。之所以称为特种胶黏剂，是因为它不仅能黏结元器件，而且具有优良的电气性能和多种工艺性能。其作用是把表面安装元器件固定在 PCB 上，以使其在装配线上传送、波峰焊的过程中避免脱落或移位。由于实际使用的贴片胶大多是红色的，通常在 SMT 中又称之为红胶。

在 SMT 中使用贴片胶时，一般是将片式元器件采用贴片胶黏合在 PCB 表面，并在PCB 另一个面上插装通孔元件（也可以贴放片式元件），然后通过波峰焊就能顺利地完成装接工作。这种工艺通常又称为"混装工艺"，既可以利用片式元件小型化的优点，又可以利用通孔元件的价廉。

贴片胶–波峰焊的工艺过程是：涂布胶－贴片－固化－波峰焊－清洗。

1．贴片胶的种类

贴片胶可分为两大类型：环氧树脂类型和丙烯酸类型。一般生产中采用环氧树脂热固化类胶水，而不采用丙烯酸胶水（需紫外线照射固化）。

环氧树脂型贴片胶通常由环氧树脂、固化剂、增韧剂、填料及触变剂混合而成，其特点是热固化速度快；接连强度高；电特性较佳。

当前贴片胶的包装形式有两大类，一类是供压力点胶工艺用，贴片胶包装成注射针管形式，可直接上点胶机用；另一类是听装，可供印刷方式涂布胶用。

2．SMT 对贴片胶的基本要求

为了满足上述工艺要求，贴片胶必须具有如下性能。

（1）SMT 贴片胶固化前

① 储存。贴片胶以单组分形式存储，要求其性能稳定、寿命长、质量一致、无毒无味，以适应生产时快速方便的使用。

② 涂布。由于贴装元器件都非常小，贴片胶常涂布在两焊盘的中心处。通常用丝印、压力点胶等方法涂布在 PCB 上，因此在涂布时，要求贴片胶不拉丝、无拖尾，胶点形状与大小一致，光滑、饱满、不塌落。

③ 贴片。贴片胶必须有足够的初粘力，应足以粘牢元器件，不会出现元件的位移。

（2）SMT 贴片胶固化时

贴放元件后，PCB 进入固化炉中加热固化，要求在中温 140 ℃的温度下快速固化，并要求无挥发性气体放出，无气泡出现，阻燃，特别是不应漫流，否则会污染焊盘、影响焊接。

（3）SMT 贴片胶固化后

① 焊接。强度要高，元器件不应脱落，能耐二次波峰焊温度，不会吸收焊剂，否则会影响贴片胶的电气性能。

② 清洗。贴片胶应有稳定的化学性能，抗潮湿，耐溶剂，抗腐蚀。

③ 使用。因为贴片胶在固化后始终残留在元器件上，因此应具有优良的电气性能，否则会影响其使用性能。

④ 维修。采用贴片胶–波峰焊接后，元器件中心被粘牢，两端头又被焊牢，而修理时却要求在一定温度和外力下能方便地去除已损坏的元器件，就是说贴片胶应适合热变形温度即软化点，在到达一定温度时能方便地拆除已坏的元器件。通常，希望环氧树脂贴片胶的软化点温度在 100 ℃左右，以便于拆修。

综上所述，SMT 对贴片胶的基本要求如下所述。

① 包装内无杂质及气泡。

② 储存期限长。

③ 胶点形状及体积一致，可用于高速或超高速点胶机。

④ 胶点断面高，无拉丝。

⑤ 颜色易识别，便于人工及自动化机器检查胶点的质量。

⑥ 初粘力高。高速固化，胶水的固化温度低，固化时间短。热固化时，胶点不会下塌。

⑦ 高强度及弹性，以抵挡波峰焊时的温度突变。

⑧ 固化后有优良的电特性。

⑨ 具有良好的返修特性。

⑩ 无毒性。

3．贴片胶引起的生产品质问题

贴片胶引起的生产品质问题主要有失件（有、无贴片胶痕迹）、元件偏斜、接触不良（拉丝、太多贴片胶）。

4．贴片胶使用规范

（1）储存

领取胶水后应登记其到达时间、失效期、型号，并为每瓶胶水编号。然后把胶水保存在恒温、恒湿的冰箱内，温度在2～10 ℃。

（2）取用

取用胶水时，应做到先进先出的原则，应提前至少1小时从冰箱中取出，写下时间、编号、使用者、应用的产品，并密封置于室温下，待胶水达到室温时按一天的使用量把胶水用注胶枪分别注入点胶瓶里。注胶水时，应小心和缓慢地注入点胶瓶，以防止空气泡的产生。

（3）使用

把装好胶水的点胶瓶重新放入冰箱，生产时提前0.5～2.0小时从冰箱取出，标明取出时间、日期、瓶号，填写胶水（锡膏）解冻、使用时间记录表，使用完的胶水瓶用酒精或丙酮清洗干净、放好，以备下次使用；未使用完的胶水，标明时间，放入冰箱存放。

3.3　表面安装元器件

表面安装元器件俗称无引脚元器件，问世于20世纪60年代。习惯上人们把表面安装无源器件（如片式电阻、电容、电感）称之为 SMC（Surface Mounted Components），而将有源器件（如小外形晶体管 SOT 及四方扁平组件 QFP 等）称之为 SMD（Surface Mounted Devices）。无论 SMC 还是 SMD，在功能上都与传统的通孔安装元器件相同。它们最初是为了减小电子表的体积而制造的，然而一经问世，就表现出强大的生命力，其体积明显减小、高频特性提高、耐振动、安装紧凑等优点是传统通孔元件所无法比拟的，从而极大地刺激了电子产品向多功能、高性能、微型化、低成本的方向发展。同时，微型电子产品又促进了 SMC 和 SMD 向微型化发展。例如，片式电阻、电容已由早期的 3.2 mm×1.6 mm 缩小到 0.6 mm× 0.3 mm，IC 的引脚中心距已由 1.27 mm 减小到 0.3 mm，且随着裸芯片技术的发展，BGA 和 CSP 类高引脚数器件已广泛应用到生产中。此外，一些机电元件，如开关、继电器、滤波器、延迟线、热敏和压敏电阻，也都实现了片式化。

如今，表面安装元器件的品种繁多、功能各异，然而器件的片式化发展却不平衡，阻容器件、三极管、IC 发展较快，而异型器件、插座、振荡器发展迟缓。已片式化的元器件，又未能完全标准化，不同国家以至不同厂家均有较大的差异。因此，在设计、选用元器件时，一定要弄清楚元器件的型号、厂家及性能等，以避免出现互换性差的缺陷。当然，表面安装元器件也存在着不足之处。例如，元器件与 PCB 表面非常贴近，与基板间隙小，给清洗造成困难；元器件体积小，电阻、电容一般不标记，所以一旦弄乱就不易搞清楚；元器件与 PCB 之间热膨胀系数的差异性等也是 SMT 产品中应特别注意的问题。

3.3.1　表面安装元器件的种类和规格

SMT 所涉及的元器件种类繁多，样式各异，有许多已经形成了业界通用的标准，这主要是一些片状电容、电阻等；有许多仍在不断地变化，尤其是 IC 类器件，其封装形式的变化层出不穷，令人目不暇接。传统的引脚封装正在经受着新一代封装形式（BGA、FLIP CHIP 等）的冲击，因此表面安装元器件一般可分为标准零件与 IC 类零件。所谓标准零件是在 SMT 发展过程中逐步形成的，主要是用量比较大的零件，目前主要有电阻（R）、排阻（RA 或 RN）、电感（L）、陶瓷电容（C）、排容（CP）、钽质电容（C）、二极管（D）、晶体管（Q）等（括号内为 PCB 上常见的零件代码，不一定符合国家标准。在 PCB 上可根据代码来判定其零件类型。一般说来，零件代码与实际装着的零件是相对应的）。本节只介绍最常见的表面安装元器件。

1．矩形片式电阻器

（1）结构

矩形片式电阻器的结构如图 3.1 所示。由于制造工艺不同，片式电阻有两种类型，一种是厚膜型（RN 型），另一种是薄膜型（RK 型）。厚膜型是在扁平的高纯度 Al_2O_3 基板上印一层二氧化钌基浆料，烧结后经光刻而成；薄膜型是在基体上喷射一层镍铬合金而成，其性能稳定，阻值精度高，但价格较贵。在电阻层上涂覆有特殊的玻璃釉涂层，故电阻在高温、高湿下的性能非常稳定。

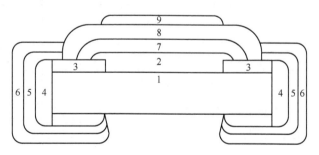

1-96%Al_2O_3基片　2-电阻　3-一次电极　4-二次电极　5-镍阻挡层
6-镀锡层　7-一次包封玻璃　8-二次包装玻璃　9-标志玻璃

图 3.1　矩形片式电阻器的结构

矩形片式电阻有三层端焊头，俗称三层端电极，最内层为银钯（Ag-Pd）合金，它与陶瓷基板有良好的结合力；中间层为镍层，可防止在焊接期间银层的浸析；最外层为端焊头。不同的国家采用不同的材料，日本通常采用 Sn-Pb 合金，美国则采用 Ag 或 Ag-Pd 合金。

（2）零件规格

零件规格即零件的外形尺寸，SMT 发展至今，业界为方便作业已经形成了一个片状零件标准系列，各家零件供货商皆是按这一标准制造的。标准零件的尺寸规格有英制与公制两种表示方法，见表 3-6。

表 3-6　片状元件标准尺寸与代号

英制表示法	公制表示法	含　义
2512	6432	L:0.25 inch(6.4 mm)　　W:0.12 inch(3.2 mm)
1812	4632	L:0.18 inch(4.6 mm)　　W:0.12 inch(3.2 mm)
1206	3216	L:0.12 inch(3.2 mm)　　W:0.06 inch(1.6 mm)
0805	2012	L:0.08 inch(2.0 mm)　　W:0.05 inch(1.25 mm)
0603	1608	L:0.06 inch(1.6 mm)　　W:0.03 inch(0.8 mm)
0402	1005	L:0.04 inch(1.0 mm)　　W:0.02 inch(0.5 mm)
0201	0603	L:0.02 inch(0.6 mm)　　W:0.01 inch(0.3 mm)

说明：

① 表中 L（Length）表示长度，W（Width）表示宽度，inch 为长度单位（英寸，1 inch=25.4 mm）。

② 在①中未提及零件的厚度，零件的厚度因零件不同而有所差异，在生产时应以实际测量为准。

③ 以上所讲的主要是针对电子产品中用量最大的电阻（排阻）和电容（排容），其他如电感、二极管、晶体管等因用量较小，且形状也多种多样，在此不作讨论。

④ SMT 发展至今，随着电子产品集成度的不断提高，标准零件逐步向微型化发展，最小的标准零件已经到了 0201。

（3）电气性能

典型的国内某厂生产的矩形片式电阻的技术特性见表 3-7。

表 3-7　国内某厂生产的矩形片式电阻的技术特性

项　目		0201	0402	0603	0805	1206	1210	1812	2010	2512
额定功率	常规功率系列	1/20 W	1/16 W	1/16 W	1/10 W	1/8 W	1/4 W	1/2 W	1/2 W	1 W
	提升功率系列	—	—	1/10W	1/8W	1/4W	1/3W	—	3/4W	—
最大工作电压（V）		25	50	50	150	200	200	200	200	200
最大过负荷电压（V）		50	100	100	300	400	400	400	400	400
电阻温度系数		$10\Omega \leqslant R \leqslant 1M\Omega$: ±200ppm/℃ $1\Omega \leqslant R < 10\Omega$, $1M\Omega < R \leqslant 10M\Omega$: ±400ppm/℃		$10\Omega \leqslant R \leqslant 1M\Omega$: ±100ppm/℃ $1\Omega \leqslant R < 10\Omega$, $1M\Omega < R \leqslant 10M\Omega$: ±250ppm/℃						
阻值范围		$1\Omega \sim 10M\Omega$ E-24、E-96 系列								
阻值误差精度		±5%、±10%	$1\Omega \sim 10M\Omega$:±1%、±2%、±5%、±10%（$10\Omega \sim 1M\Omega$: ±0.5%）	$1\Omega \sim 10M\Omega$: ±1%、±2%、±5%、±10%（$10\Omega \sim 1M\Omega$: ±0.5%）			±1% ±2% ±5% ±10%			
使用温度范围		−55～+125℃								
额定温度		+70℃								

矩形片式电阻的额定功率一般是指电阻器在环境温度为 70 ℃时能承受的电功率。当超

过 70℃时其承受的功率将下降，直到 125℃时负载功率为零。矩形片式电阻的精度等级与标称阻值的标准系数等同于普通引线式电阻器的相关规定。

在矩形片式电阻中，RN 型电阻的精度高、电阻温度系数小、稳定性好，但阻值范围较窄，适用于精密和高频领域。RK 型电阻则是电路中应用最广泛的。

（4）包装方式

矩形片式电阻一般有两种包装方式，如下所述。

① 散装。这是最简单的包装方式，采用塑料盒包装，每盒可装散料电阻一万片，随着贴片机上散装供料器的应用，散装方式的应用将会增多。散装可以大量节约包装材料用纸，这意味着节约了大量的树木。

② 编带包装。编带包装分纸编带包装和塑料编带包装两种形式，是片式电阻器最常见的包装形式。

（5）标记识别方法

当片式电阻的阻值精度为±5%时，元件上的标注采用三个数字表示。起跨接线作用的 0 Ω电阻标记为 000；阻值小于 10 Ω的，在两个数字之间补加 "R"；阻值在 10 Ω以上的，则最后一个数值表示增加的零的个数。

例如：4.7 Ω记为 4R7；0 Ω（跨接线）记为 000；100 Ω记为 101；1 MΩ记为 105。

当片式电阻的阻值精度为±1%时，采用四个数字表示，前面三个数字为有效数字，第四位表示增加的零的个数。阻值小于 10Ω的，仍在第二位补加 "R"；阻值为 100Ω的则在第四位补 "0"。

例如：4.7 Ω记为 4R70；100 Ω记为 1000；1 MΩ记为 1004；20 MΩ记为 2005；10 Ω记为 10R0。

2．圆柱形固定电阻器

表面安装电阻器最初为矩形片状，20 世纪 80 年代初出现了圆柱形。圆柱形固定电阻器，即金属电极无引脚端面元件（MELF, Metal Electrode Leadless Face）。与矩形片式电阻相比，圆柱形固定电阻无方向性和正反面性，包装使用方便，装配密度高，固定到印制板上有较高的抗弯能力，特别是噪声电平和三次谐波失真都比较低，稳定性佳，耐湿性好，温度系数低，散热性好，常用于高档音响电器产品中。但是，MELF 电阻采用再流焊时易发生滚动，需采用特殊焊盘设计。此外自动贴片机较难使用吸取方式贴片，因此其实际使用并不广泛，一般应避免使用。

（1）结构

如图 3.2 所示，在高铝陶瓷基体上覆上金属膜或碳膜，两端压上金属帽电极，采用刻螺纹槽的方法调整电阻值，表面涂上耐热漆密封，最后根据电阻值涂上色码标志，即为 MELF 电阻。

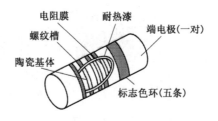

图 3.2　MELF 电阻器结构

（2）性能

不同厂家生产的 MELF 电阻的品种、性能略有差异，国内使用较多的台湾德键生产的 MELF 电阻器系列就包括超精密 MELF 电阻、耐冲击 MELF 电阻及通用 MELF 电阻三大类。其中，通用 MELF 电阻的主要技术特性和额定值见表3-8，外表尺寸如图3.3所示。

表3-8　德键 RDM 系列通用 MELF 电阻的主要技术特性和额定值

品　名		RDM73S	RDM73P	RDM74S	RDM74P	RDM16M	RDM17S	RDM17P
DIN-44061 type		0204	0204	0207	0207	0207	0309	0309
额定功率/W		1/8	1/4	1/4	1/2	1	1/2	1
阻值范围/Ω		1～1M						
精度/%		G（±2）；J（±5）						
温度系数/(ppm/℃)		<1K：0～−350	<10K：0～−350					
		1K1～47K：0～−600	11K～115K：0～−600					
		51K～470K：0～−1000	160K～2M2：0～−1000					
		510K～1M：0～−1500						
最高使用电压/V		200	250	300	300	350	350	350
最高过负荷电压/V		400	500	600	600	700	700	700
包装数量（PCS）	箱	60 000	60 000	24 000	24 000	12 000	12 000	24 000
	卷	3 000	3 000	1 500	1 500	1 000	1 000	1 500
尺寸/mm（代号含义参见图3.3）	L	3.5±0.2	3.5±0.2	5.9±0.2	5.9±0.2	5.9±0.2	8.5±0.2	8.5±0.2
	C (Min.)	0.5	0.5	0.5	0.5	0.5	0.5	0.5
	D1	1.40±0.15	1.40±0.15	2.2±0.1	2.2±0.1	2.2±0.1	3.2±0.2	3.2±0.2
	D2 (Max.)	1.55	1.55	2.4	2.4	2.4	3.4	3.4
	D3 (Max.)	1.25	1.25	2.1	2.1	2.1	3.0	3.0

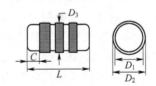

图3.3　德键 RDM 系列通用 MELF 电阻尺寸

（3）标记识别

MELF 的阻值以色环标志法来表示，如图3.4所示。

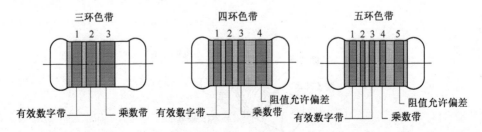

图3.4　MELF 电阻色环标记

标称阻值系列可参照 GB 2691－81。一般，阻值允许偏差为 J（±5%）的 MELF 电阻，采用 E24 系列，用三条色环标志，第一、二条表示有效数字，第三条表示前两位有效数字乘以 10 的指数；阻值允许偏差为 G（±2%）的采用 E96 系列；阻值允许偏差为 F（±1%）的采用 E192 系列，用五条色环标志，第一、二、三条表示有效数字，第四条表示前三位有效数字乘以 10 的指数，第五条表示阻值允许偏差。色带的第一条靠近电阻器的一端，最后一条比其他各条宽 1.5～2 倍。色标法中各色所代表的含义同普通引线电阻器。

3．多层片式陶瓷贴片电容器

矩形片状陶瓷介质电容器大多数为多层叠层结构，又称 MLC（Multilayer Ceramic Capacitor）。MLC 通常是无引线矩形结构，外层电极与片式电阻相同，也是三层结构，即 Ag-Ni、Cd-Sn、Pb。

多层片式陶瓷贴片电容器是目前用量比较大的常用元件。一般生产的贴片电容有 NPO、X7R、Z5U、Y5V 等不同的规格，它们之间的主要区别是填充介质不同。在相同的体积下，由于填充介质不同所组成的电容器的容量就不同，随之带来的电容器的介质损耗、容量稳定性等也就不同。所以在使用电容器时应根据电容器在电路中作用的不同来选用不同的电容器。下面我们仅就常用的 NPO、X7R、Z5U 和 Y5V 为例来介绍其性能和应用中应注意的事项。不同的公司对于上述不同性能的电容器可能有不同的命名方法，使用时要参照该公司的产品手册见表 3-9。

表 3-9　介质与国内外型号对照表

介 质 名 称	NPO	X7R	Z5U	Y5V
国产陶瓷分类型号	CC41	CT41		
美国	Ⅰ类陶瓷	Ⅱ类陶瓷		

陶瓷电容器在波峰焊时容易开裂，原因是热膨胀系数（CTE）失配。由于片式电容的端电极、金属电极、介质三者的热膨胀系数不同，因此在焊接过程中升温速度不能过快，特别是在波峰焊之前要预热电路板到足够高的温度，以减少热冲击。否则在焊接时电极和端接头的 CTE 高，受热比陶瓷快，以致失配产生裂纹，造成片式电容的损坏。客观上，片式电容的损坏率明显高于片式电阻的损坏率。Z5U 陶瓷电容器比 X7R 电容器更容易开裂，选取时应尽量采用 X7R 电容器。

（1）NPO 电容器

NPO 电容器是一种最常用的具有温度补偿特性的贴片陶瓷电容器，其填充介质是由铷、钐和一些其他稀有氧化物组成的。

NPO 电容器属Ⅰ类高频电容器，是电容量和介质损耗最稳定的电容器之一。其电容量几乎不随温度、电压和时间的变化而变化（在温度从 –55～+125 ℃变化时，其容量变化为 0 ± 30 ppm/℃，电容量随频率的变化小于 $\pm 0.3 \Delta C$）。NPO 电容器的漂移或滞后小于±0.05%，相对大于±2%的薄膜电容器来说是可以忽略不计的。其典型的容量相对使用寿命的变化小于±0.1%。NPO 电容器随封装形式不同，其电容量和介质损耗随频率变化的特性也不同，大封装尺寸的要比小封装尺寸的频率特性好。NPO 电容器可选取的容量范围见表 3-10。

表 3-10　NPO 电容器可选取的容量范围

封装（EIA 尺寸代码）	工作电压 DC=50V	工作电压 DC=100V
0805	0.5～1 000pF	0.5～820pF
1206	0.5～1 200pF	0.5～1 800pF
1210	560～5 600pF	560～2 700pF
2225	1 000pF～0.033μF	1 000pF～0.018μF

NPO 电容器适合用做振荡器、谐振器的槽路电容，以及高频电路中的耦合电容。

（2）X7R 电容器

X7R 电容器属于 II 类低频电容器，其电容量相对稳定，被称为温度稳定型的陶瓷电容器。当温度在 –55 ～+125 ℃变化时其容量变化为 15%（需要注意的是，此时电容器容量的变化是非线性的）。

X7R 电容器的容量在不同的电压和频率条件下是不同的，它随时间的变化而变化，大约每 10 年变化 1%ΔC，表现为 10 年变化了约 5%。

X7R 电容器主要应用于要求不高的各种滤波和耦合电路（而且当电压变化时其容量变化是可以接受的条件下）。其主要特点是，在相同的体积下电容量可以做得比较大。X7R 电容器可选取的容量范围见表 3-11。

表 3-11　X7R 电容器可选取的容量范围

封装（EIA 尺寸代码）	工作电压 DC=50V	工作电压 DC=100V
0805	330pF～0.056μF	330pF～0.012μF
1206	1000pF～0.15μF	1000pF～0.047μF
1210	1000pF～0.22μF	1000pF～0.1μF
2225	0.01～1μF	0.01～0.56μF

（3）Z5U 电容器

Z5U 电容器属于 II 类低频电容器，其电容量的稳定性介于 X7R 与 Y5V 之间。Z5U 电容器的主要特点是小尺寸和低成本。与另外三种多层片式陶瓷贴片电容器相比，在相同的体积下 Z5U 电容器有最大的电容量。但它的电容量受环境和工作条件的影响较大，其老化率最大可达每 10 年下降 5%。

尽管 Z5U 电容器的容量不稳定，但由于具有小体积、等效串联电感（ESL）和等效串联电阻（ESR）低、良好的频率响应，所以具有广泛的应用范围（尤其是在退耦电路的应用中）。Z5U 电容器被称为"通用"贴片电容器。Z5U 电容器的取值范围见表 3-12。

表 3-12　Z5U 电容器可选取的容量范围

封装（EIA 尺寸代码）	工作电压 DC=25V	工作电压 DC=50V
0805	0.01～0.12μF	0.01～0.1μF
1206	0.01～0.33μF	0.01～0.27μF
1210	0.01～0.68μF	0.01～0.47μF
2225	0.01～1μF	0.01～1μF

Z5U 电容器的其他技术指标如下：

① 工作温度范围：+10～+85 ℃；

② 温度特性：+22%～-56%；

③ 介质损耗：最大 4%。

（4）Y5V 电容器

Y5V 电容器属于Ⅱ类低频电容器，其电容量随温度、电压和时间变化而变化较大，是一种有一定温度限制的通用电容器，在-25～85 ℃范围内其容量变化可达+30%～-80%。

Y5V 的高介电常数允许在较小的物理尺寸下制造出高达 4.7 μF 的电容器。Y5V 电容器的取值范围见表 3-13。

表 3-13　Y5V 电容器可选取的容量范围

封装（EIA 尺寸代码）	工作电压 DC=25V	工作电压 DC=50V
0805	0.01～0.39μF	0.01～0.1μF
1206	0.01～1μF	0.01～0.33μF
1210	0.1～1.5μF	0.01～0.47μF
2225	0.68～2.2μF	0.68～1.5μF

Y5V 电容器的其他技术指标如下：

① 工作温度范围：-30～+85 ℃；

② 温度特性：+30%～-80%；

③ 介质损耗：最大 5%。

4．贴片钽电解电容器

固体钽电容器是 1956 年由美国贝尔实验室首先研制成功的，其性能优异，是所有电容器中体积小而又能达到较大电容量的产品。钽电容器的外形多种多样，并容易制成适于表面贴装的小型和片状元件，如图 3.5 所示。虽然钽原料稀缺、钽电容价格较昂贵，但由于大量采用高比容钽粉，再加上对电容器制造工艺的改进和完善，钽电解电容器还是得到了迅速的发展，使用范围日益广泛。钽电容器不仅在军事通信、航天等领域广泛使用，而且其使用范围还在向工业控制、影视设备、通信仪表等扩展。

目前生产的钽电解电容器主要有烧结型固体、箔形卷绕固体、烧结型液体等三种，其中烧结型固体约占目前生产总量的 95%以上。而又以非金属密封型的树脂封装式为主体。

图 3.5　贴片钽电解电容器的外形

固体钽电容器电性能优良，工作温度范围宽，而且形式多样，体积效率优异。其独特之处如下所述。

① 钽电解电容器的工作介质是在钽金属表面生成的一层极薄的五氧化二钽膜。此氧化膜介质与组成电容器的一个端极完全结合成一个整体，不能单独存在。因此其单位体积内所具有的电容量特别大，即比容量非常高，因此特别适宜于小型化。

② 钽电解电容器在工作过程中，具有自动修补或隔绝氧化膜中的疵点的性能，使氧化

膜介质随时得到加固和恢复其应有的绝缘能力，而不致遭到连续的累积性破坏。这种独特的自愈性能，保证了其长寿命和可靠性的优势。

③ 钽电解电容器可以非常方便地获得较大的电容量，在电源滤波、交流旁路等用途上少有竞争对手。

④ 具有单向导电性，即所谓有"极性"。应用时应按电源的正、负方向接入电路，电容器的正极接电源"+"极，负极接电源的"−"极。如果接错不仅电容器发挥不了作用，而且漏电流很大，短时间内芯子就会发热，将破坏氧化膜，电容器随即失效。

⑤ 工作电压有一定的上限值。

钽电解电容器是一种性能优良、使用寿命长的电子元件。但它还是符合电子元器件的失效规律的，即澡盆形失效曲线。其前期失效可在老炼过程中剔除，因此只有随机失效的可能性。而这种失效既有制造工艺控制问题，也有因为产品常常在使用过程中的不当或超载所致。因此在应用中要注意其性能特点，正确使用有助于充分发挥其功能（其中诸如考虑产品工作环境及其发热温度，以及采取降额使用等措施），如果使用不当会影响产品的工作寿命。

（1）结构

烧结型固体电解质片状钽电容器的结构如图 3.6 所示。

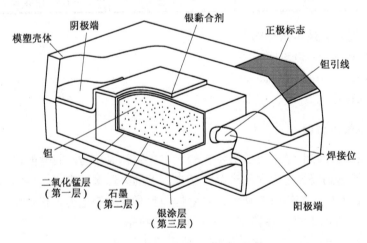

图 3.6　贴片钽电解电容器结构

（2）性能

片式钽电解电容的主要性能见表 3-14。

表 3-14　片式钽电解电容的主要性能

特 征	标 准
容量/μF	0.1～470
容量误差	K(±10%), M(±20%)
额定直流电压/V	4, 6.3, 10, 16, 20, 25, 35, 50
损耗角正切 tanδ /%	≤4～10
室温漏电流 I_O/μA	≤0.02C_R×U_R
端面镀层的结合强度	测试后无可见损伤，电容量的变化应不超过 10%
可焊性	覆盖率不少于 80%，焊接后无可见损伤

续表

特　征	标　准	
耐焊性	温度	(265±5) ℃
	时间	(5±1) s
	覆盖率	≥75%
	$\Delta C/C$	≤5%

片式钽电解电容的温度特性见表 3-15。

表 3-15　片式钽电解电容的温度特性

标称电容量/μF	电容量变化 / （%）			损耗角正切最大值 / （%）				漏电流最大值/μA		
	−55℃	+85℃	+125℃	−55℃	+20℃	+85℃	+125℃	+20℃	+85℃	+125℃
≤1.0	±10	±15	±25	6	4	6	6	$I_O=0.02C_R×U_R$	$10×I_O$	$12.5×I_O$
1.5～68				10	6	10	10			
100～470				12	8	12	12			

（3）标志

矩形钽电解电容的外壳为有色塑料封装，一端印有深色标志线，为正极。在电容器表面上印有电容量的数值及耐压值。

5．贴片铝电解电容器

铝电解电容器是由经过腐蚀和形成氧化膜的阳极铝箔、经过腐蚀的阴极铝箔，中间隔着电解纸卷绕后，再浸渍工作电解液，然后密封在铝壳中而制成的，如图 3.7 所示。

同其他类型的电容器相比，铝电解电容器在结构上表现出如下明显的特点。

① 铝电解电容器的工作介质是通过阳极氧化的方式在铝箔表面生成的一层极薄的三氧化二铝（Al_2O_3），此氧化物介质层和电容器的阳极结合成一个完整的体系，两者相互依存，不能彼此独立。我们通常所说的电容器，其电极和电介质是彼此独立的。

图 3.7　贴片铝电解电容器外形

② 铝电解电容器的阳极是表面生成 Al_2O_3 介质层的铝箔，其阴极并非我们习惯上认为的负箔，而是电容器的电解液。

③ 负箔在电解电容器中起电气引出的作用，因为作为电解电容器阴极的电解液无法直接和外电路连接，必须通过另一金属电极和电路的其他部分构成电气通路。

④ 铝电解电容器的阳极铝箔、阴极铝箔通常均为腐蚀铝箔，实际的表面积远远大于其表观表面积，这也是铝电解电容器通常具有大的电容量的一个原因。由于采用具有众多微细蚀孔的铝箔，所以通常需用液态电解质才能更有效地利用其实际电极面积。

⑤ 由于铝电解电容器的介质氧化膜是采用阳极氧化的方式得到的，且其厚度正比于阳极氧化所施加的电压，所以，从原理上来说，铝电解电容器的介质层厚度可以人为地精确控制。

同其他类别的电容器相比，铝电解电容器具有单位体积电容量较大、额定容量较大、具有自愈作用、工作电场强度高、价格低廉等优势，因此使用较广，用量较大。但也存在绝缘性能较差、具有极性、有漏液的可能性、损耗角正切值较大、温度特性与频率特性相对较差、易老化、工作电压有一定的上限等显著缺点。

传统的铝电解电容器由于采用电解液作为阴极，在片式化方面存在较大的障碍，故其片式化进程落后于陶瓷电容器及金属化薄膜电容器。片式化通常采用叠层结构、树脂包封的形式，而如何将电解液完好地密封起来一直是铝电解电容器研发人员倍感头痛的事。钽电解电容器采用固态半导体材料 MnO_2 作为阴极材料，其片式化的进展颇为迅速，已经对铝电解电容器构成一定的市场威胁。贴片铝电解电容器主要应用于各种消费类电子产品中，价格低廉。按外形和封装材料的不同，可分为矩形铝电解电容器（树脂封装）和圆柱形铝电解电容器（金属封装）两类。实际使用较多的仍是圆柱形贴片铝电解电容器。

（1）结构

将高纯度的铝箔（含铝 99.9%～99.99%）电解腐蚀成高倍率的附着面，然后在硼酸、磷酸等弱酸性的溶液中进行阳极氧化，形成电介质薄膜，作为阳极箔；将低纯度的铝箔（含铝 99.5%～99.8%）电解腐蚀成高倍率的附着面，作为阴极；电解纸将阳极箔和阴极箔隔离后绕成电容器芯子，经电解液浸透，根据电解电容器的工作电压及电导率的差异，分成不同的规格，然后用密封桷胶铆接封口；最后用金属铝壳或耐热性环氧树脂封装。由于铝电解电容器中采用非固体介质作为介电材料，因此在再流焊工艺中，应严格控制焊接温度。

（2）性能

圆柱形贴片铝电解电容器的性能见表 3-16。

表 3-16　圆柱形贴片铝电解电容器的主要性能

项　目	性　能				
工作温度/℃	-40～+105				
工作直流电压/V	4～100				
电容量/μF	0.1～1500				
电容量允许偏差/%	±20（120Hz，+20℃）				
漏电流/μA	≤0.01 $C_R \times U_R$ 或 3μA（试验温度 20℃，试验时间 5min）				
tanδ	U_R/V	4	6.3	16	25	50
	tanδ / %	0.35	0.26	0.16	0.14	0.12

国内某厂生产的圆柱形贴片铝电解电容器的规格见表 3-17。

表 3-17　国内某厂生产的圆柱形贴片铝电解电容器规格

型号	特　性	温度范围/℃	工作电压/V.DC	容量范围/μF
VS/SV	直径：Φ4mm～Φ10mm，工作温度-40～+85℃，寿命 2000 小时	-40～+85	4～100	0.1～1 500
VT/TV	直径：Φ4mm～Φ10mm，工作温度-40～+105℃，寿命 1000 小时	-40～+105	4～50	0.1～1 000
VZ/ZV	低阻抗，工作温度-55～+105℃，寿命 1 000 小时	-55～+105	6.3～35	1～220

（3）识别标志

圆柱形贴片铝电解电容器外壳上的深色标志代表负极，容量及电压值在外壳上也有标注。

6. 贴片电感器

同插装式电感一样，片式电感器在电路中起扼流、退耦、滤波、调谐、延迟、补偿等作用。经过近三十年的发展，目前已有相当多的片式电感器实现了系列化、标准化，并批量生产。

片式电感器的种类较多，按形状可分为矩形和圆柱形；按磁路可分为开路形和闭路形；按电感量可分为固定的和可调的；按结构的制造工艺可分为绕线型、多层的卷绕型。实际使用中，片式电感器一般分为普通片式电感、贴片功率电感和片状磁珠等。

（1）普通片式电感器

从制造工艺来分，普通片式电感器主要有 4 种类型，即绕线型、叠层型、编织型和薄膜片式电感器。常用的是绕线型和叠层型两种类型（如图 3.8（a）所示是绕线式贴片电感的结构图，图 3.8（b）所示是叠层片贴片电感的结构图），前者是传统绕线电感器小型化的产物；后者则采用多层印刷技术和叠层生产工艺制作，体积比绕线型片式电感器小，是电感元件领域重点开发的产品。

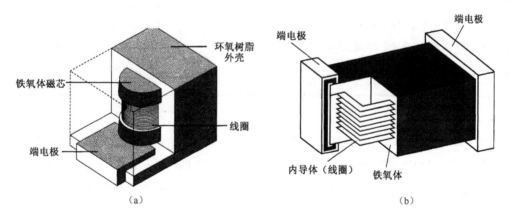

图 3.8 贴片叠层电感的外形

① 绕线型

绕线型片式电感器的特点是电感量范围广（mH～H）、电感量精度高、损耗小（即 Q 大）、容许电流大、制作工艺继承性强、简单、成本低等，但不足之处是在进一步小型化方面受到限制。陶瓷芯的绕线型片式电感器在很高的频率下仍能够保持稳定的电感量和相当高的 Q 值，因而在高频回路中占据一席之地。

② 叠层型

叠层型片式电感器具有良好的磁屏蔽性，烧结密度高，机械强度好。不足之处是合格率低、成本高、电感量较小、Q 值低。与绕线片式电感器相比，叠层片式电感器有诸多优点：尺寸小，有利于电路的小型化；磁路封闭，不会干扰周围的元器件，也不会受邻近元器件的干扰，有利于元器件的高密度安装；一体化结构，可靠性高；耐热性、可焊性好；形状规整，适合于自动化表面安装生产。

③ 薄膜片式

薄膜片式电感器具有在微波频段保持高 Q、高精度、高稳定性和小体积的特性。其内电极集中于同一层面，磁场分布集中，能确保装贴后的器件参数变化不大，在 100 MHz 以上呈现良好的频率特性。

④ 编织型

编织型电感器的特点是在 1 MHz 下的单位体积电感量比其他片式电感器大，体积小，容易安装在基片上。常用作功率处理的微型磁性元件。

常用绕线式和叠层式普通片式电感的主要特性与参数见表 3-18。

表 3-18　绕线式和叠层式普通片式电感的主要特性与参数

	线绕式片式电感器	陶瓷叠层式片式电感器
电感量范围	1nH～2mH	1nH～47mH
尺寸体积	0603～5650	0402～3225
电感量精度	G=±2% J=±5% K=±10% M=±20%	
特点	体积小，适合高密度表面贴装； 采用端电极结构，很好地抑制了引线引起的寄生元件效应； 更好的频率特性和更强的抗干扰能力； 优良的可焊性及耐热冲击性； 应用频率高，精度高，一致性好	氧化铝陶瓷，适合高的自谐振频率； 尺寸小（1.6mm×0.8mm×0.8mm）； 在高频下 Q 值高，电感值稳定； 使用温度范围：−30～+85℃

（2）贴片功率电感

贴片功率电感采用扁平化设计，轻便薄小，一般生产厂家都有自成体系的多种尺寸可供选择。电感量在 1nH～20 mH 之间，有带屏蔽的与不带屏蔽的两种结构，主要应用于笔记本电脑、手机、PDA、计算机接口设备及各种直流转换器。常用的贴片屏蔽式功率电感的外形如图 3.9 所示。

图 3.9　贴片屏蔽式功率电感的外形

（3）片状磁珠

磁珠用来吸收超高频信号，消除不需要的 EMI 噪声。像一些 RF 电路、PLL、振荡电路、超高频存储器电路等都需要在电源输入部分加磁珠，而普通电感是一种储能元件，用在 LC 振荡电路、中低频的滤波电路等，其应用频率范围很少超过 50 MHZ。

磁珠的单位是按照它在某一频率产生的阻抗来标称的，阻抗的单位是欧姆。磁珠的规格书（Datasheet）上一般会附有频率和阻抗的特性曲线图，一般以 100 MHz 为标准。例如，2012B601 就是指在 100 MHz 的时候磁珠的阻抗为 600 Ω。

贴片磁珠的外形与前述贴片叠层式电感的外形相似。

片状磁珠的种类如下。

① CBG（普通型）：阻抗 5 Ω～3 kΩ

② CBH（大电流）：阻抗 30～120 Ω

③ CBY（尖峰型）：阻抗 5 Ω～2 kΩ

规格：0402/0603/0805/1206/1210/1806（贴片磁珠）。

规格：SMB302520/SMB403025/SMB853025（贴片大电流磁珠）。

7．贴片二极管

用于表面安装的二极管有三种封装形式。

（1）圆柱形的无端子二极管。其封装结构是将二极管芯片装在具有内部电极的细玻璃管中，玻璃管两端装上金属帽分蘖节作正、负电极，外形尺寸有 ϕ1.5 mm×3.5 mm 和 ϕ2.7 mm×5.2 mm 两种，通常用于齐纳二极管、高速二极管和通用二极管，采用塑料编带包装，如图 3.10 所示。

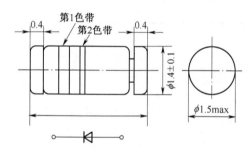

图 3.10　圆柱形的无端子贴片二极管

（2）片状二极管。片状二极管为塑封矩形薄片，外形尺寸为 3.8 mm×1.5 mm×1.1 mm，可用在 VHF 频段到 S 频段，采用塑料编带包装。

（3）SOT-23 封装形式的片状二极管。多用于封装复合型二极管，如图 3.11 所示。

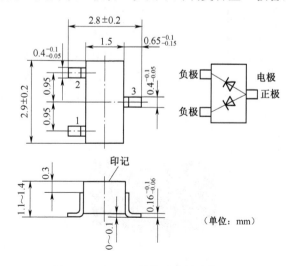

图 3.11　SOT-23 封装形式的片状二极管

由于贴片元件的体积非常小巧，在元器件封装的表面根本写不下类似常规元器件那样的型号，因此越来越多的贴片元器件生产商开始使用只有两个字符或者三个字符的识别代码来替代常规元器件中的型号。几种贴片二极管的标志与型号的对应关系见表 3-19。

表 3-19　几种贴片二极管的标志与型号的对应关系

二极管类型	封装尺寸				反压（V）	稳压值（V）	标志
	0603	0805	1206	SOD123			
开关二极管	CD4148WTP				75		T1
		CD4148WSP			75		S1
			CD4148WP		75		W1
				HSD4148	75		D1
稳压二极管				HZD5225B		3.0	Z25
				HZD5233B		6.0	Z33
				HZD5239B		9.1	Z39
				HZD5242B		12	Z42

表 3-20　部分常用贴片三极管代码

型　　号	代　　码
9011	1T
9012	2T
9013	J3
9014	J6
9015	M6
9016	Y6
9018	J8
8050	Y1
8550	Y2
2SA1015	BA
2SC1815	HF
2SC945	CR

8．贴片三极管

小外形封装的贴片三极管的封装形式主要有 SOT-23、SOT-89、SOT-143、TO-252 等。较大型封装的贴片三极管表面均直接印有型号，而像 SOT-23 这样较小封装的表面仅印有两位或三位代码标志。不同生产厂的代码含义可能还不完全一样（但趋向一致），因此需要通过相关的半导体器件手册查出对应的极性、型号与性能参数，现列出部分代码标志与型号，见表 3-20。

（1）SOT-23

SOT-23 封装有三条"翼形"端子。SOT-23 在大气中的功耗为 150 mW，在陶瓷基板上的功耗为 300 mW。常见的有小功率晶体管、场效应管和带电阻网络的复合晶体管。其外形如图 3.12 所示，引脚尺寸如图 3.13 所示。

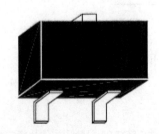

图 3.12　SOT-23 封装贴片三极管外形图

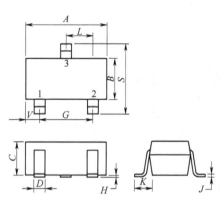

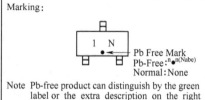

Marking:

1　N
　　　　Pb Free Mark
　　　　Pb-Free: n●n(Nabe)
　　　　Normal: None

Note Pb-free product can distinguish by the green label or the extra description on the right side of the lable

Pin Style: 1.Base　2.Emitter　　3.Collector

Material
·Lead solser plating Sn60/Pb40(Normal), Sn/3.0Ag/0.5Cu or Pure-Tin(Pb-free)
·Mold Compound Epoxy resin family, flammability solid burning class: UL94V-0

DIM	Min.	Max.
A	2.80	3.04
B	1.20	1.60
C	0.89	1.30
D	0.30	0.50
G	1.70	2.30
H	0.013	0.10
J	0.085	0.177
K	0.32	0.67
L	0.85	1.15
S	2.10	2.75
V	0.25	0.65

*: Typical, Unit: mm

图 3.13　SOT-23 封装贴片三极管引脚尺寸图

（2）SOT-89

SOT-89 具有三条薄的短端子，分布在晶体管的一端，晶体管芯片粘贴在较大的铜片上，以增加散热能力。SOT-89 在大气中的功耗为 500 mW，在陶瓷板上的功耗大于 1 W。这类封装常见于硅功率表面安装晶体管。其外形如图 3.14 所示，引脚尺寸如图 3.15 所示。

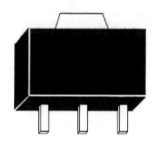

图 3.14　SOT-89 封装贴片三极管外形图

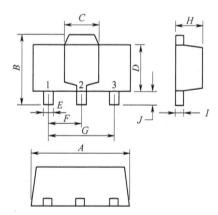

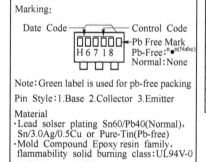

Marking:

Date Code ———　　　——— Control Code
　　　　　　　　　　　　　　Pb Free Mark
　　　H 6 7 1 8　　Pb-Free: ●n(Nabe)
　　　　　　　　　　　　　Normal: None

Note: Green label is used for pb-free packing

Pin Style: 1.Base　2.Collector　3.Emitter

Material
·Lead solser plating Sn60/Pb40(Normal), Sn/3.0Ag/0.5Cu or Pure-Tin(Pb-free)
·Mold Compound Epoxy resin family, flammability solid burning class: UL94V-0

DIM	Min.	Max.
A	4.40	4.60
B	4.05	4.25
C	1.50	1.70
D	2.40	2.60
E	0.36	0.51
F	*1.50	—
G	*3.00	—
H	1.40	1.60
I	0.35	0.41

*: Typical, Unit: mm

图 3.15　SOT-89 封装贴片三极管引脚尺寸图

（3）SOT-143

SOT-143 有 4 条"翼形"短端子，端子中宽大一点的是集电极。SOT-143 的散热性能与 SOT-23 基本相同。这类封装常见于双栅场效应及高频晶体管。如图 3.16 所示，1 脚为集电极（Collector），2、3 脚为发射极（Emitter），3 脚为基极（Base）。

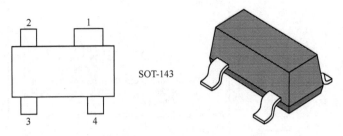

图 3.16　SOT-143 封装贴片三极管外形图

SOT-143 封装贴片三极管引脚尺寸如图 3.17 所示。

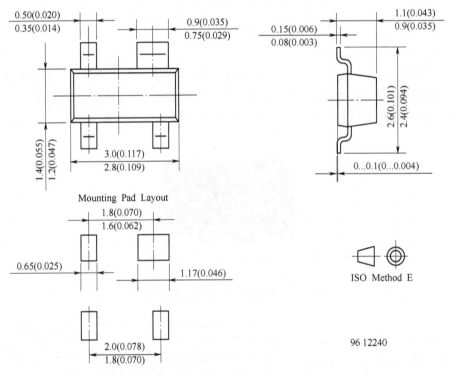

图 3.17　SOT-143 封装贴片三极管引脚尺寸图

（4）TO-252

TO-252 的功耗在 2～5 W 之间，各种功率的晶体管都可以采用这种封装。其外形如图 3.18 所示，引脚尺寸如图 3.19 所示。

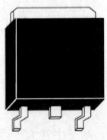

图 3.18　TO-252 封装贴片三极管外形图

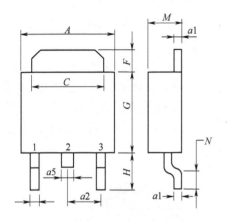

图 3.19　TO-252 封装贴片三极管引脚尺寸图

9. IC 类零件

IC 为 Integrated Circuit（集成电路）的英文缩写。业界一般以 IC 的封装形式来划分其类型，传统 IC 有 SOP、SOJ、QFP、PLCC 等，现在比较新型的 IC 有 BGA、CSP、FLIP CHIP 等。对 IC 的称呼一般采用"类型+Pin（引脚）数"的格式，如 SOP14Pin、SOP16Pin、SOJ20Pin、QFP100Pin、PLCC44Pin 等。这些零件类型因其引脚的多寡大小及引脚与引脚之间的间距不一样，而呈现出各种各样的形状，在本小节我们将介绍常见贴片 IC 的外形封装。

（1）SOP（Small Outline Package，小外形封装）。零件两面有脚，脚向外张开（一般称为"翼形"引脚），如图 3.20 所示。SOP 集成电路也称做 SOIC，由双列直插式封装 DIP 演变而来。SOP 封装常见于线性电路、逻辑电路、随机存储器。其性能和外形尺寸可参见相关器件手册。

（2）SOJ（Small Outline J-lead Package，小外形"J"形引脚封装）。零件两面有脚，脚向零件底部弯曲（"J"形引脚），如图 3.21 所示。

图 3.20　SOP 封装外形图

图 3.21　SOJ 封装外形图

（3）QFP（Quad Flat Package，四侧引脚扁平封装或方形扁平封装）。零件四边有"翼形"引脚，脚向外张开，如图 3.22 所示。引脚间距有 1.0 mm、0.8 mm、0.65 mm、0.5 mm、0.3 mm 等多种。QFP 是适应 IC 内容增多、I/O 数量增多而出现的封装形式，由日本人首先发明，目前已被广泛使用。其外形有方形和矩形两种，日本电子工业协会用 EIAJ-IC-74-4

对 QFP 封装体的外形尺寸进行了规定，使用 5 mm 和 7 mm 的整倍数（到 40 mm 为止）。而美国开发的 QFP 器件封装，则在四周各有一个突出的角，起到对器件端子的防护作用，其一般外形比端子长 3 mil。QFP 常见封装为门阵列的 ASIC 器件。

（4）PLCC（Plastic Leadless Chip Carrier，无引线的塑料芯片载体或四侧"J"形引脚扁平封装）。零件四边有脚，零件脚向零件底部弯曲，如图 3.23 所示。PLCC 也是由 DIP 演变而来的，当端子超过 40 只时便采用此类封装，也采用"J"形引脚结构。这类封装常见于逻辑电路、微处理器阵列、标准单元。其性能和外形尺寸参见相关器件手册。每种 PLCC 表面都有标志定位点，以供贴片时判定方向。

图 3.22　QFP 封装外形图

图 3.23　PLCC 封装外形图

（5）BGA（Ball Grid Array，球栅阵列封装）。零件表面无脚，其脚成球状矩阵排列于零件底部，如图 3.24 所示。

图 3.24　BGA 封装外形图

20 世纪 80 年代中后期至 90 年代，周边端子型的 IC（以 QFP 为代表）得到了很大的发展和广泛的应用，但由于组装工艺的限制，QFP 的尺寸（40 mm²）、端子数目（360 根）和端子间距（0.3 mm）已达到了极限。为了适应 I/O 数的快速增长，由美国 Motorola 和日本 Citigen Watch 公司共同开发了新的 BGA 封装形式，于 20 世纪 90 年代初投入实际使用。

BGA 的端子成球形阵列分布在封装的底面，因此它可以有较多的端子且端间距较大。具有相同的外形尺寸但端子数存在差异的 BGA 和 QFP 的比较见表 3-21。

表 3-21　封装形式与组装密度的比较

封装形式	外形尺寸/（mm×mm）	引脚间距/mm	I/O 数	封装形式	外形尺寸/（mm×mm）	引脚间距/mm	I/O 数
QFP	32×32	0.635	184	BGA	31×31	1.27	576
BGA	31×31	1.5	400	BGA	31×31	1.0	900

通常，BGA 的安装高度低，端子间距大，端子共面性好，这些都极大地改善了组装的工艺性；由于它的端子更短，组装密度更高，因此电气性能更优越，特别适合在高频电路中使用；此外，BGA 的散热性良好，在工作时其芯片的温度更接近环境温度。

BGA 封装在具有上述优点的同时，也存在下列问题：

① BGA 的焊后检查和维修比较困难，必须使用 X 射线透视、X 射线分层检测，才能

确保焊接的可靠性，设备费用大；

② 易吸湿，使用前应烘干处理。

（6）CSP（Chip Scale Package，芯片级封装）。CSP 是 BGA 进一步微型化的产物，问世于 20 世纪 90 年代中期，是目前最先进的集成电路封装形式。原始 CSP 的含义是"芯片尺寸封装"（Chip Size Package），其封装尺寸（组装占用印制板的面积）同裸芯片（Bare Chip）的尺寸大体一致，或者只是略微大一点。根据这个定义，CSP 封装的元件大概比常规封装的元件小 95%。但到目前为止，大多数 CSP 封装方案都只是针对某个专门产品或针对一个小范围的产品的，因此这种封装方式的应用步伐就十分缓慢，也一直无法形成标准。在这种情况下，业内又出现了一种经过修正的 CSP 封装方法，称为"芯片级封装"（Chip Scale Packaging），其封装尺寸大约比常规方法小 60%~80%，其外形如图 3.25 所示。尽管这种"芯片级封装"方法不能达到标准 CSP 封装将尺寸减小 95%的水平，但已经被许多封装厂所接受，增长极为迅猛。

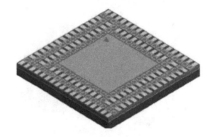

图 3.25　CSP 封装外形图

CSP 有如下优点：

① CSP 是一种有品质保证的器件，即在其出厂时半导体制造厂家已经过性能测试，确保器件质量是可靠的；

② 封装尺寸比 BGA 小；

③ CSP 比 QFP 提供了更短的互连，因此电性能更好，即阻抗低、干扰小、噪声低、屏蔽效果好，更适应在高频领域应用；

④ 具有高导热性。

同 BGA 一样，CSP 也存在着焊接后焊点质量测试问题和热膨胀系数匹配问题。此外，制造过程中基板的超细过孔制造困难，也给推广应用带来一定的难度。

3.3.2　表面安装元器件的极性识别

SMT 元器件可分为有极性元器件与无极性元器件两大类。电阻、电容、排阻、排容与电感等均属于无极性元器件，而二极管、三极管、铝电解电容、钽电解电容与 IC 等均为有极性元器件。无极性元器件在生产中不需进行极性的识别，在此不赘述；但有极性元器件的极性对产品有致命的影响，故下面将对有极性元器件进行简单的描述。

1．二极管

在实际生产中二极管有很多种类别和形态，常见的有圆柱形玻璃管贴片封装、片式发光二极管封装、片状二极管封装等几种。

（1）圆柱形玻璃管贴片封装。红色玻璃管一端为正极，黑色一端为负极，如图 3.26 所示。

（2）片式发光二极管封装。一般在零件表面用黑点（或其他醒目颜色）作记号，零件表面有黑点的一端为负极，如图 3.27 所示。

（3）片状二极管封装。有白色横线一端为负极，如图 3.28 所示。有的片状二极管在零件正面用正三角形作记号，则正三角形所指的方向为负极，如图 3.29 所示。

图 3.26 圆柱形玻璃封装二极管极性标志

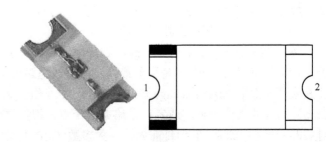

图 3.27 片式封装发光二极管极性标志

图 3.28 片式封装二极管极性标志

图 3.29 片式封装二极管极性标志

实际上各生产厂家生产的贴片二极管的封装形式很多，极性标志方式也不完全一样，使用时务必要仔细查阅生产厂家提供的技术说明书（Datasheet）。

2．片式钽电容

零件表面黑色本体上标有白色横线或者黄色本体上标有棕色横线的一端为正极，如图 3.30 所示。

图 3.30 片式封装钽电容极性标志

3．IC

IC 类零件一般是在零件面的一个角标注一个向下凹的小圆点，或在一端标示小缺口来表示其极性。

上文说明了常见零件的极性标示，但在生产过程中，正确的极性指的是零件的极性与 PCB 上标识的极性一致。一般在 PCB 上装有 IC 的位置都有很明确的极性标示，IC 零件的极性标示与 PCB 上的相应标示吻合即可。

3.3.3 使用表面安装元器件的注意事项

（1）要根据系统和电路的要求选择表面安装元器件，综合考虑供应商所能提供的规格、性能和价格等因素。

① SMT 元器件的类型选择。选择元器件时要注意贴片机的精度，钽和铝电容器主要用于电容量大的场合，PLCC 芯片的面积小，引脚不易变形，但维修不够方便；机电元件最好选用有引脚的元件。

② SMT 元器件的包装选择。SMC/SMD 元器件厂商向用户提供的包装形式有散装、盘状编带、管装和托盘，后三种的包装形式如图 3.31 所示。

无引线且无极性的 SMC 元件可以散装，如一般矩形、圆柱形电容器和电阻器。散装的元器件成本低，但不利于自动化设备的拾取和贴装。

(a) 盘状纸/塑料编带包装　　　　　(b) 塑料管包装　　　　　　　　(c) 托盘包装

图 3.31　SMT 元器件的包装形式

盘状编带包装适用于除大尺寸 QFP、PLCC、LCCC 芯片以外的其他元器件，如图 3.31（a）所示。SMT 元器件的包装编带有纸带和塑料带两种。纸编带主要用于包装片状电阻、片状电容、圆柱状二极管、SOT 晶体管。纸带一般宽 8 mm，包装元器件以后盘绕在塑料架上。塑料编带包装的元器件种类很多，如各种无引线元件、复合元件、异形元件、SOT 晶体管、引线少的 SOP/QFP 集成电路等。纸编带和塑料编带的一边有一排定位孔，用于贴片机在拾取元器件时引导纸带前进并定位。

管式包装如图 3.31（b）所示，管式包装主要用于 SOP、SOJ、PLCC 集成电路、PLCC 插座和异形元件等。从整机产品的生产类型看，管式包装适合于品种多、批量小的产品。

托盘包装如图 3.31（c）所示，托盘包装主要用于 QFP、窄间距 SOP、PLCC、BGA 集成电路等器件。

（2）存放表面组装元器件的环境条件，如下所述。

① 库存环境温度：<40℃；

② 生产现场温度：<30℃；

③ 环境湿度：<RH60%；

④ 环境气氛：库房及使用环境中不得有影响焊接性能的硫、氯、酸等有害气体；

⑤ 防静电措施：要满足表面组装对防静电的要求。

（3）表面组装元器件的存放周期。从元器件厂家的生产日期算起，库存时间不超过两年；整机厂购买后的库存时间一般不超过一年；假如是自然环境比较潮湿的整机厂，购入 SMT 元器件以后应在三个月内使用。

（4）对具有防潮要求的 SMD 器件，打开封装后一周内或 72 小时内（根据不同器件的要求而定）必须使用完毕，如果 72 小时内不能使用完毕，应存放在<RH20%的干燥箱内，对已经受潮的 SMD 器件按照规定做去潮烘烤处理。

（5）操作人员拿取 SMD 器件时应带好防静电腕带。

（6）在运输、分料、检验、手工贴装等操作需要拿取 SMD 器件时尽量用吸笔操作；使用镊子时要注意不要碰伤 SOP、QFP 等器件的引脚，以防引脚翘曲变形。

3.4　SMT 电路板组装方案和装配焊接设备

3.4.1　SMT 电路板组装方案

1. 基本组装工艺

SMT 电路板的组装工艺有两类最基本的工艺流程，一类是锡膏再流焊工艺，另一类是贴片波峰焊工艺。在实际生产中，应根据所用元器件和生产装备的类型及产品的需求，选择单独进行或者重复、混合使用，以满足不同产品生产的需要。

（1）锡膏再流焊工艺。锡膏再流焊工艺如图 3.32 所示。该工艺流程的特点是简单、快捷、有利于产品体积的减小。

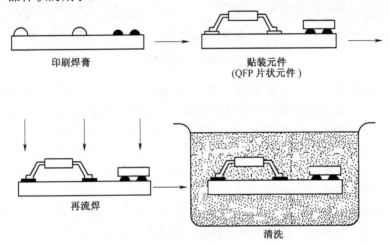

印刷焊膏　　　　　　　　　　贴装元件
　　　　　　　　　　　　　（QFP 片状元件）

再流焊　　　　　　　　　　　清洗

图 3.32　锡膏再流焊工艺流程

（2）贴片波峰焊工艺。贴片波峰焊工艺如图 3.33 所示。该工艺流程的特点是利用双面板空间，电子产品的体积可以进一步减小，且仍使用通孔元件，价格低廉，但设备要求增多，波峰焊过程中的缺陷较多，难以实现高密度组装。

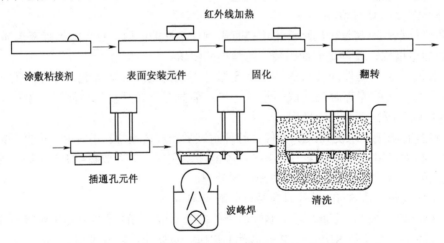

　　　　　　　　　　　　　　　红外线加热

涂敷粘接剂　　　表面安装元件　　　固化　　　　　翻转

插通孔元件　　　　波峰焊　　　　　清洗

图 3.33　贴片波峰焊工艺流程

若将上述两种工艺流程混合与重复，则可以演变成多种工艺流程，供电子产品组装之用，如混合安装。

2. SMT 电路板组装方案与工艺

（1）单面全表面安装。单面全表面安装是指印制板上没有通孔插装元器件，只在印制电路板的一面安装有 SMT 元器件，如图 3.34（a）左图所示。这种装配结构工艺简单，可采用前述基本的锡膏再流焊工艺流程。

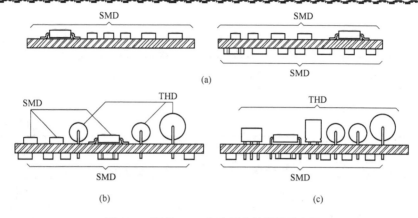

图 3.34　四种 SMT 电路板安装结构示意图

（2）双面全表面安装。双面全表面安装是指印制板上没有通孔插装元器件，但在印制电路板的两面都安装有 SMT 元器件，如图 3.34（a）右图所示。一般也是采用前述基本的锡膏再流焊工艺流程，分别对两面进行两次贴装、再流焊，如图 3.35 所示。这种装配结构能够充分体现出 SMT 的技术优势，相应的印制电路板面积最小、价格最便宜。

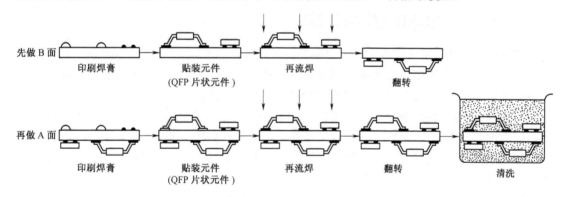

图 3.35　双面再流焊接工艺流程

双面全表面安装工艺流程的特点是采用双面锡膏再流焊工艺，能充分利用 PCB 空间，并实现安装面积最小化。其工艺控制复杂，要求严格，常用于密集型或超小型电子产品，如手机等。

（3）两面分别安装。两面分别安装是指在印制板的 A 面上只安装通孔插装元器件，而小型的 SMT 元器件贴装在印制板的 B 面上，如图 3.34（c）所示。可以采用前述基本的贴片波峰焊工艺流程。这种装配结构除了要使用贴片胶把 SMT 元器件粘贴在印制板上以外，其余和传统的通孔插装方式的区别不大，特别是可以利用现在已经比较普及的波峰焊设备进行焊接，工艺技术上也比较成熟，不仅发挥了 SMT 贴装的优点，同时还可以解决某些元件至今不能采用表面装配形式的问题。

（4）双面混合安装。双面混合安装是指在印制电路板的 A 面上，既有通孔插装元器件，又有各种 SMT 元器件；在印制板的 B 面上，只装配体积较小的 SMD 晶体管和 SMC 元件，如图 3.34（b）所示。可以采用如图 3.36 所示的工艺流程，该工艺流程的特点是充分利用 PCB 双面空间，是实现安装面积最小化的方法之一，并仍保留通孔元件价廉的优点，多用于消费类电子产品的组装。

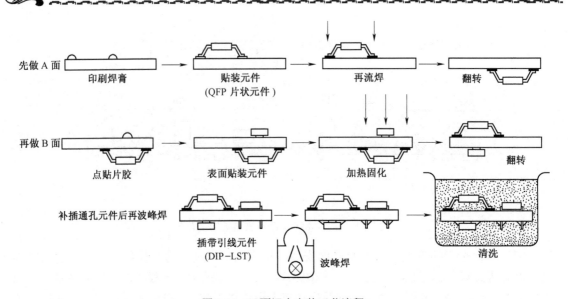

先做 A 面　　印刷焊膏　→　贴装元件（QFP 片状元件）　→　再流焊　→　翻转

再做 B 面　　点贴片胶　→　表面贴装元件　→　加热固化　→　翻转

补插通孔元件后再波峰焊　　插带引线元件（DIP−LST）　→　波峰焊　→　清洗

图 3.36　双面混合安装工艺流程

3.4.2　SMT 电路板装配焊接设备

根据前面介绍的知识内容，SMT 电路板装配的基本工艺是由下列几个主要环节构成的。

① 丝印，其作用是将焊膏或贴片胶漏印到 PCB 的焊盘上，为元器件的焊接做准备。所用设备为丝印机（丝网印刷机），位于 SMT 生产线的最前端。

② 点胶，是将胶水滴到 PCB 的固定位置上，其主要作用是将元器件固定到 PCB 板上。所用设备为点胶机，位于 SMT 生产线的最前端或检测设备的后面。

③ 贴装，其作用是将表面组装元器件准确安装到 PCB 的固定位置上。所用设备为贴片机，位于 SMT 生产线中丝印机的后面。

④ 固化，其作用是将贴片胶固化，从而使表面组装元器件与 PCB 板牢固粘接在一起。所用设备为固化炉，位于 SMT 生产线中贴片机的后面。

⑤ 回流焊接，其作用是将焊膏融化，使表面组装元器件与 PCB 板牢固粘接在一起。所用设备为回流焊炉，位于 SMT 生产线中贴片机的后面。

⑥ 清洗，其作用是将组装好的电路板上面的对人体有害的焊接残留物（如助焊剂等）除去。所用设备为清洗机，位置可以不固定，可以在线，也可以不在线。

⑦ 检测，其作用是对组装好的电路板进行焊接质量和装配质量的检测。所用设备有放大镜、显微镜、在线测试仪（ICT）、飞针测试仪、自动光学检测（AOI）、X-RAY 检测系统、功能测试仪等。其位置根据检测的需要，可以配置在生产线合适的地方。

⑧ 返修，其作用是对检测出现故障的电路板进行返工。所用工具为烙铁、返修工作站等，配置在生产线中任意的位置。

下面分别介绍各主要设备。

1．SMT 印刷机

（1）再流焊工艺焊料供给方法

在再流焊工艺中，将焊料施放在焊接部位的主要方法有焊膏法、预敷焊料法和预形成焊料法。

① 焊膏法。焊膏法是将焊锡膏涂敷到 PCB 板的焊盘图形上，是再流焊工艺中最常用的方法。焊锡膏的涂敷方式有两种：注射滴涂法和印刷涂敷法。注射滴涂法主要应用在新产品的研制或小批量产品的生产中，可以手工操作，速度慢、精度低但灵活性高。印刷涂敷法又分直接印刷法（又称模板漏印法或漏板印刷法）和非接触印刷法（又称丝网印刷法）两种类型，直接印刷法是目前高档设备中广泛应用的方法。

② 预敷焊料法。预敷焊料法也是再流焊工艺中经常使用的施放焊料的方法。在某些应用场合，可以采用电镀法和熔融法，把焊料预敷在元器件电极部位的细微引线上或是 PCB 板的焊盘上。在窄间距器件的组装中，采用电镀法预敷焊料是比较合适的，但电镀法的焊料镀层厚度不够稳定，需要在电镀焊料后再进行一次熔融（经过这样的处理，可以获得稳定的焊料层）。

③ 预形成焊料法。预形成焊料法是将焊料制成片状、棒状、微小球状等各种形状的预先成形的焊料，焊料中可含有助焊剂。这种形式的焊料主要用于半导体芯片的键合部分、扁平封装器件的焊接工艺中。

（2）SMT 印刷机及其结构

如图 3.37 所示，是 SMT 锡膏印刷机的照片，它是用来印刷焊锡膏或贴片胶的，其功能是将焊锡膏或贴片胶正确地漏印到印制板相应的位置上。

图 3.37　SMT 锡膏印刷机

SMT 印刷机大致分为三个档次：手动、半自动和全自动印刷机。半自动和全自动印刷机可以根据具体情况配置各种功能，以便提高印刷精度。例如，视觉识别功能、调整电路板传送速度的功能、工作台或刮刀 45°角旋转功能（适用于窄间距元器件），以及二维、三维检测功能等。

无论哪一种印刷机，其组成基本相同，如下所述。

① 夹持 PCB 基板的工作台，包括工作台面、真空或边夹持机构、工作台传输控制机构。

② 印刷头系统，包括刮刀、刮刀固定机构、印刷头的传输控制系统等。

③ 丝网或模板及其固定机构。

④ 为保证印刷精度而配置的其他选件，包括视觉对中系统、擦板系统和二维、三维测量系统等。

（3）印刷涂敷法的丝网及模板

在印刷涂敷法中，直接印刷法和非接触印刷法的共同之处是其原理与油墨印刷类似，它们之间的主要区别在于印刷焊料的介质，即用不同的介质材料来加工印刷图形。无刮动间隙的印刷是直接（接触式）印刷，采用刚性材料加工的金属漏印模板；有刮动间隙的印刷是非接触印刷，采用柔性材料丝网或金属掩膜。刮刀压力、刮动间隙和刮刀的移动速度是保证印刷质量的重要参数。

高档 SMT 印刷机一般使用不锈钢薄板制作的漏印模板，这种模板的精度高，但加工困难，因此制作费用高，适合于大批量生产的高密度 SMT 电子产品。手动操作的简易 SMT 印刷机可以使用薄铜板制作的漏印模板，这种模板容易加工，制作费用低廉，适合于小批量生产的电子产品。非接触式丝网印刷法是传统的方法，制作丝网的费用低廉，印刷锡膏的图形精度不高，适用于大批量生产的一般 SMT 电路板。

（4）漏印模板印刷法的基本原理

漏印模板印刷法的基本原理如图 3.38 所示。

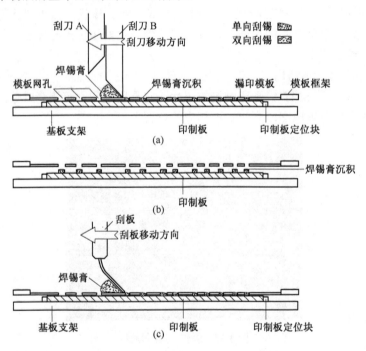

图 3.38　漏印模板印刷法的基本原理

如图 3.38（a）所示，将 PCB 板放在工作支架上，由真空泵或机械方式固定，已加工有印刷图形的漏印模板在金属框架上绷紧，模板与 PCB 表面接触，镂空图形网孔与 PCB 板上的焊盘对准，把焊锡膏放在漏印模板上，刮刀（亦称刮板）从模板的一端向另一端移动，同时压刮焊锡膏通过模板上的镂空图形网孔印制（沉淀）在 PCB 的焊盘上。假如刮刀单向刮锡，沉积在焊盘上的焊锡膏可能会不够饱满；而刮刀双向刮锡，锡膏图形就比较饱满。高档的 SMT 印刷机一般有 A、B 两个刮刀，当刮刀从右向左移动时，刮刀 A 上升，刮刀 B 下降，B 压刮焊锡膏；当刮刀从左向右移动时，刮刀 B 上升，刮刀 A 下降，A 压刮焊锡膏。两次刮锡后，PCB 与模板脱离（PCB 下降或模板上升），如图 3.38（b）所示，完成锡膏印刷过程。

图 3.38（c）描述了简易 SMT 印刷机的操作过程，其漏印模板用薄铜板制作，将 PCB 准确定位以后，手持不锈钢刮板进行锡膏印刷。

焊锡膏是一种膏状流体，其印刷过程遵循流体动力学的原理。漏印模板印刷的特征是：

① 模板和 PCB 表面直接接触；

② 刮刀前方的焊膏颗粒沿刮刀前进方向作顺时针走向滚动；

③ 漏印模板离开 PCB 表面的过程中，焊膏从网孔转移到 PCB 表面上。

（5）丝网印刷涂敷法的基本原理

将乳剂涂敷到丝网上，只留出印刷图形的开口网目，就制成了非接触式印刷涂敷法所用的丝网。丝网印刷涂敷法的基本原理如图 3.39 所示。

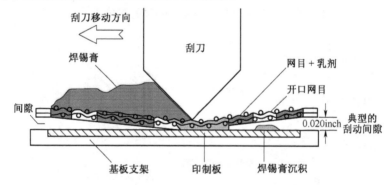

图 3.39　丝网印刷涂敷法

将 PCB 板固定在工作支架上，将印刷图形的漏印丝网绷紧在框架上并与 PCB 板对准，将焊锡膏放在漏印丝网上，刮刀从丝网上刮过去，压迫丝网与 PCB 表面接触，同时压刮焊膏通过丝网上的图形印刷到 PCB 的焊盘上。

丝网印刷具有以下 3 个特征：

① 丝网和 PCB 表面隔开一小段距离；

② 刮刀前方的焊膏颗粒沿刮板前进方向作顺时针走向滚动；

③ 丝网从接触到脱开 PCB 表面的过程中，焊膏从网孔转移到 PCB 表面上。

（6）印刷机的主要技术指标

① 最大印刷面积，根据最大的 PCB 尺寸确定。

② 印刷精度，根据印制板组装密度和元器件的引脚间距或球距的最小尺寸确定，一般要求达到±0.025mm。

③ 印刷速度，根据产量要求确定。

2．SMT 点胶机

与传统的 THT 技术在焊接前把元器件插装到电路板上不同，SMT 技术是在焊接前把元器件贴装到电路板上的。显然，采用再流焊工艺流程进行焊接、依靠焊锡膏就能够把元器件粘贴在电路板上，传递到焊接工序；但对于采用波峰焊工艺焊接双面混合装配、双面分别装配（第二、三种装配方式）的电路板来说，由于元器件在焊接过程中位于电路板的下方，所以必须在贴片时用黏合剂进行固定。

（1）涂敷贴片胶的方法

涂敷贴片胶到电路板上的常用方法有点滴法、注射法和丝网印刷法。

① 点滴法。点滴法是用针头从容器里蘸取一滴贴片胶，把它点涂到电路基板的焊盘或元器件的焊端上。点滴法只能手工操作，效率很低，要求操作者非常细心（因为贴片胶的量

不容易掌握），还要特别注意避免涂到元器件的焊盘上导致焊接不良。

② 注射法。注射法既可以手工操作，又能够使用设备自动完成。手工注射贴片胶，是把贴片胶装入注射器，靠手的推力把一定量的贴片胶从针管中挤出来。有经验的操作者可以准确地掌握注射到电路板上的胶量，取得很好的效果。

大批量生产中使用的由计算机控制的点胶机如图 3.40 所示。图 3.40（a）所示是根据元器件在电路板上的位置，通过针管组成的注射器阵列，靠压缩空气把贴片胶从容器中挤出来，胶量由针管的大小、加压的时间和压力决定。图 3.40（b）所示是把贴片胶直接涂到被贴装头吸住的元器件下面，再把元器件贴装到电路板指定的位置上。

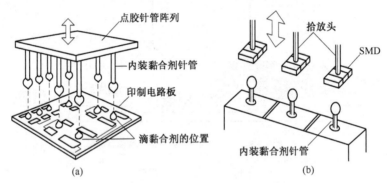

图 3.40　自动点胶机的工作原理示意图

点胶机的功能可以用 SMT 自动贴片机来实现。把贴片机的贴装头换成内装贴片胶的点胶针管，在计算机程序的控制下，把贴片胶高速、逐一点涂到印制板的焊盘上。

③ 丝网印刷法。用丝网漏印的方法把贴片胶印刷到电路基板上，这是一种成本低、效率高的方法，特别适用于元器件的密度不太高、生产批量比较大的情况。需要注意的关键问题是，电路基板在丝网印刷机上必须准确定位，保证贴片胶涂敷到指定的位置上，避免污染焊接面。

（2）贴片胶的固化

涂敷贴片胶以后进行贴装元器件，这时需要固化贴片胶，把元器件固定在电路板上。固化贴片胶可以采用多种方法，比较典型的方法有三种：

① 用电热烘箱或红外线辐射，对贴装了元器件的电路板加热一定的时间；

② 在黏合剂中混合添加一种硬化剂，使粘接了元器件的贴片胶在室温中固化，也可以通过提高环境温度加速固化；

③ 采用紫外线辐射固化贴片胶。

（3）装配流程中的贴片胶涂敷工序

在元器件混合装配结构的电路板生产过程中，涂敷贴片胶是重要的工序之一，它与前后工序的关系如图 3.41 所示。其中，图（a）是先插装引线元器件、后贴装 SMT 元器件的方案；图（b）是先贴装 SMT 元器件、后插装引线元器件的方案。比较这两个方案，后者更适合于自动生产线进行大批量生产。

（4）涂敷贴片胶的技术要求

有通过光照或加热方法固化的两类贴片胶，涂敷光固型和热固型贴片胶的技术要求也不相同。如图 3.42 所示，图（a）表示光固型贴片胶的位置，因为贴片胶至少应该从元器件的下面露出一半，才能被光照射而实现固化；图（b）是热固型贴片胶的位置，因为采用加热固化的方法，所以贴片胶可以完全被元器件覆盖。

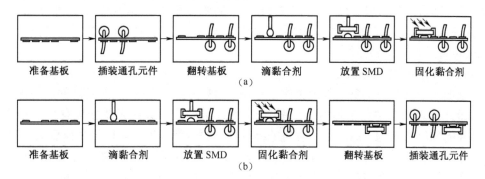

图 3.41 混合装配结构生产过程中的贴片胶涂敷工序

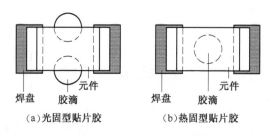

图 3.42 贴片胶的点涂位置

贴片胶滴的大小和胶量，要根据元器件的尺寸和重量来确定，以保证足够的黏结强度为准。小型元件下面一般只点涂一滴贴片胶，体积大的元器件下面可以点涂多个胶滴或点涂大一些的胶滴；胶滴的高度应该保证贴装元器件以后能接触到元器件的底部；胶滴也不能太大，要特别注意贴装元器件后不要把胶挤压到元器件的焊端和印制板的焊盘上，以防焊接的污染。

3. 贴片设备

SMT 生产中的贴片技术通常是指用一定的方式将片式元器件准确地贴放到 PCB 指定的位置上，主要包括吸取/拾取与放置两个动作。在 SMT 初期，由于片式元器件的尺寸相对较大，所以可以用镊子等简单的工具来实现上述动作，至今仍有少数工厂采用或部分采用人工放置贴片元器件的方法。但为了满足大生产的需要，特别是随着 SMC/SMD 的精细化，人们越来越重视使用自动化的机器——贴片机来实现高速、高精度地贴放元器件。

近 30 年来，贴片机已由早期的低速度（1～1.5 s/片）和低精度（机械对中）发展到高速度（0.08 s/片）和高精度（光学对中，贴片精度±60 μm/4σ）。高精度全自动贴片机是由计算机、光学系统、精密机械（包括滚珠丝杆、直线导轨、线性电机、谐波驱动器及真空系统和各种传感器）构成的机电一体化的高科技装备。从某种意义上来说，贴片技术已成为 SMT 的支柱和深入发展的重要标志，贴片机是整个 SMT 的生产中最关键、最复杂的设备，也是人们在初次建立 SMT 生产线时最难选择的设备。

（1）贴片工序对贴装元器件的要求

要保证贴片质量，应该考虑三个要素：贴装元器件的正确性、贴装位置的准确性和贴装压力（贴片高度）的适度性。元器件的类型、型号、标称值和极性等特征标记，都应该符合产品装配图和明细表的要求。贴装元器件的焊端或引脚上不小于 1/2 的厚度要浸入焊膏，一般元器件贴片时，焊膏挤出量应小于 0.2 mm；窄间距元器件的焊膏挤出量应小于 0.1 mm。元器件的焊端或引脚均应该尽量和焊盘图形对齐、居中。因为再流焊时的自定位效应，元器件的贴装位置允许一定的偏差。

① 元器件贴装的偏差范围

- 矩形元器件允许的贴装偏差范围。如图 3.43 所示，图（a）的元器件贴装优良，元器件的焊端居中位于焊盘上。图（b）表示元件在贴装时发生横向移位（规定元器件的长度方向为"纵向"），合格的标准是，焊端宽度的 3/4 以上在焊盘上，即 $D_1 \geqslant$ 焊端宽度的 75%；否则为不合格。图（c）表示元器件在贴装时发生纵向移位，合格的标准是，焊端与焊盘必须交叠；如果 $D_2 \geqslant 0$，则为不合格。图（d）表示元器件在贴装时发生旋转偏移，合格的标准是，$D_3 \geqslant$ 焊端宽度的 75%；否则为不合格。图（e）表示元器件在贴装时与焊锡膏图形的关系，合格的标准是，元件焊端必须接触焊锡膏图形；否则为不合格。

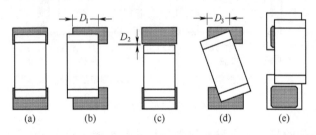

图 3.43　矩形元器件贴装偏差

- 小外形晶体管（SOT）允许的贴装偏差范围。允许有旋转偏差，但引脚必须全部在焊盘上。
- 小外形集成电路（SOIC）允许的贴装偏差范围。允许有平移或旋转偏差，但必须保证引脚宽度的 3/4 在焊盘上。如图 3.44 所示。
- 四边扁平封装器件和超小型器件（QFP，包括 PLCC 器件）允许的贴装偏差范围。要保证引脚宽度的 3/4 在焊盘上，允许有旋转偏差，但必须保证引脚长度的 3/4 在焊盘上。
- BGA 器件允许的贴装偏差范围。焊球中心与焊盘中心的最大偏移量小于焊球半径，如图 3.45 所示。

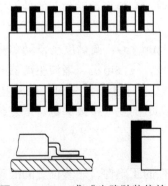

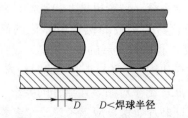

图 3.44　SOIC 集成电路贴装偏差　　　　图 3.45　BGA 集成电路贴装偏差

② 元器件贴装压力（贴片高度）

元器件贴装压力要合适，如果压力过小，元器件的焊端或引脚就会浮放在焊锡膏表面，使焊锡膏不能粘住元器件，在传送和再流焊过程中可能会产生位置移动。如果元器件贴装压力过大，焊锡膏挤出量过大，容易造成焊锡膏外溢黏连，使再流焊时产生桥接，同时也会造成器件的滑动偏移，严重时会损坏器件。

（2）贴片机的分类

目前世界上已有几百个贴片机生产厂家，生产的贴片机达几千种之多，贴片机的分类没有固定的格式，习惯上有下列几种。

① 按贴片速度分类。按贴片速度可分为中速贴片机（3 000 片/h～9 000 片/h）、高速贴片机（9 000 片/h～40 000 片/h）和超高速贴片机（大于 40 000 片/h）。

② 按功能分类。由于近年来元器件片式化率越来越高，SMC/SMD 品种越来越多，形状不同，大小各异，此外还有大量的接插件，因此对贴片机贴装品种的能力要求越来越高。目前，一种贴片机还无法做到既能高速度贴装又能处理异型、超大型元件，故专业贴片机根据能贴装元器件的品种分为两大类，一类是高速/超高速贴片机，主要以贴片元件为主体；另一类能贴装大型器件和异型器件，称为多功能机。

目前这两类贴片机的贴片功能可互相兼容，即高速贴装机不仅只贴片式元器件，而且能贴装尺寸不太大的 QFP 和 PLCC（32 mm×32 mm），甚至能贴装 CSP，这样做的好处是将速度、精度、尺寸三者兼容。若采用两台贴片机工作时，能将所有元器件进行适当分配，以达到两台贴片机的总体贴装时间互相平衡，这对提高总体贴装速度是非常有意义的。

③ 按贴装方式分类。这种分类方法在现实生产中不常用，仅用于理论分析，其分类方法有如下几种。

- 顺序式。顺序式是按照顺序将元器件一个一个贴到 PCB 上，因此又称之为顺序贴片机。
- 同时式。使用专用料斗（每个斗中放一种圆柱式元件），通过一个塑料管送到 PCB 对应的焊盘上，每个焊盘都有一个元件的料仓和塑料管，一个动作就能将元件全部贴装到 PCB 相应的焊盘上。它适应大批量、长线产品，但仅适用于圆柱元件。其缺点是，更换产品时，所有工装夹全部要更换，费用高，时间长。目前这种方法已很少使用。
- 同时在线式。这类贴片机由多个贴片送料组合而成，工作时，多个头依次同时对一块 PCB 贴片，故称之为同时在线式。

④ 按自动化程度分类。目前，大部分贴片机是全自动机电一体化的机器，但也有一种是手动式贴片机，这类贴片机有一套简易的手动支架，手动贴片时可以靠人手的移动和旋转来校正位置，有时还使用光学系统配套来帮助定位。这类手动贴片主要用于新产品开发，具有价廉的优点。

⑤ 按结构特点分类。大致可分为四种类型：动臂式、复合式、转盘式和大型平行系统。不同种类的贴片机各有优劣，通常取决于应用或工艺对系统的要求（在其速度和精度之间也存在一定的平衡）。

动臂式机器具有较好的灵活性和精度，适用于大部分元件。高精度机器一般都是这种类型，但其速度无法与复合式、转盘式和大型平行系统相比。目前，元件排列越来越集中在有源部件上，如有引线的 QFP 和 BGA 阵列元件，故安装精度对高产量有至关重要的作用。复合式、转盘式和大型平行系统一般不适用于这种类型的元件安装。动臂式机器还支持多种不同类型的送料器，如带式、盘式、散装式、管式等。这一点与高速安装系统形成鲜明对照，后者只能使用散装式或带式两种送料器。在安装许多大型 IC 时（如 QFP 和 BGA），动臂式机器是唯一的选择。除了贴装精度外，高速机器不支持盘式送料器也是选择动臂式机器的重要原因。动臂式机器分为单臂式和多臂式，单臂式是最早发展起来的、现在仍然使用的多功能贴片机。在单臂式基础上发展起来的多臂式贴片机可将工作效率成倍提高。

复合式机器是从动臂式机器发展而来的，它集合了转盘式和动臂式的特点，在动臂上安装有转盘。由于复合式机器可通过增加动臂数量来提高速度，具有较大灵活性，因此它的发展前景被看好。

转盘式机器，由于拾取元件和贴片动作同时进行，使得贴片速度大幅度提高，故这种结构的高速贴片机在我国的应用最为普遍，不但速度较高，而且其性能非常稳定。但是由于机械结构所限，转盘式机器的贴装速度已达到一个极限值，不可能再大幅度提高。

大型平行系统由一系列的小型独立组装机组成，各自有丝杠定位系统机械手，机械手带有摄像机和安装头。各安装头都从几个带式送料器拾取元件，并能为多块电路板的多块分区进行安装，这些电路板通过机器定时转换角度对准位置。

复合式、转盘式和大型平行系统属于高速安装系统，一般用于小型片状元件的安装。转盘式机器也被称做"射片机"（chip shooter），因为它通常用于组装片式电阻、电容。因为无源元件所需精度不高，故射片机组装可实现较高的产能。高速机器由于结构较普通动臂式机器复杂许多，因而价格也高出许多，在选择设备时要考虑到这一点。

试验表明，动臂式机器的安装精度较好，安装速度为每小时 5 000～20 000 个元件（cph）。复合式和转盘式机器的组装速度较高，一般为每小时 20 000～50 000 个。大型平行系统的组装速度最快，可达每小时 50 000～100 000 个。

（3）自动贴片机的主要结构

由于 SMT 的迅速发展，生产贴片机的厂家很多，其型号和规格也有多种，但这些设备的基本结构都是相同的。贴装机的基本结构包括设备本体、片状元器件供给系统、印制板传送与定位装置、贴装头及其驱动定位装置、贴装工具（吸嘴）、计算机控制系统等。为适应高密度超大规模集成电路的贴装，比较先进的贴装机还具有光学检测与视觉对中系统，以保证芯片能够高精度地准确定位。

① 设备本体。贴片机的设备本体是用来安装和支撑贴装机的底座的，一般采用质量大、振动小、有利于保证设备精度的铸铁件制造。

② 贴装头。贴装头又称吸-放头，是贴装机上最复杂、最关键的部分，相当于机械手，其动作由拾取-贴放和移动-定位两种模式组成。

- 贴装头通过程序控制，完成三维的往复运动，实现从供料系统取料后移动到电路基板的指定位置上。
- 贴装头的端部有一个用真空泵控制的贴装工具（吸嘴），不同形状、不同大小的元器件要采用不同的吸嘴拾放。一般元器件采用真空吸嘴，异形元件（如没有吸取平面的连接器等）用机械爪结构拾放。当换向阀门打开时，吸嘴的负压把 SMT 元器件从供料系统（散装料仓、管装料斗、盘状纸带或托盘包装）中吸上来；当换向阀门关闭时，吸盘把元器件释放到电路基板上。

贴装头通过上述两种模式的组合，完成拾取-放置元器件的动作。贴装头还可以用来在电路板指定的位置上点胶，涂敷固定元器件的黏合剂。

贴装头的 X-Y 定位系统一般用直流伺服电机驱动，通过机械丝杠传输力矩。磁尺和光栅定位的精度高于丝杠定位，但后者容易维护修理。

③ 供料系统。适合于表面组装元器件的供料装置有编带、管状、托盘和散装等几种形式。供料系统的工作状态，需根据元器件的包装形式和贴片机的类型而确定。贴装前，将各种类型的供料装置分别安装到相应的供料器支架上。随着贴装进程，装载着多种不同元器件的散装料仓水平旋转，把即将贴装的那种元器件转到料仓门的下方，便于贴装头拾取。纸带包装元器件的盘装编带随编带架垂直旋转，管状和定位料斗在水平面上二维移动，为贴装头提供新的待取元件。

④ 电路板定位系统。电路板定位系统可以简化为一个固定了电路板的 X-Y 二维平面移动的工作台。在计算机控制系统的操纵下，电路板随工作台沿传送轨道移动到工作区域内，并被精确定位，使贴装头能把元器件准确地释放到一定的位置上。精确定位的核心是"对中"，有机械对中、激光对中、激光加视觉混合对中及全视觉对中等方式。

⑤ 贴片机的视觉系统。视觉系统是显著影响元件安装的一个主要因素，机器需要知道电路板的准确位置并确定元件与电路板的相对位置才能保证自动组装的精度。成像通过使用视像系统完成。视像系统一般分为俯视、仰视、头部或激光对齐，视位置或摄像机的类型而定。

- 俯视摄像机在电路板上搜寻目标（称作基准），以便在组装前将电路板置于正确的位置。
- 仰视摄像机用于固定位置检测元件，一般采用 CCD 技术，在安装之前，元件必须移过摄像机上方，以便做视像处理。粗看起来，这样做好像有些耗时。但是，由于安装头必须移至送料器收集元件，如果摄像机安装在拾取位置（从送料处）和安装位置（板上）之间，视像的获取和处理便可在安装头移动的过程中同时进行，从而缩短贴装时间。
- 头部摄像机直接安装在贴片头上，一般采用 Line-sensor 技术，在拾取元件移到指定位置的过程中完成对元件的检测。这种技术又称为"飞行对中技术"，可以大幅度提高贴装效率。
- 激光对齐是指从光源产生适中的光束，照射在元件上，以测量元件投射的影响。这种方法可以测量元件的尺寸、形状及吸嘴中心轴的偏差。但对于有引脚的元件，如 SOIC、QFP 和 BGA 等则需要第三维的摄像机进行检测。这样每个元件的对中又需要增加数秒的时间，对整个贴片机系统的速度将产生很大的影响。

在三种元件对中方式（CCD、Line-sensor、激光）中，以 CCD 技术为最佳，目前的 CCD 硬件性能都具备相当的水平。

⑥ 计算机控制系统。计算机控制系统是指挥贴片机进行准确、有序操作的核心。目前大多数贴片机的计算机控制系统采用 Windows 界面，可以通过高级语言软件或硬件开关，在线或离线编制计算机程序并自动进行优化，控制贴片机的自动工作步骤。每个片状元器件的精确位置，都要编程输入计算机。具有视觉检测系统的贴装机，也是通过计算机实现对电路板上贴片位置的图形识别的。

（4）贴片机的主要指标

衡量贴片机的三个重要指标是精度、速度和适应性。

① 精度。精度是贴装机技术规格中的主要指标之一，不同的贴装机制造厂家使用的精度体系有不同的定义。精度与贴片机的对中方式有关，其中以全视觉对中的精度最高。一般来说，贴片的精度体系应该包含三个项目：贴装精度、分辨率和重复精度。三者之间有一定的相关关系。

- 贴装精度，是指元器件贴装后相对于 PCB 上标准贴装位置的偏移量大小，被定义为贴装元器件焊端偏离指定位置最大值的综合位置误差。贴装精度由两种误差组成，即平移误差和旋转误差，如图 3.46 所示。平移误差主要因为 X-Y 定位系统不够精确，旋转误差主要因为元器件对中机构不够精确和贴装工具存在旋转误差。定量地说，贴装 SMC 要求精度达到±0.01 mm，贴装高密度、窄间距的 SMD 要求精度至少达到±0.06 mm。

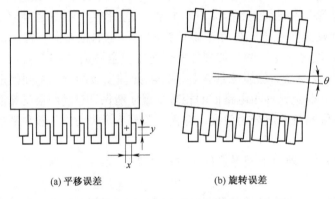

(a) 平移误差　　　　　　　　　(b) 旋转误差

图 3.46　贴片机的贴装精度

- 分辨率，是描述贴装机分辨空间连续点的能力。贴装机的分辨率由定位驱动电机和传动轴驱动机构上的旋转位置或线性位置检测装置的分辨率来决定，是贴装机能够分辨的距离目标位置最近的点。分辨率用来度量贴装机运行时的最小增量，是衡量机器本身精度的重要指标。例如，丝杠的每个步进为 0.01 mm，那么该贴装机的分辨率为 0.01 mm。但是，实际贴装精度包括所有误差的总和，因此，描述贴装机的性能时很少使用分辨率，一般在比较不同贴装机的性能时才使用。

- 重复精度，描述贴片头重复返回标定点的能力。通常采用双向重复精度的概念，其定义为"在一系列试验中，从两个方向接近任一给定点时，离开平均值的偏差"，如图 3.47 所示。

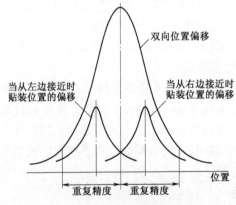

图 3.47　贴片机的重复精度

② 速度。影响贴装机贴装速度的因素有许多，如 PCB 板的设计质量、元器件供料器的数量和位置等。一般，高速机的贴装速度高于 0.2 s/Chip 元件（目前的最高贴装速度为 0.06 s/Chip 元件）；高精度、多功能机一般都是中速机，贴装速度为 0.3~0.6 s/Chip 元件左右。贴片速度主要用以下几个指标来衡量。

- 贴装周期，指完成一个贴装过程所用的时间，包括从拾取元器件、元器件定心、检测、贴放和返回到拾取元器件的位置这一过程所用的时间。
- 贴装率，指在一小时内完成的贴装周期数。测算时，先测出贴装机在 50 mm×250 mm 的 PCB 板上贴装均匀分布的 150 只片式元器件的时间，然后计算出贴装一只元器件的平均时间，最后计算出一小时贴装的元器件数量，即贴装率。目前高速贴片机的贴装率可达每小时数万片。
- 生产量，理论上可以根据贴装率来计算，但由于实际的生产量会受到许多因素的影响，所以与理论值有较大的差距。影响生产量的因素有生产时停机、更换供料器或重新调整 PCB 板位置的时间等因素。

③ 适应性。适应性是贴装机适应不同贴装要求的能力，包括以下内容。

- 能贴装的元器件的种类。贴装元器件种类广泛的贴装机，比仅能贴装 SMC 或少量 SMD 类型的贴装机的适应性好。影响贴装元器件类型的主要因素是贴装精度、贴装工具、定心机构与元器件的相容性，以及贴装机能够容纳供料器的数目和种类。一般高速贴片机可以贴装各种 SMC 元件和较小的 SMD 器件（最大约 25 mm×30 mm）；多功能贴片机可以贴装从 1.0 mm×0.5 mm～54 mm×54 mm 的 SMD 器件（目前可贴装的元器件尺寸已经达到最小 0.6 mm×0.3 mm，最大 60 mm×60 mm），还可以贴装连接器等异形元器件（连接器的最大长度可达 150 mm）。
- 贴装机能够容纳供料器的数目和种类。贴装机上供料器的容纳量通常用能装到贴装机上的 8 mm 编带供料器的最多数目来衡量。一般高速贴片机的供料器位置大于 120 个，多功能贴片机的供料器位置在 60～120 个之间。由于并不是所有元器件都能包装在 8 mm 编带中，所以贴装机的实际容量将随着元器件的类型而变化。
- 贴装面积。贴装面积由贴装机传送轨道及贴装头的运动范围决定。一般可贴装的 PCB 尺寸，最小为 50 mm×50 mm，最大应大于 250 mm×300 mm。
- 贴装机的调整。当贴装机从组装一种类型的电路板转换到组装另一种类型的电路板时，需要进行贴装机的再编程、供料器的更换、电路板传送机构和定位工作台的调整、贴装头的调整和更换等工作。高档贴装机一般采用计算机编程方式进行调整，低档贴装机多采用人工方式进行调整。

（5）贴片机的发展趋势

贴片机从早期的机械对中到现在的光学对中，已具有超高速的贴片能力。然而技术总是不断发展的，贴片机还会向贴片速度更快、贴片精度更高、材料管理更方便的方向发展，其趋势如下所述。

① 在结构上向双路送板模式和多工作头、多工作区域发展。为了提高生产效率，尽量减少生产占地面积，新型的 SMT 设备正从传统的单路 PCB 输送向双路 PCB 的输送结构发展，贴装工作头的结构在向多头结构和多头联动方向发展，以减少 PCB 输送时间和贴片头待机停留时间。

② 在性能上向高速、高精度、多功能和智能化方向发展。采用多头组合技术、飞行对

中技术和 Z 轴软着陆技术，以使贴片速度更快，元件放置更稳，精度更高，真正做到 PCB 贴片后直接进入再流焊炉中再流。

③ 改进送料器的供料方式，缩短元器件的更换时间。目前大部分阻容元件已实现散装供料，但减少管式包装的换料时间尚有许多工作可做。

④ 采用模块化概念，通过快速配置，整合设备可轻易在生产线间拼装或转移，真正实现线体柔性化和多功能化，以增强适应性和使用效率。

⑤ 开发更强大的软件功能系统（包括各种形式的 PCB 文件，直接优化生成贴片程序文件，减少人工编程时间）、机器故障自诊断系统及大生产综合管理系统，以实现智能化操作。

（6）贴片机的选购

在选购贴片机时，必须考虑其贴装速度、贴装精度、重复精度、送料方式和送料容量等指标，使其既符合当前产品的要求，又能适应近期发展的需要。如果对贴片机性能有比较深入的了解，就能够在购买设备时获得更高的性能-价格比。例如，要求贴装一般的片状阻容元件和小型平面集成电路，则可以选购一台多贴装头的贴片机；如果还要贴装引脚密度更高的 PLCC/QFP 器件，就应该选购一台具有视觉识别系统的贴片机和一台用来贴装片状阻容元件的普通贴片机，配合起来使用。供料系统可以根据所使用的片状元器件的种类来选定，尽量采用盘状纸带式包装，以便提高贴片机的工作效率。

如果企业的 SMT 电子产品的生产刚刚起步，应该选择一种由主机加上很多选件组成的中、小型贴片机系统。主机的基本性能好，价格不太高，可以根据需要选购多种附件，组成适应不同产品需要的多功能贴片机。

4．焊接设备

焊接是表面安装技术中的主要工艺技术。在一块表面安装组件（SMA）上少则有几十、多则有成千上万个焊点，一个焊点不良就可能会导致整个产品失效，所以焊接质量是 SMA 可靠性的关键，它直接影响电子设备的性能和经济效益。焊接质量取决于所用的焊接方法、焊接材料、焊接工艺和焊接设备。

由于表面组装元器件的微型化和 SMA 的高密度化，SMA 上的元器件之间和元器件与 PCB 之间的间隙很小，因此与传统的引线插装元器件的焊接相比，表面组装元器件的焊接主要有以下特点。

- 元器件本身受热冲击大。
- 要求形成微细化的焊接连接。
- 由于表面组装元器件的电极或引线的形状、结构及材料种类繁多，所以要求能对各种类型的电极或引线进行焊接。
- 要求表面组装元器件与 PCB 上焊盘图形的结合强度和可靠性高。

所以，与 THT 相比，SMT 对焊接技术提出了更高的要求。

根据熔融焊料的供给方式，在 SMT 中采用的自动焊接技术主要有波峰焊（Wave Soldering）和再流焊（Reflow Soldering）。一般情况下，波峰焊用于混合组装方式，再流焊用于全表面组装方式。波峰焊是通孔插装技术中使用的传统焊接工艺技术，根据波峰的形状不同有单波峰焊、双波峰焊等形式之分；根据提供热源的方式不同，再流焊有传导、对流、红外、激光、气相等方式。

波峰焊与再流焊之间的基本区别在于热源与钎料的供给方式不同。在波峰焊中，钎料波峰有两个作用：供热和提供钎料。在再流焊中，热是由再流焊机提供的，而钎料却是以预先涂敷在焊盘上的焊膏形式出现的。

就目前而言，再流焊技术与设备已是 SMT 组装厂商组装 SMC/SMD 电路板的主选技术与设备，但波峰焊仍不失为一种高效、自动化、高产量、可在生产线上串联的焊接技术。因此，在今后相当长的一段时间内，波峰焊技术与再流焊技术仍然是国内电子组装的主要焊接技术。

（1）SMT 再流焊设备

再流焊是焊接前将焊膏预敷在印制板的焊盘上，当加热时焊膏熔化并润湿，使浸流的焊料重新进行分配的一种焊接方式。它是利用受热的元器件引线熔化周围的焊膏、得到受热均匀可靠的连接点的。因此，与波峰焊相比，再流焊仅需提供用于熔化已涂好的焊料的热能，而焊料不需预先加热。其缺点是整个组件都要受焊接温度的作用。

① 再流焊机的结构

再流焊机主要由加热系统、传送系统、温控系统与冷却系统构成。其核心部件是加热器、传送系统与温控系统。

a、加热器

典型的再流焊机通常由 5 个温区组成，第一和第四温区配置了面状远红外加热器，从第一到第四个温区各配置了热风加热器。第二和第三温区有加热和保温作用，主要是为了使 SMA 的加热更均匀，以保证 SMA 在充分良好的状态下进入焊接温区。

红外加热器的种类很多，大体可分两大类，一类是直接辐射热量，又称为一次辐射体；另一类是陶瓷板、铝板和不锈钢式加热器，加热器铸造在板内，热能首先通过传导转移到板面上来。其中，管式加热器，具有工作温度高、辐射波长短和热响应快的优点，但因加热时有光产生，故对焊接不同颜色的元器件有不同的反射效果，同时也不利于与强制冷热风配套；板式加热器，热响应慢，效率稍低，但热惯量大，通过穿孔有利于热风的加热，对焊接元件中的颜色敏感性小，阴影效应较小，此外结构上整体性强，有利于装卸和维修，在与热电偶配套方面也比前者有明显的优越性。因此，目前销售的再流焊机中，加热器几乎全是铝板或不锈钢式加热器，有些制造厂还在其表面涂有红外涂层，以增加向外发射的能力。

b、传送系统

再流焊机的传送系统有三种。一种是耐热的四氟乙烯玻璃纤维布，它以 0.2 mm 厚的四氟乙烯纤维布为传送带，运行平衡，导热性好，仅适用于小型并且是热板红外型的再流炉。第二种是不锈钢网，它将不锈钢网张紧后成为传送带，刚性好，运行平稳，但不适于双面 PCB 焊接，故其使用受到限制。第三种是链条导轨，这是目前普遍采用的方法，链条的宽度可实现机调或电调，PCB 放置在链条导轨上，能实现 SMA 的双面焊接。选购链条导轨时，应观察链条导轨本身是否带有加热系统，因为导轨也参与散热，并且直接影响 PCB 上的温度（通常应选用带有加热器的产品）；此外还应考虑导轨本身材料的耐热性，否则长期在高温下工作会引起生锈和变形；链条导轨的一致性也不容忽视，差的精度有时会导致 PCB 在炉腔中脱落，故有的再流焊又装上不锈网（即网链混装式），可防止 PCB 脱落。

c、温控系统

带有炉温测试功能的温控系统，不管是用控温表控制炉温，还是用计算机控制炉温，均应做到高精度控温。

② 再流焊设备的种类与特点

根据传热方式的不同，再流焊可划分为红外再流焊、强制对流焊、气相再流焊（VP，又称冷凝焊）、激光再流焊；

a、红外再流焊设备

目前红外再流焊的成本最低，但仅适用于焊接复杂的组件。热源常为不同类型的石英辐射加热器，或热空气自然对流的板式红外加热器。其典型工艺过程是将系统分为几个区域，在这些区域中对组件上下预热。为使组件局部区域热平衡及预先干燥焊膏，先要把它加热至120～150 ℃。在传热范围内，使焊接组件有时间进行温度平衡。随后焊剂熔化，进入第二温区时，要使焊接前组件温度达到 150～170 ℃，然后在再流焊区内完成焊接。这必须保证预敷焊料熔化，而且要保证所有焊点都可靠地润湿，这个温度应在 210～230 ℃之间。

对红外焊接系统的主要要求如下所述。

- 横截面温度分布，即与焊接材料移动方向垂直的断面上的温度均匀性。
- 钎焊过程的稳定性，即系统温度状态不受负载的影响。
- 可调整性好。通过简便调整，便可获得要求的焊接特性曲线。
- 传送系统，如齿链传送或网带传送，印制板中心支撑配件性能（防薄型印制板加热变形）。
- 中央支持系统，软件是否汉化，操作是否方便。
- 设备成本低。

其缺点是热分布因元器件颜色而异存在热线照射不到的部位，也就是受遮蔽现象和色敏影响。

b、强制对流焊设备

强制对流焊是红外焊接的进一步发展，该焊机中组件靠强制热空气对流加热。强制对流焊设备有一个气体的加热系统，但加热器不直接对组件，应用大功率风扇把热风吹向焊接件，由于组件与热风的偶连好（决定于气流），所以，只要很短时间，组件和气体之间就能达到热平衡。这意味着热元件的温度比用辐射炉的温度低。这种方法增大了加热的均匀性。对于较复杂的组件，可用强制对流焊取代红外焊，以降低电子组件上的受热和色敏影响。

强制对流焊的缺点是焊膏容易氧化。如要克服该缺点，应在设备内充入氮气，这样可防止氧化，减少焊珠的飞溅，提高焊接的质量，但每月的生产成本要增加。此外要减少氧化，工艺上要尽量缩短峰值温度的时间。

c、气相再流焊设备

气相再流焊是利用饱和蒸汽潜热作为传热介质的一种钎焊方法。当组件进入焊接蒸汽中时，蒸汽在冷的组件上冷凝并直接迅速地释放热量熔化焊膏。其缺点是温度的突变会对元件造成损坏（爆玉米花效果），而且会增加焊接的漏焊率（元件翘起）。在热蒸汽前面连接预热区，可降低漏焊率。由于设备能恒定地把沸点控制在 215～220 ℃，所以不用担心组件发生超高温的冲击。在气相焊系统中，焊接操作控制的变量是组件的预热和在线系统中的通过时间，以及在系统中蒸汽的停留时间。利用这种方法焊接，特性曲线控制简单，更换产品批量时的准备时间可省去。现今，由于氟化液体的消耗费用高，而且在未来的印制板技术中，印制板更加复杂，元件的结构也多样化，所以使气相焊接系统难以发展。气相焊接的优点是：最高温度有上限（等于液体的沸点温度），不易损伤产品；受热均匀；工艺过程简单，焊接时间是唯一需设定的参数。

其不足之处是：升温速度快（起始温度为室温，温升速度可达 40 ℃/s）；有"灯芯"现象（焊膏熔化后，引线的毛细管表面张力的作用导致焊点缺少焊料）；价格昂贵（液体介质昂贵），设备安装工程复杂，并污染大气。

气相再流焊的主要工艺参数如下：预热温升速率：2～3 ℃/s；元器件表面温度在 120～150 ℃范围中停留时间：30～60 s。

在 200 ℃气相焊区停留时间：25～40 s。

d、激光再流焊设备

激光再流焊是一种新的焊接技术，是对其他焊接方法的补充（而不是代替），不能用于批量生产线中。用该设备焊接高可靠细距器件时，优点突出。激光再流焊设备通常将焊接过程和检验功能结合在一起，可同时通过显示器检查焊接情况，保证各焊点的质量，但效率远不如其他再流焊。激光再流焊设备价格昂贵，只限于在特殊领域中应用（如用其他再流焊设备焊接易损坏热敏器件等）。焊接用激光，一般有两种形式：CO_2 体全激光和掺钕钇铝石榴石激光（简称 YAG-Nd）。此外，激光焊也可用于高密度 SMT 印制板组装件的维修，切断多余的印制连线，补焊添加的元器件，而其他焊点不受热，保证维修的质量。激光再流焊的主要工艺参数如下：照射时间 0.5～2.5 s；功率≤20 W；照射点直径：0.2～1.2 mm。

③ 再流焊的比较

在选择再流焊设备时，要根据本单位产品的特点、产量、财力。如要选用红外再流焊设备，要考虑红外加热方法，一般选用红外灯管加陶瓷反射板，或采用自然对流、平面加热器式红外再流焊设备。目前比较盛行的是强制对流再流焊设备。该设备用加热器、热辐射结合使基板加热的同时，通过风扇搅拌使热风循环，炉内温度均匀，消除了遮蔽现象和色敏影响。也就是说，在同一焊接时间中，大小不同的焊点，得到同一焊接温度的效果。关于气相再流焊设备，采用 FC－70 碳氟化合物的惰性蒸气，设备中温度恒定、焊点不易氧化、适用于高密度的 SMD 组装板，特别是焊接对热损伤十分敏感的器件及"J"形引线的器件，效果较好。但由于 FC－70 液体价格太高，液体加热后又产生有毒气体及氟氯烃（CFC 气体），破坏大气臭氧层，所以已禁止使用。当前以选用红外再流焊设备为主，可根据本单位产品的特点和数量，选择再流焊设备的温区数，一般选 4～5 温区的设备为主，其上、下共 8～10 个加热板。各种再流焊性能的比较见表 3-22。

表 3-22　各种再流焊性能比较

方　　法	热　传　导	PCB 板复杂程度	成　　本	应　　用
红外焊	红外辐射+自然空气对流	低到中等	低	广泛
强制对流焊	强制热风对流	高	中	重要场合
气相焊	蒸气	很高	高	个别情况
激光焊	激光	很高	高	高可靠场合

④ 再流焊机的使用

当前，红外再流焊设备用得很多，现根据红外再流焊特性介绍其使用注意事项。

● 根据选用焊膏的特性，设置各温区的温度并测试温度曲线。

一般使用温度记录仪，在印制板对角线上测试三个点，和理想的特性曲线进行比较。调到理想的曲线，温度应保持稳定，误差小。

- 对双面组装 SMD 进行再流焊试验。

目前，双面组装 SMD 采用一次或二次通过再流焊机的方法。其工艺如下：

两次通过再流焊工艺：印焊膏→安放元件→再流焊→印制板反转→印焊膏→安放元件→再流焊。

一次通过再流焊工艺：印焊膏→上胶黏剂→安放元件→胶黏剂固化→印制板反转→上焊膏→安放元件→再流焊。

在生产线设计中，常采用第一种工艺（其缺点是组件的一个面受热两次）。通过选择最佳温度，可避免倒装的表面组装元件焊点熔化。但一般来讲，SMD 挂在半月形焊料上不会落下。只有机械因素，如传送带的振动才可造成脱焊。

采用这种方法可检查设备的焊接性能，以及传送带的振动情况。

- 气体排放系统的检查。

所有的红外再流焊设备均设有排气孔，以排放锡膏在再流焊时挥发出来的有害气体。排放设备应有排气范围的指标，如排风量不够、气体超出范围应能报警。

此外，强制对流焊设备，要求设备中喷出的热空气的一部分热空气循环再用，以提高热空气的效率，并了解设备热空气吹风机是否可以调节，对细间距器件焊接是否有影响，循环热空气系统是否配置过滤系统。

- 冷却系统的检查。

再流焊设备输出端，一般均装置一组电风扇来提供冷却功能，有些系统在再流焊的最高温度区的位置，装设一台冷却器，以达到较快冷却的目的，但为防止 SMD 组装组受到较大温度冲击，一般要求下降温差变化必须小于 5 ℃/s。因此一般设备的冷却风扇可进行高、中、低三速的调节。

- 对具有惰性气体保护的再流焊检查。

和波峰焊一样，再流焊也要研究惰性气体的应用，通常用氮气。可防止焊料氧化、减少印制板上的残留物。

使用氮气的几个优点如下：湿润率能提高 40%；PCB 基材不容易变色；提高焊料性能，焊点光亮，基本上避免了焊接区的再氧化。

目前使用的焊料粉末直径下降，所以在焊接设备中防再氧化越来越重要。检查密封室的氮气含量能否保证不超过 100 ppm。

（2）波峰焊机

传统插装元件的波峰焊工艺基本流程包括准备、元器件插装、波峰焊、清洗等。

波峰焊机通常由波峰发生器、印制电路板传输、助焊剂喷涂系统、印制电路板预热、冷却装置与电气控制系统等基本部分组成，其他可添加部分包括风刀、油搅拌和惰性气体氮等。

① 波峰发生器。波峰发生器是波峰焊机的核心，是衡量一台波峰焊系统性能优劣的依据。而波峰动力学又是波峰发生器技术水平的标志。它融合流体力学、金属表面理论、冶金学和热工学等学科为一体，随着世界各国对波峰焊的高度重视与研究，钎料波峰动力学逐渐成为一门独立的边缘学科。

② 助焊剂喷涂系统。在生产中，必须清除焊接表面上的氧化层。通常焊剂的密度在 $0.8\sim0.85 \text{ g/cm}^3$ 之间，固体含量在 1.5%～10% 左右时，焊剂能够方便均匀地涂布到 PCB 上。根据使用的焊剂类型，焊接需要的固态焊剂量在 $0.5\sim3 \text{ g/m}^2$ 之间，这相当于润湿焊剂

层的厚度为 3～20 μm。SMA 上必须均匀地涂布上一定量的焊剂，才能保证 SMA 的焊接质量。

③ 预热系统。波峰焊设备采用预热系统以提升印制电路板组件和助焊剂的温度，这样做有助于在印制电路板进入钎料波峰时降低冲击，同时也有助于活化助焊剂，这两大因素在实施大批量焊接时，是非常关键的。预热处理能使印制电路板材料和元器件上的热应力作用降低至最小的程度。

④ 钎料波峰。涂敷助焊剂的印制电路板组件离开了预热阶段，通过传输带穿过钎料波峰。钎料波峰是由来自于容器内熔化了的钎料上下往复运动而形成的，波峰的长度、高度和特定的流体动态特性，可以通过挡板强迫限定来实施控制，随着涂敷钎剂的印制电路板通过钎料波峰，就可以形成焊接点。

⑤ 传输系统。传输系统是一条安放在滚轴上的金属传送带，它支撑着印制电路板移动着通过波峰焊区域。在该类传输带上，印制电路板组件一般通过机械手或其他机械机构予以支撑。托架能够进行调整，以满足不同尺寸类型的印制电路板的需求，或者按特殊规格尺寸进行制造。

⑥ 控制系统。随着当代控制技术、微电子技术和计算机技术的迅猛发展，为波峰焊控制技术进入到计算机控制阶段奠定了基础。在波峰焊设备中采用计算机控制，不仅降低了成本，缩短了研制和更新换代的周期，而且还可通过硬件、软件设计技术，简化系统结构，使得整机可靠性大为提高，操作维修方便，人机界面友好。

5. 清洗设备

在 SMT 生产过程中需要对 SMT 印刷用的钢网板及 PCB 板进行清洗。清洗是指清除工件表面上液体和固体的污染物，使工件表面达到一定的洁净程度。清洗过程是清洗介质、污染物、工件表面三者之间的相互作用，是一种复杂的物理、化学作用的过程。清洗不仅与污染物的性质、种类、形态及黏附的程度有关，与清洗介质的理化性质、清洗性能、工件的材质、表面状态有关，还与清洗的条件（如温度、压力及附加的超声振动、机械外力等因素）有关。

在 SMT 中，使用最多的清洗设备是超声波清洗机。超声波清洗具有清洗效率高、清洗成本低、清洗效果好等显著优点。

人们所听到的声音是频率为 20～20 000 Hz 的声波信号，高于 20 000 Hz 的声波称之为超声波。声波的传递依照正弦曲线纵向传播，即一层强一层弱，依次传递，当弱的声波信号作用于液体中时，会对液体产生一定的负压，使液体内形成许许多多微小的气泡，而当强的声波信号作用于液体时，则会对液体产生一定的正压，因而，液体中形成的微小气泡被压碎。经研究证明：超声波作用于液体中时，液体中每个气泡的破裂会产生能量极大的冲击波，相当于瞬间产生几百度的高温和高达上千个大气压。这种现象被称之为"空化效应"，超声波清洗正是应用液体中气泡破裂所产生的冲击波来达到清洗和冲刷工件内外表面的作用的。

超声波清洗设备主要由以下组件构成。

① 清洗槽：盛放待洗工件，可安装加热及控温装置。

② 换能器（超声波发生器）：将电能转换成机械能。

③ 电源：为换能器提供所需电能。

当超声波清洗机电源将 50 Hz 的日常供电频率改变为 28 kHz 后，通过输出电缆线将其输送给粘接在盛放清洗溶液的清洗槽底部的超声波发生器（换能器），由换能器将高频的电能转换成机械振动并发射至清洗液中，当高频的机械振动传播到液体中后，清洗液内即产生上述空化现象，达到清洗的目的。由于超声波的频率很高，在液体中所产生的空化作用可以达到 28 000 次/秒，几乎可以说是不断地在进行；在液体中由于空化现象所产生的气泡数量众多且无所不在，因此对于工件的清洗可以非常彻底，即使是形状复杂的工件内部，只要能够接触到溶液，就可以得到彻底的清洗，又因为每个气泡的体积非常微小，因此虽然它们的破裂能量很高，但对于工件和液体来说，不会产生机械破坏和明显的温升。

影响超声波清洗的主要因素如下所述。

（1）清洗介质。任何清洗系统必须使用清洗液。采用超声波清洗，一般有两类清洗剂，即化学溶剂和水基清洗剂。清洗介质的化学作用可以加速超声波清洗效果，超声波清洗是物理作用，两种作用相结合，以对物件进行充分、彻底的清洗。选择清洗液时，应考虑清洗效率、操作简单、成本、安全性、环保等因素。由于化学溶剂清洗存在污染，所以目前各 SMT 生产企业均转入水清洗。

（2）功率密度。超声波的功率密度越高，空化效果越强，速度越快，清洗效果越好。但对于精密的表面光洁度甚高的物件，采用长时间的高功率密度清洗会对物件表面产生空化、腐蚀等影响。

（3）超声频率。超声清洗频率从十几千赫兹到 100 kHz 之间。超声波频率越低，在液体中产生的空化越容易，产生的力度越大，作用也越强，适用于工件粗、脏、初洗；频率高则超声波方向性强，适合于精细的物件清洗。在使用水或水清洗剂时由空穴作用引起的物理清洗力显然对低频有利，一般使用 15～40 kHz 左右的频率。对小间隙、狭缝、深孔的零件清洗，用高频（一般 40 kHz 以上）较好，甚至几百千赫兹。

（4）清洗温度。一般来说，超声波在 30～40 ℃时的空化效果最好。清洗剂的温度越高，作用越显著，通常实际应用超声波清洗时，采用 40～60 ℃的工作温度。

6. 检测设备

随着电子技术的飞速发展、封装的小型化和组装的高密度化及各种新型封装技术的不断涌现，对电子组装质量的要求也越来越高。SMT 中的检测，是对组装好的 PCB 板进行焊接质量和装配质量的检测。SMT 中使用的测试技术种类繁多，常用的有人工目检（MVI）、在线测试（ICT）、自动光学测试（AOI）、自动 X 射线测试（AXI）、功能测试（FT）等。这些检测方式都有各自的优点和不足之处。所用设备有放大镜、显微镜、在线测试仪（ICT）、飞针测试仪、自动光学检测（AOI）、X-RAY 检测系统、功能测试仪等。位置根据检测的需要，可以配置在生产线合适的地方。

（1）人工视觉检测设备

人工视觉检测（MVI，Manual Vision Inspection）又称人工目检，是一种用肉眼检查的方法。从实际使用情况来看，其检测速度低、检测范围有限，只能检察器件漏装、方向极性、型号正误、桥连及部分虚焊。人工目检易受人的主客观因素的影响，具有很高的不稳定性，在处理 0603、0402 和细间距芯片时更加困难；特别是大量采用 BGA 器件时，对其焊接质量的检查，人工目检几乎无能为力。

但由于 MVI 设备价格便宜，加上自动化设备尚无法突破感测死角的技术能力，使得人工视觉设备仍得到部分使用。

（2）飞针测试

飞针测试是一种机器检查方式。它是以两根探针对器件加电的方法来实现检测的，能够检测器件失效、元件性能不良等缺陷。这种测试方式对插装 PCB 和采用 0805 以上尺寸器件贴装的密度不高的 PCB 比较适用。但是器件的小型化和产品的高密度化使这种检测方式的不足表现明显。对于 0402 级的器件由于焊点的面积较小，探针已无法准确连接；特别是高密度的消费类电子产品（如手机），探针会无法接触到焊点。此外，其对采用并联电容、电阻等电连接方式的 PCB 也不能准确测量。所以随着产品的高密度化和器件的小型化，飞针测试在实际检测工作中的使用也越来越少。

（3）ICT 针床测试

ICT 针床测试是一种广泛使用的测试技术。其优点是测试速度快，适合于单一品种大批量的产品。但是随着产品品种的丰富和组装密度的提高及新产品开发周期的缩短，其局限性也越发明显。其缺点主要表现为以下几方面：需要专门设计测试点和测试模具，制造周期长，价格贵，编程时间长；器件小型化带来的测试困难和测试不准确；PCB 进行设计更改后，原测试模具将无法使用。

（4）自动光学检测设备

自动光学检测（AOI，Automated Optical Inspection）是近几年兴起的一种检测方法。它通过 CCD 照相的方式获得器件或 PCB 的图像，然后经过计算机的处理和分析比较来判断缺陷和故障。其优点是检测速度快，编程时间较短，可以放到生产线中的不同位置，便于及时发现故障和缺陷，使生产、检测合二为一。可缩短发现故障和缺陷的时间，及时找出故障和缺陷的成因。因此自动光学检测是目前采用得比较多的一种检测手段。在整条 SMT 生产线中使用 AOI 的流程包含回流焊（Reflow）后检测、网印（Screen Printer）后检测，以及元件放置后（Post-placement）检测。

AOI 的工作原理与贴片机、SMT 印刷机所用的光学视觉系统的原理相同，基本有两种，即设计规则检验法（DRC）和图形识别方法。DRC 法是按照一些给定的设计规则来检查电路图形的，它能从算法上保证被检测电路的正确性，统一评判标准，帮助制造过程控制质量，并具有高速处理数据、编程工作量小等特点，但它对边界条件的确定能力较差。图形识别法是将已经储存的数字化设计图形与实际产品图形相比较，按照完好的电路样板或计算机辅助设计时编制的检查程序进行比较，检查精度取决于系统的分辨率和检查程序的设定。这种方法用设计数据代替 DRC 方法中的预定设计原则，具有明显的优越性，但其采集的数据量较大，对系统的实时性反应能力的要求较高。

AOI 系统用可见光（激光）或不可见光（X 射线）作为检测光源，光学部分采集需要检测的图形，由图像处理软件对数据进行处理、分析和判断，不仅能够从外观上检查 PCB 板和元器件的质量，也可以在贴片焊接工序以后检查焊点的质量。AOI 的工作原理模型如图3.48 所示。

AOI 的主要功能有：

① 检查电路板有引线的一面，保证引线焊端排列和弯折适当；

② 检查电路板正面，判断是否存在元器件缺漏、安装错误、外形损伤、安装方向错误等现象；

③ 检查元器件表面印制的标记质量等。

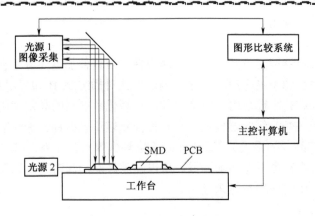

图 3.48　AOI 的工作原理模型

AOI 系统允许正常的产品通过，若发现电路板装配焊接的缺陷，便会记录缺陷的类型和特征，并向操作者发出信号，或者触发执行机构自动取下不良部件送回返修系统。AOI 系统还会对缺陷进行分析和统计，为主控计算机调整制造过程提供依据。AOI 系统使用方便、调整容易。目前市场上出售的 AOI 系统，可以完成的检查项目一般包括元器件缺漏检查、元器件识别、SMD 方向检查、焊点检查、引线检查、反接检查等。参考价格大约在 0.6～17 万美元之间，能够完成的检查内容与售价有关（有些只能完成上述项目中的两三项）。

AOI 系统的不足之处是只能进行图形的直观检验，检测的效果依赖系统的分辨率，它不能检测不可见的焊点和元器件，不能从电性能上定量地进行测试，也不能检测电路错误。条件好的企业一般更多地装备了在线测试（ICT）设备。AOI 系统的另一个缺点是价格昂贵。

（5）AXI 检测

目前 BGA、CSP 等新型元件大量使用，由于焊点隐藏在封装体下面，传统的检测技术（如 ICT）已无能为力。为应对新挑战，自动 X 射线检测技术（AXI，Automatic X-ray Inspection）开始兴起。当组装好的线路板（PCBA）沿导轨进入机器内部后，位于线路板上方有一 X 射线发射管，其发射的 X 射线穿过线路板后被置于下方的探测器（一般为摄像机）接受，由于焊点中含有可以大量吸收 X 射线的铅，因此与穿过玻璃纤维、铜、硅等其他材料的 X 射线相比，照射在焊点上的 X 射线被大量吸收而呈黑点，产生良好图像，使得对焊点的分析变得相当直观，故简单的图像分析算法便可自动且可靠地检验焊点缺陷。

AXI 检测的特点如下所述。

① 对工艺缺陷的覆盖率高达 97%。可检查的缺陷包括虚焊、桥连、立碑、焊料不足、气孔、器件漏装等。尤其是 X 射线对 BGA、CSP 等焊点隐藏器件也可检查。

② 较高的测试覆盖度。可以对肉眼和在线测试检查不到的地方进行检查，如 PCBA 被判断故障，怀疑是 PCB 内层走线断裂，X 射线可以很快地进行检查。

③ 测试的准备时间大大缩短。

④ 能观察到其他测试手段无法可靠探测到的缺陷，如虚焊、空气孔和成型不良等。

⑤ 对双面板和多层板只需一次检查（带分层功能）。

⑥ 提供相关测量信息，用来对生产工艺过程进行评估，如焊膏厚度、焊点下的焊锡量等。

近几年 AXI 检测设备有了较快的发展，已从过去的 2D 检测发展到 3D 检测。前者为透射 X 射线检验法,对于单面板上的元件焊点可产生清晰的视像,但对于目前广泛使用的双面贴装线路板,效果就会很差,会使两面焊点的视像重叠而极难分辨。而 3D 检验法采用分层技术,即将光束聚焦到任何一层并将相应图像投射到一高速旋转的接受面上,由于接受面高速旋转使位于焦点处的图像非常清晰,而其他层上的图像则被消除,故 3D 检验法可对线路板两面的焊点独立成像。

3D X 射线技术除了可以检验双面贴装线路板外,还可对那些不可见焊点(如 BGA 等)进行多层图像"切片"检测,即对 BGA 焊接连接处的顶部、中部和底部进行彻底检验。同时利用此方法还可检测通孔焊点,检查通孔中焊料是否充实,从而极大地提高焊点的连接质量。

目前的 3D 检测设备具有 SPC 统计控制功能,能够与装配设备相连,实现实时监控装配质量。按分层功能分有两大类,一是不带分层功能,这类设备通过机械手对 PCBA 进行多角度的旋转,形成不同角度的图像,然后由计算机对图像进行合成处理和分析来判断缺陷;二是具有分层功能,计算机分层扫描技术可以提供传统 X 射线成像技术无法实现的二维切面或三维立体表现图,并且避免了影像重叠、混淆真实缺陷的现象,可清楚地展示被测物体的内部结构,提高识别物体内部缺陷的能力,更准确地识别物体内部缺陷的位置。

（6）锡膏测厚设备

随着 SMT PCBA 中装配的元件越来越小,元件装配密度越来越大,焊点变得越来越小。在焊接好的电路板上产生的缺陷有 70%其实是来自锡膏印刷制程控制不够好。锡膏测厚设备可以有效地在印刷制程中发现潜在的不良,提供有效的 SPC 制程控制数据,使最终的不良大大降低。

现代的锡膏测厚设备主要采用非接触式激光测厚方式。由专用的激光器产生很细的线型光束,以一定的倾角投射到待测量目标上。由于待测目标与周围基板存在高度差,此时观测到的目标和基板上的激光束相应出现断续落差,根据三角函数关系可以用观测到的落差计算出待测目标与周围基板存在的高度差,从而实现非接触式的快速测量。

激光锡膏测厚设备可以进行锡膏厚度测量、PCB 板上油墨尺寸测量、铜箔线路尺寸测量、焊盘高度与尺寸测量、零件脚共平面度测量,可进行影像捕捉、视频处理、文件管理、SPC 统计、分析、报表输出等。

3.5　本章小结

SMT 技术作为新一代装联技术,仅有不到 50 年的历史,但却显示出其强大的生命力。它以非凡的速度,走完了从诞生、完善直到成熟的路程,迈入了大范围工业应用的旺盛期。

表面安装技术通常包括表面安装元器件、表面安装印制板设计、表面安装专用辅料（焊锡膏及贴片胶）、表面安装设备、表面安装焊接技术（包括双波峰焊、气相焊）、表面安装测试技术、清洗技术及表面组成大生产管理等多方面内容。这些内容可以归纳为三个方面:一是设备,人们称它为 SMT 的硬件;二是装联工艺,人们称它为 SMT 的软件;三是电子元器件,它既是 SMT 的基础,又是 SMT 发展的动力,它推动着 SMT 专用设备和装联工艺不断更新和深化。

现在的 SMT 正向"绿色"环保方向发展,助焊材料向免清洗方向发展,焊料则向无铅型、低温方向发展,SMT 设备将向着高效、柔性、智能、环保方向发展,表面安装元件

（SMC）向微型化、大容量发展，表面安装器件（SMD）开始由大体积、多引脚向小体积、多引脚方向发展，表面安装电路板（SMB）向多层、高密度、高可靠性方向发展。

本章介绍了 SMT 技术所涉及上述三个方面的主要内容，重点介绍了 SMT 技术的概念、特点、作用、现状及发展，SMT 材料的分类方法、特点与使用注意事项，SMT 元器件的种类、型号、规格及识别方法，SMT 装配焊接方案与工艺流程，主要生产设备种类、组成、工作原理及主要特性。

3.6　思考与习题 3

3.1　什么是表面安装技术？并简述表面安装技术的发展简史。

3.2　简述 SMT 与通孔插装式 PCB 安装的差别，并说明 SMT 有哪些特点。

3.3　焊膏具有什么特性，其组成有哪些成分？

3.4　贴片胶的作用是什么？

3.5　为了更准确地选择适合的助焊剂，你应该从哪些方面进行考虑？

3.6　简述表面安装元器件有哪些显著特点。

3.7　写出下列 SMC 元件的长和宽（mm）：1206，0805，0603，0402。

3.8　SMD 集成电路的封装形式主要有哪些种类？并总结归纳各封装方式的特点。

3.9　说明 SMT 装配方案及其特点。

3.10　叙述 SMT 印制板波峰焊接的工艺流程。

3.11　叙述 SMT 印制板再流焊的工艺流程。

3.12　SMT 生产线的主要设备包括哪些？

3.13　SMT 中使用的测试技术有哪些种类？并总结归纳各自的特点。

第4章 印制电路板的设计与制作

4.1 概述

印制电路板，亦称印制线路板，简称印制板。"PCB"是其英文"Printed Circuit Board"的缩写。所谓的印制电路板是指在绝缘基板上，有选择地加工安装孔、连接导线和装配焊接元器件的焊盘，以实现元器件间电气连接的组装板。也就是说，印制板是由印制电路加基板构成的。印制板是电子设备中一种极其重要的基础组装部件，对于电子产品犹如住宅对于人类社会一样重要。下面是印制板基本术语的含义。

① 印制：采用某种方法在一个表面上再现图形和符号的工艺。它包含通常意义的"印刷"。

② 印制线路：采用印制法在基板上制成的导电图形，包括导线、焊盘等。

③ 印制元件：采用印制法在基板上制成的电子元件，如电感、电容、电阻等。

④ 印制电路：采用印制法得到的电路。它包括印制线路和印制元件或由两者组合而成的电路。

⑤ 覆铜板（或称敷铜板）：由绝缘基板和黏敷在上面的铜箔构成，是制造印制板的原料。

⑥ 印制板：完成了印制电路或印制线路的板子。一般把单面印制板安装电子元件的面称为正面，印制导电线路的面称为反面。

⑦ 印制板图：就是印制板铜箔图。它是各元器件按照实际尺寸和元器件引脚排列，体现电路原理的一种具体表现方式。印制板图由导电图形和元器件图形符号组成。

4.1.1 印制电路板的作用

几乎我们所能见到的电子设备都离不开 PCB，小到电子手表、计算器，大到计算机，通信电子设备，航空、航天、军用武器系统。只要有集成电路等电子元器件，它们之间的电气互连就都要用到 PCB。

PCB 提供集成电路等各种电子元器件固定装配的机械支撑，实现集成电路等各种电子元器件之间的布线和电气连接或电绝缘，提供所要求的电气特性，如特性阻抗等。同时为自动锡焊提供阻焊图形，为元器件的插装、粘装、检查、维修等提供识别字符标记图形。

电子设备采用印制板后，由于同类印制板的一致性，避免了人工接线的差错，并可实现电子元器件自动插装或贴装、自动焊锡、自动检测，保证了电子产品的质量，提高了劳动生产率，降低了成本，并便于维修。

4.1.2　印制电路板的种类

（1）通常根据制作材料，印制电路板可分为刚性印制板和挠性印制板。刚性印制板有酚醛纸质层压板、环氧纸质层压板、聚酯玻璃毡层压板、环氧玻璃布层压板等种类。刚性印制板本身的基板是由绝缘隔热并不易弯曲的材质所制成的，在其表面可以看到的细小线路材料是铜箔。铜箔原本是覆盖在整个板子上的，而在制造过程中部分被蚀刻处理掉，所以留下来的部分就变成网状的细小线路了。这些线路被称作导线或铜箔线，用来提供 PCB 上元器件引脚间的电路连接。

挠性印制板又称软性印制电路板（即 FPC），是以聚酰亚胺或聚酯薄膜为基材制成的一种具有高可靠性和较高曲挠性的印制电路板，如图 4.1 所示。这种电路板散热性好，既可弯曲、折叠、卷绕，又可在三维空间随意移动和伸缩。可利用 FPC 缩小体积，实现轻量化、小型化、薄型化，从而实现元件安装和导线连接一体化。FPC 广泛应用于电子计算机、通信、航天及家电等行业。

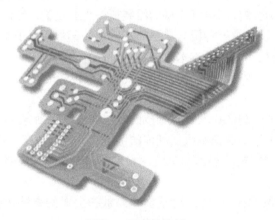

图 4.1　双面软性板

（2）根据导电层面的多少，印制电路板又可分为单面板、双面板与多层板。

① 单面板，元器件集中在其中一面，导线则集中在另一面上。因为导线只出现在其中一面，所以称为单面板。单面板在设计线路上有许多严格的限制（因为只有一面，布线间不能交叉而必须绕独自的路径），所以只有早期的电路或简单的电路才使用这类板子，如图 4.2 所示。

② 双面板，其两面都有布线。不过要用上两面的导线，必须要在两面之间有适当的电路连接才行。这种电路间的"桥梁"叫做过孔（via）。过孔是在 PCB 上充满或涂上金属的小洞，它可以与两面的导线相连接。因为双面板的布线面积比单面板大了一倍，而且其布线可以互相交错（可以绕到另一面），所以它更适合用在比单面板复杂的电路上，如图 4.3 所示。

③ 多层板，为了增加可以布线的面积，多层板用上了更多单（或双）面的布线板。多层板使用数片双面板，并在每层板间放进一层绝缘层后黏牢（压合）。板子的层数就代表了有几层独立的布线层，通常层数都是偶数，并且包含最外侧的两层。因为多层 PCB 中的各层都紧密地结合，所以一般不太容易看出实际数目。在多层 PCB 中，一般使用整层都直接连接地线与电源的方法。所以我们可以将各层分类为信号层（Signal）、电源层（Power）或

者地线层（Ground）。如果 PCB 上的元器件需要不同的电源供应，通常这类 PCB 会有两层以上的电源与电线层，如图 4.4 所示。

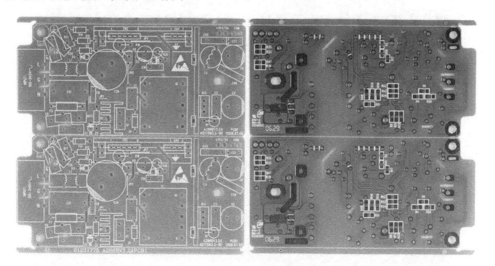

图 4.2 单面板

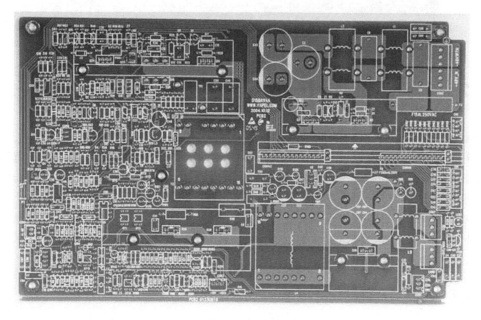

图 4.3 双面板

过孔如果应用在双面板上，那么一定都是打穿整个板子。不过在多层板中，如果只想连接其中的一些线路，那么过孔可能会浪费其他层的线路空间。埋孔（Buried vias）和盲孔（Blind vias）技术可以解决这个问题。盲孔是将几层内部 PCB 与表面 PCB 连接，不需穿透整个板子；埋孔则只连接内部的 PCB，所以光是从表面是看不出来的。

但随着挠性 PCB 产量比的不断增加及刚挠性 PCB 的应用与推广，现在比较常见的是，在说 PCB 时加上"挠性"、"刚性"或"刚挠性"，再说它是几层。

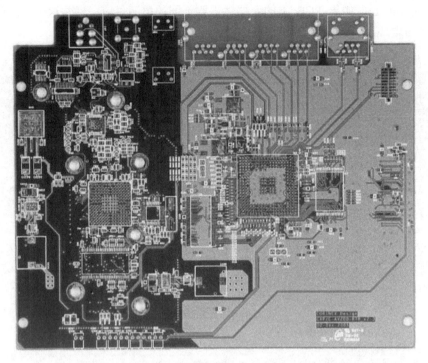

图 4.4　四层板

4.2　印制电路板的设计

印制电路板的设计也称为印制电路板的排版设计，包括基板材料、形状和尺寸的确定，布局、标注、布线、外部连接、安装方法的实现与优化，以及电磁兼容性方案的筛选等方面的内容。印制电路板的设计不像电路原理设计那样需要严谨的理论和精确的计算，排版布局也没有统一的固定模式，但在设计过程中存在着一定的规范和原则。印制板设计人员必须掌握这些基本规范和设计原则，以保证元器件之间准确无误的连接，并防止干扰。尽量做到元器件布置合理、装配和焊接可靠、调试和维修方便。若印制电路板设计不当，会对电子产品的性能和可靠性产生极为不利的影响。

4.2.1　印制电路板的设计目标

通常委托专业厂家生产加工印制电路板。产品处于不同的阶段（预研性试制、设计性试制、生产性试制或批量生产等），会有不同的制板要求，也决定了加工的复杂程度和费用。同时，制板时间对产品的研制、开发周期也会产生很大的影响。因此必须综合考虑印制电路板的设计要求，相应确定印制电路板的设计目标。通常可从准确性、可靠性、工艺性、经济性四个方面来考虑。

（1）准确性

元器件和印制导线的连接关系必须符合电气原理图的要求。这是印制电路板设计中最基本、最重要的要求。

（2）可靠性

影响印制板可靠性的因素主要有基板材料、制板加工和装配连接工艺等。

（3）工艺性

工艺性的考虑，主要是分析整机结构及机内的体积空间，从而确定印制电路板的面积、形状和尺寸。根据电路的复杂程度、元器件的数量和机内的空间大小，来考虑元器件在印制板上的安装、排列方式及焊盘、走线形式。

（4）经济性

根据成本分析，从生产制造的角度，选择覆铜板的板材、规格和印制电路板的工艺技术要求。

4.2.2　印制电路板的设计步骤

一般而言，电子工厂或公司内的印制板设计的基本工作流程如下：

① 首先进行原理图设计。完成原理图设计后，确定元器件的规格型号，再开始 PCB 设计；

② 与结构设计人员一起确定 PCB 板的尺寸；

③ 完成元器件在 PCB 上的布局，然后按照标准化要求进行印制板布线设计；

④ 布线设计完成后对大面积的地线敷铜，添加印制板标识及版本标号；

⑤ 交由第三方（一般是部门内其他硬件设计人员）检查印制板的设计是否符合要求，有无遗漏；

⑥ 编制电装配图、印制板加工说明（对 PCB 的生产要求需做说明，如时间、数量、特殊要求等）、元器件清单、版本升级说明（对原理图及印制板所作的改进），与原理图一并提交；

⑦ 填写《PCB 外协加工生产申请表》，按照表格上的要求由相关负责人签字完成后交给采购部，由采购部负责印制板的外协生产。

下面是使用 PROTEL99SE 等电子 CAD 或 EDA 软件设计 PCB 的基本步骤。

1．先期工作

电路板设计的先期工作主要是利用原理图设计工具绘制原理图，并且生成对应的网络表。当然，在有些特殊情况下（如电路板比较简单、已经有了网络表等）也可以不进行原理图的设计，直接进入 PCB 设计系统。在 PCB 设计系统中，可以直接取用零件封装，人工生成网络表。

2．设置环境

设置 PCB 的设计环境，包括设置格点大小和类型、光标类型、板层参数、布线参数。大多数参数都可以用系统默认值，而且这些参数经过设置之后，符合个人的习惯，以后也无需再去修改。

3．定义板框

在这个步骤里，规划好电路板，包括电路板的尺寸大小等。

4．引入网络表

这一步是非常重要的一个环节。网络表是 PCB 自动布线的灵魂，也是原理图设计与印制电路板设计的接口，只有将网络表装入后，才能进行电路板的布线。在原理图设计的过程中，ERC 检查不会涉及零件的封装问题。因此，设计原理图时，零件的封装可能被遗忘，在引进网络表时可以根据实际情况来修改或补充零件的封装。也可以直接在 PCB 设计系统内人工生成网络表，并且指定零件封装。

5．零件布局

正确装入网络表后，系统将自动载入零件封装，并可以自动优化各个组件在电路板内的位置。不过，自动放置组件的算法还是不够理想，即使对于同一个网络表，在相同的电路板内，每次的优化位置都是不一样的，还需要手工调整各个元件的位置。

零件布局是印制电路板设计的难点，往往需要丰富的电路板设计经验。零件布局也是电路板设计的关键点之一，合理的零件布局可以为印制电路板布线带来很大的方便。

6．设置规则

布线规则是设置布线时的各个规范，如安全间距、导线形式等。这个步骤不必每次都要设置，按个人的习惯，设定一次就可以了。布线规则设置也是印制电路板设计的关键点之一，需要丰富的实践经验。

7．自动布线

PCB 的自动布线功能相当强大，但需要合理的设置布线规则，合理的布线规则会影响布线的合理性和方便性。只要参数设置合理，元器件布局妥当，系统自动布线的成功率几乎是 100%。

8．调整布线

布线成功不等于布线合理，有时候会发现自动布线导线拐弯太多等问题，还需进行手工调整。

9．保存文件

在设计过程中要随时保存文件，以免出现意外导致设计文件丢失。

10．生成文件

最后可以打印印制电路板的设计结果，可以单层打印也可以多层一起打印。同时可生成各种与印制电路板设计有关的报表。

设计印制电路板中 70%的工作量是进行印制电路板的布局，电路板布局的合理与否与其后的布线能否布通及能否合理布线有很大的关系。合理布局需要实际的工作经验，虽然用EDA 软件来设计电路板可以使用其内置的自动布局引擎，但往往其效果不是很好，有时候会很不合理，还需手工调整。

此外，使用电子 CAD 或 EDA 软件进行原理图与 PCB 的设计时，如果要用到软件自带的库中没有的元器件图形符号或元器件封装时，需要自行设计该元器件的图形符号或元器件封装。

4.2.3　印制电路板的设计要求

进行印制电路板的设计，首先要熟悉印制电路板的设计目标与设计原则，了解印制电路板的生产制造过程（见 4.3 节），同时还要掌握一定的印制电路板的设计技巧。下面主要介绍采用 THT 元件的印制电路板的设计要求，有关 SMT 印制电路板的设计见 4.2.4 节。

1．基材选择与基板设计

印制板类型与尺寸的选取应根据电路原理图和所用元器件的尺寸、体积、数量、相互间的影响及经济因素来确定。印制板的尺寸要适中，尺寸过大时，印制线条长，阻抗增加，不仅抗噪声能力下降，体积也大，而且耐振动、冲击能力低，成本也高，不利于实现设备的短、小、轻、薄；尺寸过小时，组装密度过高，则散热性能不好，同时容易受邻近线条的干扰。因此在选择印制板的类型和尺寸时要综合考虑。

（1）基材选择

一般来说，印制电路板基材的种类繁多，基材的选择主要取决于电路板的使用要求，同时也受到电路板组装条件、安装元器件的封装形式、元器件的尺寸大小、元器件的引脚数及引脚间距等因素的影响。

通常，应用于高压电路的要选择高压绝缘性能良好的印制电路板基板；应用于高频电路的要选择高频损耗小的印制电路板基板；应用于工业环境电路的要选择性能稳定、参数分散性小的印制电路板基板；应用于潮湿环境电路的要选择耐湿性能良好、漏电小的印制电路板基板；应用于低频、低压电路及民用电路的要选择经济性好的印制电路板基板；应用于在故障情况下也不能起火燃烧电路的要选择阻燃型的印制电路板基板。可见，在印制板的选材中，不仅要了解覆铜板的性能指标，还要熟悉产品的特点，这样才能在确定板材时获得良好的性价比。

（2）基板设计

① 印制电路板的外形尺寸

印制电路板的外形尺寸首先要符合整机结构设计的要求，即由结构设计决定印制板的外形尺寸和可调、开关、插座、显示等元器件的位置；另一方面，机械强度决定印制板的尺寸不能过大（电路板尺寸大于 200 mm×150 mm 时，应考虑电路板所具有的机械强度而采取必要的固定、加强等措施）。此外由于印制板生产厂家的收费标准是根据制板的工艺难度和制板面积决定的，并要按照整板是矩形来计算制板面积（因为异形板会增加制板难度和费用成本，即使被剪切掉的部分，往往也需要照价收费），因此一般电路板的最佳形状为矩形，长宽比为 3:2 或 4:3，避免采用异形板。

印制电路板的厚度选择要根据印制电路板的功能及所安装的元器件重量、印制板插座的规格及印制电路板的外形尺寸、所承受的机械负荷来确定。如果板的尺寸过大或板上的元器件过重，就应该适当增加板的厚度或对电路板采取加固措施，否则电路板容易产生翘曲。常用覆铜板材的标准厚度见表 4-1。

表 4-1　常用覆铜板材的标准厚度

名　称	标准厚度/mm	铜箔厚度/mm	特　点	应　用
酚醛纸覆铜板	1.0、1.5、2.0、2.5、3.0、3.2、6.4	50～70	价格低、机械强度低、阻燃性能差、易吸水、不耐高温	中、低档民用品
环氧纸覆铜板	1.0、1.5、2.0、2.5、3.0、3.2、6.4	35～70	价格略高、机械强度、阻燃性能、耐高温性能较好	仪器、仪表及中档以上民用品
环氧玻璃布覆铜板	0.2、0.3、0.5、1.0、1.5、2.0、3.0、5.0、6.4	35～50	价格略高、性能优于环氧及酚醛纸板、基板透明	工业、军用及计算机等高档电器
聚四氟乙烯覆铜板	0.25、0.3、0.5、0.8、1.0、1.5、2.0	35～50	价格高、介电常数低、介质损耗低、耐高温、耐腐蚀	微波、高频电路、航天航空、导弹、雷达等
聚酰亚胺柔性覆铜板	0.2、0.5、0.8、1.2、1.6、2.0	35	可挠性、重量轻	仪器、仪表柔性连接

② 印制电路板的定位孔

印制电路板的定位孔主要用于电路板元器件组装和在线测试过程中对 PCB 进行固定夹持定位之用。一般设置在 PCB 对角的边缘上，孔径 1.5～3 mm。如果 PCB 上有相对应的装配孔，也可用于替代印制电路板的定位孔。

③ 印制电路板的工艺夹持边

为使电路板在装联设备上正常传递或符合在线测试系统的工艺夹具要求，在印制电路板的元器件布局布线区外边要预留 5 mm 以上的空白区，即工艺夹持边。如果因印制电路板结构的约束，PCB 本身不能留有工艺夹持边，则预做的工艺夹持边与 PCB 间用 V 形槽连接，待 PCB 组装、测试完毕后，再将工艺夹持边从 PCB 上掰离。

④ 拼板

通常，印制电路板的外形尺寸较小而产量较大时，可将数块相同或不同的印制电路板拼在一起而形成一块较大的印制电路板。因此拼板是一种提高 PCB 生产与电路板组装生产效率的制板形式。

拼板的分离一般采用 V 形槽或铣外形留筋工艺，在拼板的边沿也要加设工艺夹持边，并在工艺夹持边上设置定位孔。

2．元器件的布局与标注

在印制电路板的设计中，不是简单地按照电路原理把元器件通过印制导线连接起来就行了，必须全面考虑元器件的排列位置，要满足电路连接、温升、机械结构、生产工艺、调试工艺和维修维护等方面的要求。此外为了电路板组装的需要，印制电路板上的所有元器件均以图形符号表示，在各元件图形符号附近应标出该元器件的项目代号。

（1）元器件布局

元器件布局是指对电子元器件在基板上的规划及放置的过程。布局结果的好坏直接影响 PCB 布线和电路板组装的效果。如果是手工生产的试制产品或小批量产品，问题表现得还不是十分明显；如果是用生产线进行大批量生产，就必须进行周密的规划，包括电路板组装工艺及不同焊接方式的要求。

　　要仔细考虑并确定元器件布局的有效范围。位于电路板边缘的元器件，离电路板边缘的距离一般不小于 2 mm。如果印制板要装入结构设计的导轨中，还要考虑导轨槽的深度，此时要求印制板插入导轨两侧的元器件距板的边缘距离应大于导轨槽的深度，以免在装配中损坏元器件。

　　元器件在 PCB 板上的排列方向随元器件类型的不同而改变。同类元器件尽可能按相同的方向排列，以便元器件的贴装、焊接和检测。布局时，DIP 封装的 IC 摆放的方向必须与过锡炉的方向垂立，只在布局上有困难时偶尔水平放置。SOP 封装的 IC 的摆放方向与 DIP 相反。当采用波峰焊接 SOP 等多脚元件时，应在锡流方向的最后两个（每边各一个）焊脚外设置窃锡焊盘，防止连焊。

　　在 PCB 设计中一般先确定特殊元器件的位置。所谓的特殊元器件是指高频部分的关键元器件、电路中的核心器件、易受干扰的元器件、带高压的元器件、发热量大的器件及一些异形元器件等。这些特殊元器件的位置需要仔细分析，做到布局合乎电路功能的要求及生产的要求。若不恰当地放置它们，可能会产生电磁兼容问题、信号完整性问题，从而导致 PCB 设计失败。

　　在确定特殊元器件的位置时要遵守以下原则。

　　① 尽可能缩短高频元器件之间的连线，设法减少它们的分布参数和相互间的电磁干扰。易受干扰的元器件不能相互靠得太近，输入和输出元件应尽量远离。

　　② 某些元器件或导线之间可能有较高的电位差，应加大它们之间的距离，以免放电引发意外短路。带高压的元器件要布置在调试时不易触到的位置，以避免高压电击对调试者构成伤害。

　　③ 重量超过 15 g 的元器件，应当用支架固定，然后焊接。发热的元器件要布置在印制板通风的位置或上部（印制板为垂直安装时），以利于散热。热敏元器件要布置得远离发热元器件，以避免发热元器件对其影响。那些又大又重、发热量多的元器件，不宜装在印制板上，而应装在整机的机箱底板上，且应考虑散热问题；如必须安装时，要选在靠近印制电路板支撑点的地方，使印制板的翘曲度减至最小。

　　④ 对于电位器、可调电感线圈、可变电容器和微动开关等可调元件的布局应考虑整机的结构要求。若是机内调节，应放在印制板上方便调节的地方；若是机外调节，其位置要与调节旋钮在机箱面板上的位置相适应。

　　⑤ 应留出印制板定位孔及固定支架所占用的位置。

　　确定特殊元器件的位置后，要分析电路中的电路单元，对其余的元器件进行合理布局，一般要符合以下原则。

　　① 按照电路的流程安排各个功能电路单元的位置，使布局便于信号流通，并使信号尽可能保持一致的方向。

　　② 以每个功能电路的核心元器件为中心，围绕它来进行布局，尽量减少和缩短各元器件之间的引线和连接。元器件应均匀、整齐、紧凑地排列在 PCB 上，同一类尤其是同一种元器件的排列尺寸应尽量一致。这样既可以使设计出的印制板美观漂亮，也便于生产中对元器件进行加工成型、插件和焊接。

　　③ 高频元器件之间的距离要尽量缩短，以减少分布参数对电路的影响。在初次调试高频电路时，如果出现问题不仅要考虑电路连接是否正确，还要考虑印制板设计时是否产生了

分布参数。

从有利于散热的角度出发，印制板最好是直立安装，板与板之间的距离一般不应小于 2 cm，而且器件在印制板上的排列方式应遵循一定的规则，如下所述。

① 同一块印制板上的器件应尽可能按其发热量大小及耐热程度分区排列。发热量小或耐热性差的器件（如小信号晶体管、小规模集成电路、电解电容器等）放在冷却气流的最上游（入口处）；发热量大或耐热性好的器件（如功率晶体管、大规模集成电路等）放在冷却气流的最下游（出口处）。

② 在水平方向上，大功率器件尽量靠近印制板的边沿布置，以便缩短传热路径；在垂直方向上，大功率器件尽量靠近印制板上方布置，以便减少这些器件工作时对其他器件温度的影响。有时，大功率器件直接安装在散热器上，利用自然对流、辐射换热及热传导直接和周围介质进行热交换，从而保证其结温低于允许的最高结温。为了进一步减小界面热阻、提高其热可靠性，还要在界面上涂一层薄的导热脂或采用导热衬垫，如云母片、导热硅橡胶片或导热硅脂等。

③ 对温度比较敏感的器件，最好安置在温度最低的区域（如设备的底部），千万不要放在发热器件的正上方。多个此类器件最好是在水平面上交错布局。

④ 设备内印制板的散热主要依靠空气流动，所以在设计时要研究空气的流动路径，合理配置器件或印制电路板。空气流动时总是趋向于阻力小的地方流动，所以在印制电路板上配置器件时，要避免某个区域留有较大的空域。整机中多块印制电路板的配置也应注意同样的问题。

元器件的布局完成后，通常需要对以下各项进行检查。

① 印制板尺寸是否与图纸要求的加工尺寸相符，是否符合 PCB 的制造工艺要求，有无定位标记。

② 元器件在二维、三维空间上有无冲突。

③ 元器件的布局是否疏密有序，排列整齐，是否全部布完。

④ 需经常更换的元器件能否方便地更换，插件板插入设备是否方便。

⑤ 热敏元器件与发热元器件之间是否有适当的距离。

⑥ 调整可调元器件是否方便。

⑦ 在需要散热的地方是否装了散热器，空气流动是否通畅。

⑧ 信号流程是否顺畅且互联最短。

⑨ 插头、插座等与机械设计是否矛盾。

⑩ 线路的干扰问题是否有所考虑。

（2）元器件的标注

PCB 上的字符包括元器件位号、印制电路板零件编号和说明性文字及印制电路板上的丝印层图形符号等。元器件位号应与电路原理图、元器件明细表所标代码相符。字符处于元器件左侧或上部边缘，字符图形的线宽应能保证字符印料顺利地印制以获得清晰的图形，一般为 0.15～0.2 mm，特殊需求时字符线宽可在 0.20～0.30 mm 内选择。在空间受限时，字符可放置于元器件的侧面，或通过标识线引出后，集中进行标识。元器件的极性标识符号应设置在元器件被指示焊盘附近（不可放在过孔或焊盘上），放置元器件后对字符无遮蔽。

在印制电路板的设计中，对电路元器件的编号要全面考虑安装调试的易记性和维修维护的方便性，一般采用按单元电路编号的方法，将某一单元电路的元器件统一由一个代号开头。例如，某单元电路的电阻为 2R1、2R2，那么它的电容就编号为 2C1、2C2，二极管、三极管、电位器、集成电路等就全部以 2 打头。这样当某一部分出现问题时，只需根据编号检查相应部分的元器件是否正常即可，从而缩短了检查、排除故障的时间，方便了调试维修。

3. 布线、焊盘与过孔

元器件在印制板上是靠引线焊接在焊盘上进行固定的，元器件彼此之间的电气连接，也依靠焊盘和印制导线。因此焊盘与印制导线也是印制电路板设计中必须重视的内容。

（1）布线

① 走线长度

尽量走短线，特别是对小信号电路来讲，线越短电阻越小，干扰也就越小，同时耦合线长度应尽量减短。

② 走线形状

单面板在布线时要尽可能减少导线跨接，以免增加插件和焊接的难度；双面板在布线时要避免位于不同面的导线重合平行，以减少寄生耦合电容。采用平行走线可以减少导线电感，但导线之间的互感和分布电容却增加。如果布局允许，最好采用井字形网状布线结构，具体做法是印制板的一面横向布线，另一面纵向布线，然后在交叉孔处用金属化孔相连。

为了避免高频信号通过印制导线时产生电磁辐射，在印制电路板的布线时，还应注意以下几点：

- 尽量减小布线的分布电容，特别是模拟电路和高频电路，走线时应与地线回路相靠近，不要长距离地与信号线并行走线。绝对避免印制铜箔形成环路。
- 为了抑制印制板导线之间的串扰，在设计布线时应尽量避免长距离的平行走线，尽可能拉开线与线之间的距离，信号线与地线及电源线尽可能不交叉。
- 印制条状铜箔的间距，应考虑工作电压、工作频率、分布电容及基板的质量。
- 印制电路板中的接地线应随着接地点的增加而不断加宽，以尽量减小接地电阻。
- 对于大电流，应考虑印制铜箔的宽度。
- 尽量减少印制导线的不连续性。例如，导线宽度不要突变，导线的拐角应大于 90 ℃，禁止环状走线等。同一层上的信号线改变方向时应该走斜线或弧线，且曲率半径大些好。

③ 走线宽度和间距

印制板线条的宽度由覆铜板的附着厚度和流过导线的电流强度来决定，应尽量宽一些，至少要宽到足以承受所设计的电流负荷。一般，当覆铜板铜箔厚度为 0.05 mm、宽度为 1～1.5 mm 时导线能通过 2 A 的电流，温升小于 3 ℃。如果印制导线的载流量按 20 A/mm^2 计算，则当铜箔厚度为 0.05 mm 时，1 mm 宽的印制导线允许通过 1 A 电流。因此可以认为，导线宽度的毫米数等于导线上允许通过电流的安培数。相同性质网络的印制板线条宽度尽量保持一致，这样有利于阻抗匹配。印制板线条不允许出现大面积敷铜的情况，当敷铜面积的最大尺寸超过 100 mm^2 时，应局部开窗口，以免大面积铜箔板在浸焊或长时间受热时，产生铜箔膨胀、脱落现象，影响元器件的焊接质量。

对于电路的工作频率很高或前沿陡峭的脉冲电路，分布电容的影响是必须考虑的问题。对于单面覆铜板，两条宽 3 mm、间隔 1 mm 的平行线分布电容为 0.48 pF/cm^2。对于双面覆铜板，基板厚度为 1.5 mm 的分布电容为 5 pF/cm^2。决定印制板线间距时，要考虑最坏的工作条件下的绝缘电阻和击穿电压,最小间距至少应适合所施加的电压(包括工作电压、附加波动电压、过电压和其他原因产生的峰值电压),要尽量宽些。国标 GB 4588.3－88 中给出了导线间的电压和导线间距的关系曲线,需要时可查阅。对于有涂覆层和没有涂覆层的印制板,不同电压和不同高度下的最小间距,也可以在表 4-2 中选取。一般情况下,间距为 1.5 mm 时,其绝缘电阻超过 10 MΩ,允许的工作电压可以达到 300 V 以上;间距为 1 mm 时,允许的工作电压为 200 V。

表 4-2 导线间的直流或交流峰值电压及最小间距

导 线 类 型	参 数	
	导线间的直流或交流峰值电压/V	最小间距/mm
无外涂覆层的导线 (海拔高度不高于 3 048 m)	0～50	0.38
	51～150	0.635
	151～300	1.27
	301～500	2.54
	>500	0.005
无外涂覆层的导线 (海拔高度高于 3 048 m)	0～51	0.635
	51～100	1.5
	101～170	3.2
	171～250	12.7
	>500	0.025
内层和有外涂覆层的导线 (任意海拔高度)	0～9	0.127
	10～30	0.25
	31～50	0.38
	51～150	0.51
	151～300	0.78
	301～500	1.52
	>500	0.003

从印制板的制作工艺来讲,线宽度可以做到 0.3 mm、0.2 mm,甚至 0.1 mm,线间距也可以做到 0.3 mm、0.2 mm,甚至 0.1 mm。但是,随着线条变细、间距变小,在 PCB 的生产制造过程中质量将更加难以控制,废品率将上升。综合考虑以上因素,选用 0.3 mm 以上线宽和 0.3 mm 以上线间距的布线原则比较适宜,这样既能有效控制质量,也能满足用户要求。

④ 多层板走线

多层板走线要按电源层、地线层和信号层分开,减少电源、地、信号之间的干扰。多层板走线要求相邻两层印制板的线条应尽量相互垂直,或走斜线、曲线,不能平行走线,以利于减少基板层间的电信号耦合和干扰。大面积的电源层和大面积的地线层要相邻,实际上在电源和地之间形成一个电容,能起到滤波作用。

总之,印制电路板的走线宽度和线间距,受印制电路板加工厂商、加工设备的精度和 PCB 基材特性的约束,同时又受到 PCB 制造技术的约束。为保证 PCB 质量和降低 PCB 的制作加工成本,PCB 的走线应尽量选择大于 PCB 制造工厂最小加工线宽的导线线宽设计。

(2)焊盘与过孔

元器件通过印制板上的引线孔,用焊锡固定在印制板上,然后由印制导线把焊盘连接起来，实现元器件在电路中的电气连接。引线孔及其周围的铜箔称为焊盘。焊盘的图形设计关系到电子产品的可靠性和焊接的一次性合格率，是 PCB 设计中最重要的工作之一。THT 焊盘的尺寸应尽量大些。焊盘的最小直径应符合国标 GB 4588.33−88 的规定，见表 4-3。

表 4-3　焊盘最小直径与钻孔直径的关系

钻孔直径/ mm	焊盘最小直径/mm		
	精	一般	粗
0.4	0.8	1.0	1.2
0.5	0.9	1.0	1.2
0.6	1.0	1.2	1.5
0.8	1.2	1.4	1.8
0.9	1.3	1.5	2.0
1.0	1.4	1.6	2.5
1.3	1.7	1.8	3.0
1.6	2.2	2.5	3.5
2.0	2.5	3.0	4.0

实际工作中，焊盘的外径一般应当比引线孔的直径大 1.3 mm 以上。在高密度电路板上，焊盘的外径可以只比引线孔的直径大 1 mm。如果焊盘外径太小，焊盘就容易在焊接时剥落，但太大则不利于焊接并影响印制板的布线密度。

通常，通孔元器件的装配钻孔孔径（D，即引线孔径），应比元器件引线的最大直径或宽度（d）大 0.25 mm，即 $D=d+0.25$ mm，以便于插装元器件。但孔径也不能太大，否则在焊接时不但用锡多，而且会由于元器件的引脚松动而造成虚焊。

PCB 过孔（或导通孔）孔径应大于或等于 0.4 mm，其孔径与板厚之比应不小于 1:3，若更小会引起生产困难与成本提高。过孔与焊盘的边缘之间的距离应大于 1 mm。

4.2.4　SMT 印制电路板的设计

SMT 表面贴装技术和 THT 通孔插装技术的印制板设计规范大不相同。SMT 印制板的设计规范和它所采用的具体组装工艺密切相关。例如，当采用波峰焊时，应尽量保证元器件的两端点同时接触焊料波峰。当尺寸相差较大的片状元器件相邻排列且间距很小时，较小的元器件应排列在前面，以便波峰焊时先进入焊料池。应避免尺寸较大的元器件遮蔽其后尺寸较小的元器件，造成漏焊。而采用回流焊就没有这些问题。

确定 SMT 印制板的外形、焊盘图形及走线等时，应考虑其组装的类型、贴装方式、贴片精度和焊接工艺等，要进行多次试验并取得一定经验后才能制订出合理的设计方案。按照生产全过程控制的观念来看，SMT 印制板设计是 SMT 生产过程中关键的、重要的第一环节。

1. PCB 的外形及定位

① PCB 的外形必须经过数控铣削加工，其四周的垂直、平行精度不低于±0.02 mm。
② 对于外形尺寸小于 50 mm×50 mm 的 PCB，宜采用拼板形式。具体拼成多大尺寸，需根据 SMT 设备性能及具体要求而定。

③ 表面贴装印制板漏印过程中需要定位，PCB 上必须设置与设备定位要求一致的定位孔。

④ 一般，表面贴装印制板的四周应设计宽度为 5+0.1 mm 的工艺夹持边，在工艺夹持边内不应有任何焊盘图形和器件。如若确实因板面尺寸受限制，不能满足以上要求，或采用的是拼板组装方式时，可采取四周加边框的 PCB 制作方法，留出工艺夹持边，待焊接完成后，再手工掰除边框。

2．PCB 上元器件的布局

① 当电路板放到回流焊接炉的传送带上时，元器件的长轴应该与设备的传动方向垂直，这样可以防止在焊接过程中出现元器件在板上漂移或"竖碑"的现象。

② PCB 上的元器件要均匀分布，特别要把大功率的器件分散开，避免电路工作时 PCB 上因局部过热而产生应力，影响焊点的可靠性。

③ 双面贴装的元器件，两面上体积较大的器件要错开安装位置，否则在焊接过程中会因为局部热容量增大而影响焊接效果。

④ 在波峰焊接面上不能放置 PLCC/QFP 等四边有引脚的器件。

⑤ 安装在波峰焊接面上的 SMT 大器件，其长轴要和焊锡波峰流动的方向平行，这样可以减少电极间的焊锡桥接。

⑥ 波峰焊接面上的大、小 SMT 元器件不能排成一条直线，要错开位置，这样可以防止焊接时因焊料波峰的"阴影"效应造成的虚焊和漏焊。

3．印制板的布线

（1）走线方式

尽量走短线，特别是对小信号电路来讲，线越短电阻越小，干扰越小，同时耦合线长度尽量减短。

（2）走线形状

同一层上的信号线改变方向时应该走斜线，且曲率半径大些的好；应避免直角拐角。

（3）走线宽度和中心距

印制板线条的宽度要求尽量一致，这样有利于阻抗匹配。同 THT 的走线一样，选用 0.3 mm 线宽和 0.3 mm 线间距的布线原则是比较适宜的。

（4）电源线、地线的设计

对于电源线和地线而言，走线面积越大越好，以利于减少干扰；对于高频信号线最好是用地线屏蔽。

（5）多层板走线

多层板走线同 THT 的多层板走线。

4．焊盘设计

目前，表面贴装元器件还没有统一的标准，不同的国家、不同的厂商所生产的元器件外形封装都有差异，所以在选择焊盘尺寸时，应与自己所选用的元器件的封装外形、引脚等与焊接相关的尺寸进行比较，焊盘的宽度等于或略大于元器件的电极宽度的，焊接效果最好。

（1）焊盘长度

焊盘长度在焊点可靠性中所起的作用比焊盘宽度更为重要，焊点的可靠性主要取决于长度而不是宽度。

片式元件焊接后理想的焊接形态如图 4.5 所示。从图中可以看到，它有两个焊点，分别在电极的内侧和外侧，外侧焊点称为主焊点，呈弯月形状维持焊接强度。内侧焊点补强和焊接时自对中，其作用也不可轻视。

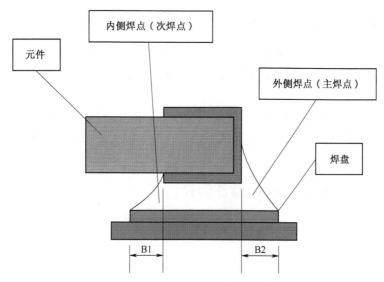

图 4.5　SMT 元器件焊盘理想的焊接形态

其中 B1、B2 尺寸的选择，要有利于焊料熔融时能形成良好的弯月形轮廓，还要避免焊料产生桥连现象，以及兼顾元器件的贴片偏差（偏差在允许范围内），以利于增加焊点的附着力，提高焊接可靠性。一般 B1 取 0.05～0.3 mm，B2 取 0.25～1.3 mm。

（2）焊盘宽度

对于 0805 以上的阻容元器件，或引脚间距在 1.27 mm 以上的 SO、SOJ 等 IC 芯片而言，焊盘宽度一般是在元器件引脚宽度的基础上加一个数值，数值的范围在 0.1～0.25 mm 之间。而对于引脚间距在 0.65 mm 及其以下的 IC 芯片，焊盘宽度应等于引脚的宽度。

对于细间距的 QFP，有的时候焊盘宽度相对引脚来说还要适当减少，如在两焊盘之间有引线穿过时。

（3）过孔的处理

SMT 元器件的焊盘上或在其附近不能有过孔，否则在再流焊过程中，焊盘上的焊锡熔化后沿着通孔流走，会产生虚焊、少锡，还可能流到板的另一面造成短路。如过孔确需与焊盘相连，应尽可能用细线条加以互连，且过孔与焊盘边缘之间的距离大于 1 mm。

（4）字符、图形的要求

字符、图形等标志符号不得印在焊盘上，以避免引起焊接不良。

（5）焊盘间线条的要求

应尽可能避免在细间距元器件焊盘之间穿越连线，确需在焊盘之间穿越连线的，应用阻焊膜对其加以可靠的遮蔽。

在两个互相连接的元器件之间，要避免采用单个的大焊盘，因为大焊盘上的焊锡将把两元器件接向中间。正确的做法是把两元器件的焊盘分开，在两个焊盘中间用较细的导线连接，如果要求导线通过较大的电流可并联几根导线，导线上覆盖绿油。

（6）焊盘对称性的要求

对于同一个元器件，凡是对称使用的焊盘，如 QFP、SOIC 等，设计时应严格保证其全面的对称，即焊盘图形的形状、尺寸完全一致，以保证焊料熔融时，作用于元器件上所有焊点的表面张力保持平衡，以利于形成理想的优质焊点，不产生位移。

4．PCB 基准标志（Mark）设计要求

① 在 PCB 上必须设置有基准标志，作为贴片机进行贴片操作时的参考基准点。一般是在 PCB 对角线上设置 2～3 个 Φ1.5 mm 的裸铜实心圆作基准标志（其具体尺寸、形状根据不同型号贴片机的要求而定）。

② 对于多引脚的元器件，尤其是引脚间距在 0.65 mm 以下的细间距贴装 IC，应在其焊盘图形附近增设基准标志，一般是在焊盘图形的对角线上设置两个对称的裸铜实心圆标志，作为贴片机光学定位和校准用。

4.2.5　印制电路板 CAD/EDA 软件简介

PCB 设计软件的种类很多，目前 PCB Layout 的 CAD/EDA 工具主要有 Protel、ORCAD、PADS 和 Allegro 等。

1．Protel

Protel 是 PROTEL 国际有限公司在 20 世纪 80 年代推出的 CAD/EDA 软件，现在其公司已经更名为 Altium 国际有限公司（位于澳大利亚的悉尼）。在电子行业的 CAD/EDA 软件中，它较早就在国内开始使用，在国内的普及率也最高，而且也是现在最广泛使用的电路设计软件，几乎所有 PCB 生产厂家都接受 Protel 设计格式的 PCB 文件。Protel 现在已发展到 Altium Designer 6.6，是庞大的 EDA 软件，完全安装内存有 2 GB 左右，是完整的板级全方位电子设计系统。它包含了电原理图绘制、模拟电路与数字电路混合信号仿真、多层印制电路板设计（包含印制电路板自动布线）、可编程逻辑器件设计、图表生成、电子表格生成、支持宏操作等功能，并具有 Client/Server（客户/服务器）体系结构，同时还兼容一些其他设计软件的文件格式，如 ORCAD、PSPICE、EXCEL 等，其多层印制线路板的自动布线可实现高密度 PCB 的 100%布通率。想更多地了解 Altium Designer 6.6 的软件功能或者下载 Altium Designer 6.6 的试用版，可以访问其官方网站http://www.altium.com。

2．ORCAD

ORCAD 是由 ORCAD 公司于 20 世纪 80 年代末开始推出的 CAD/EDA 软件，也是世界上使用最广的 CAD/EDA 软件，相对于同时期的其他 CAD/EDA 软件而言，其功能也是最强大的，由于 ORCAD 软件使用了软件狗防盗版，因此在国内它并不普及，知名度也比不上 Protel，只有少数的电路设计者使用。早在工作于 DOS 环境的 ORCAD 4.0，就集成了电原理图绘制、印制电路板设计、数字电路仿真、可编程逻辑器件设计等功能，而且其界面友好、直观，元器件库也是所有 CAD/EDA 软件中最丰富的。ORCAD 公司与 CADENCE 公司合并后，更成为世界上最强大的开发 EDA 软件的公司。ORCAD 10.5（PCB 设计增强版）是目前为止 ORCAD 功能最强大的一个版本，包括供设计输入的 ORCAD Capture、供模拟与混合信号仿真用的 PSpiceR A/D Basics、供电路板设计的ORCAD PCB Editor，以及供高密

度电路板自动及手动布线的 SPECCTRA。

　　对 ORCAD 有兴趣的读者可以去访问它的站点：http://www.cadence.com/orcad。

3. Allegro

　　Allegro PCB 软件是美国 Cadence Design Systems 公司的 EDA 软件产品，是一个用来建立及绘制高端、复杂、多层印制电路板的设计平台。Cadence 的 EDA 软件几乎可以完成电子设计的方方面面，包括 ASIC 设计、FPGA 设计和 PCB 板设计。

　　Allegro 的最新版本是 Cadence Allegro 15.7，优化并加速了高性能高密度的互联设计，提供了新一代的协同设计方法，适用于高速、高密度与多层 PCB 设计，是专业 PCB 设计人员的首选。但 Allegro 功能的强大也为它带来了相应的缺陷：软件复杂，学习困难。Cadence 公司网址是：http://www.cadence.com。

4. PADS

　　美国 Mentor Graphics 公司（位于科罗拉多州的 Longmont）成立于 1981 年，1988 年首次进入中国市场。其 EDA 技术和软件覆盖面广，产品包括从设计输入、数字电路分析、模拟电路分析、数模混合电路分析、故障模拟测试分析、印制电路板自动设计与制造、全定制及半定制 IC 设计软件与 IC 验证软件等广泛的领域。

　　Mentor Graphics 提供了一系列可弹性配置的 PCB 设计方案：

　　① Expedition™ 系列，适用于当今大多数的复杂设计；

　　② Board Station® 系列，已经成为跨国大公司 PCB 设计系统的标准解决方案；

　　③ PADS® 系列，是基于 Windows 的复杂 PCB 设计解决方案。

　　Mentor Graphics 在 2006 年推出了 PADS 软件（原 PowerPCB）的最新版本。PADS 软件因其功能强大且易于使用，而受到全球电路设计者的信赖，被广泛应用在不同领域的电子产品设计中。PADS 软件基于 PC 平台开发，完全符合 Window 操作习惯，具有高效率的布局布线功能，是解决复杂的高速、高密度互联问题的理想平台。其主要模块如下。

　　① PowerLogic：PADS 原理图设计软件；

　　② PowerPCB：PADS 印制电路板设计软件；

　　③ PowerBGA：PADS 高级封装设计软件；

　　④ BlazeRouter：全自动任意角度布线器。

5. Zuken

　　ZUKEN INC.（图研株式会社）公司成立于 1976 年，总部设在日本横滨，自 20 世纪 90 年代初期开始，公司主流产品 PCB 等设计软件已连续多年在世界上销售排名第一，在 EDA 行业保持稳步上升的强劲发展势头。ZUKEN 公司的系统设计软件既有高端、高性能、大型、全系列的新一代 CR5000 系统，也有具备优异性价比的普及型软件工具 CADSTAR 系统。在新一代 CR5000 系统中嵌入了最先进的具有智能性的布局布线算法；针对高速电路设计和电磁兼容性问题，提出了新的设计方法和新的解决方案；支持板级设计中最新的设计和制造工艺，在同一中央数据库结构下，将电子系统设计的各单点工具统一在最新的软件框架下，保证设计的完整性和一致性，实现设计工具和设计数据同 PDM、ERP 和 MRP 等的有机连接。

4.3 印制电路板的制造工艺

PCB 的生产制造工艺流程随着 PCB 的类型（种类）和工艺技术的不同与进步而相应变化。这就是说，可以采用不同的生产工艺流程与工艺技术来生产出相同或相近的 PCB 产品来。

但在这些不同的工艺流程中，有许多必不可少的基本环节是类似的。传统的单面、双面、多层板的生产工艺流程仍然是 PCB 生产工艺流程的基础。印制电路板的制造工艺可以分为加成法和减成法两种。加成法是在没有覆铜箔的绝缘基板上，用化学沉铜等方法得到电路图形的方法。减成法是在覆铜板上，用蚀刻工艺去掉多余的铜箔部分，留下印制电路的方法。

减成法由于工艺相对成熟、稳定而可靠，是目前生产印制电路板所采用的常见方法。其基本思路是：首先将设计好的 PCB 图形转移到覆铜板上，使图形部分被保护起来。然后去掉覆铜板上未被保护的部分。下面介绍的方法都是减成法。

4.3.1 印制电路板的制造工艺流程

1．印制板制造基本环节

（1）底图胶片制版

在印制板的生产过程中，首先用绘制好的黑白底图照相制版，版面尺寸通过调整照相机的焦距准确获得印制板的设计尺寸，相版要求反差大、无砂眼。整个制版过程与普通照相大体相同。制作双面板的相版时，应使正、反面两次照相的焦距保持一致，保证两面图形尺寸的完全吻合。现在的印制板设计大多采用 CAD 或 EDA 软件，因此印制板的各种底图胶片相版都可以直接由光绘机光绘输出。

（2）图形转移

把相版上的印制电路图形转移到覆铜板上，称为图形转移。其具体方法有丝网漏印、光化学法等。光化学法又分为液体感光法和光敏干膜法两种。目前，在图形电镀制造电路板的工艺中，大多数厂家都采用光敏干膜法和丝网漏印法制作掩膜图形。

液体感光法适用于品种多、批量小的印制板生产，它的尺寸精度高，工艺简单，但工艺流程繁杂，需要设备较多，生产效率低，难于实现自动化。光敏干膜法可用于制造精密的细导线，它在提高生产效率、简化生产工艺、提高印制板质量等方面优于其他方法。

丝网漏印（简称丝印）是一种古老的印制工艺，因操作简单、效率高、成本低且具有一定的精确度，在印制板制造中仍在广泛使用，适用于批量较大、精度要求不高的单面和双面印制板生产。其操作方便，生产效率高，便于实现自动化。

丝印通过手动、半自动、自动丝印机实现。其基本原理是在丝网（真丝、涤纶丝、不锈钢丝等）上通过贴感光膜（制膜、曝光、显影、去膜）等感光化学处理，将图形转移到丝网上，再通过刮板将印料漏印到印制板上。蚀刻制版的防蚀材料、阻焊图形、字符标记图形等均可通过丝印方法印制。

（3）蚀刻

在生产线上，蚀刻也俗称烂板。它是利用化学方法去除板上不需要的铜箔，留下组成焊盘、印制导线及符号等的图形。为确保质量，蚀刻过程应该严格按照操作步骤进行（在这一环节中造成的质量事故将无法挽救）。

（4）金属化孔

金属化孔是连接多层或双面板两面导电图形的可靠方法，是印制板制造的关键技术之一。金属化孔是通过将铜沉积在孔壁上实现的。实际生产中要经过钻孔、去油、粗化、浸清洗液、孔壁活化、化学沉铜、电镀铜加厚等一系列工艺过程才能完成。金属化孔要求金属层均匀、完整，与铜箔连接可靠，电性能和机械性能符合标准。在表面安装高密度板中，这种金属化孔采用盲孔方法（即沉铜充满整个孔），以减小过孔所占的面积，提高密度。

（5）金属涂覆

印制板涂覆层的作用是保护铜箔，增加可焊性和抗腐蚀、抗氧化性。常用的涂覆层有金、银和铅锡合金。为了提高印制板的可焊性，浸银是镀层的传统方式。但由于银层容易硫化而发黑，往往反而降低了可焊性和外观质量，所以目前较多采用浸锡或镀铅锡合金的方法，热熔铅锡工艺和热风整平工艺得到了很大的发展。

① 热熔铅锡。把铅锡合金镀层经过热熔处理后，使铅锡合金与基层铜箔之间获得一个铜锡合金过渡界面，大大增强了界面结合的可靠性，更能显示铅锡合金在可焊性和外观质量方面的优越性，是目前较先进工艺之一。热熔过程主要通过甘油浴或红外线使铅锡合金在190～220 ℃温度下熔化，充分润湿铜箔而形成牢固结合层后再冷却。

② 热风整平。热风整平是取代电镀铅锡合金和热熔工艺的一种生产工艺。它使浸涂铅锡焊料的印制板从两个风刀之间通过，风刀中的热压缩空气使铅锡合金熔化并将板面上多余的金属吹掉，可获得光亮、平整、均匀的铅锡合金层。目前，在高密度的印制电路板生产中，大部分采用这种工艺。

（6）涂助焊剂及阻焊剂

印制板经表面金属涂覆后，根据不同需要可以进行助焊或阻焊处理。

① 助焊剂。在电路图形的表面上喷涂助焊剂，既可以保护镀层不被氧化，又能提高可焊性。酒精松香水是最常用的助焊剂。

② 阻焊剂。阻焊剂是在印制板上涂覆的阻焊层（涂料或薄膜）。除了焊盘和元器件引线孔裸露以外，印制板的其他部位均在阻焊层之下。阻焊剂的作用是限定焊接区域，防止焊接时搭焊、桥连造成的短路，改善焊接的准确性，减少虚焊；防止机械损伤，减少潮湿气体和有害气体对板面的侵蚀。

2. 单面刚性印制板生产工艺流程

如图 4.6 与图 4.7 所示，分别为采用感光膜法与丝网漏印法进行图形转移的单面刚性印制板的生产工艺流程。

如图 4.8 所示，为通用的单面刚性印制板的生产工艺流程。单面板工艺简单，质量容易保证。

3. 双面、多层刚性印制板生产工艺流程

双面板与单面板的主要区别，在于增加了孔金属化工艺，即实现两面印制电路的电气连接。由于孔金属化的工艺方法较多，所以相应双面板的制作工艺也有多种方法，可概括分为先电镀后腐蚀和先腐蚀后电镀两大类。先电镀的方法有板面电镀法、图形电镀法、反镀漆膜

法；先腐蚀的方法有堵孔法和漆膜法。

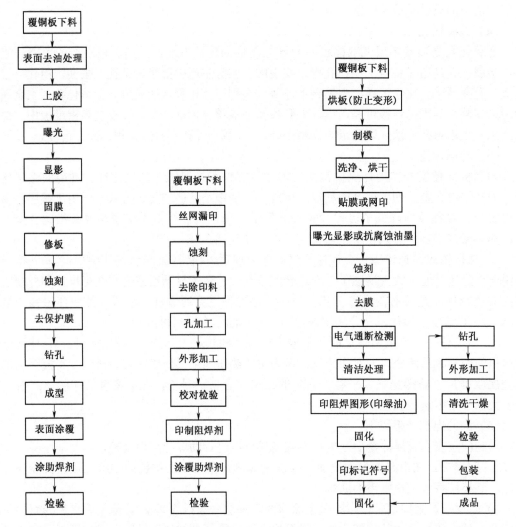

图 4.6 采用感光膜法   图 4.7 采用丝网漏印法   图 4.8 通用的单面刚性印制板生产工艺流程

多层板工艺是在双面孔金属化工艺的基础上发展起来的，它除了继承双面工艺外，还有几个独特内容：金属化孔内层互连、钻孔与去环氧钻污、定位系统、层压、专用材料。

目前，国内绝大多数制造刚性印制板厂家的双面、多层印制板生产工艺流程如图 4.9 所示。

4.3.2 手工自制印制电路板的方法

在产品研制阶段或科技创作活动中往往需要手工制作少量、要求不高的单面印制板，进行产品性能分析试验或制作样机。以下介绍的几种都是简单易行的方法。

1．描图蚀刻法

（1）选择覆铜板，清洁板面

根据电路要求，裁好覆铜板的尺寸和形状，然后用细水磨砂纸打磨覆铜板，可加入少量去污粉将铜箔面磨亮，再用布擦干净。

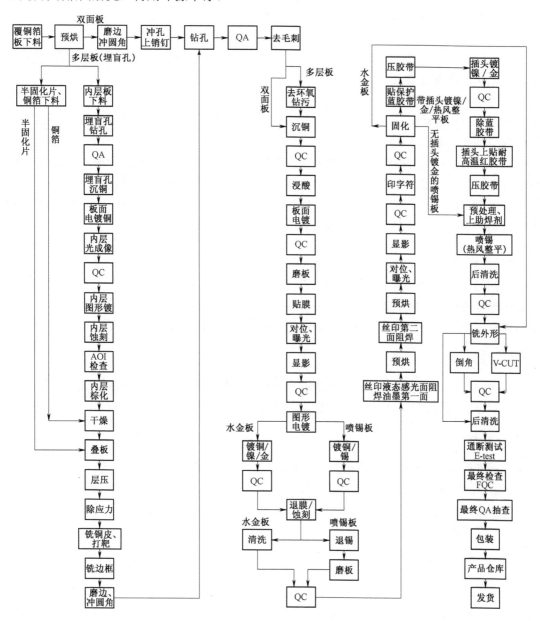

图 4.9　典型的双面、多层印制板生产工艺流程

（2）复印电路和描板

将设计好的印制电路图用复写纸复印在覆铜板上，用毛笔蘸调和漆按复印电路图描板。描板要求线条均匀，焊盘要描好（注意：复印过程中，电路图一定要与覆铜板对齐，并用胶带纸粘牢，等到用铅笔或复写笔描完图形并检查无误后再将其揭开）。

（3）腐蚀电路板

腐蚀液一般为三氯化铁的水溶液，它按一份三氯化铁、两份水的比例配制而成。腐蚀液应放置在玻璃或陶瓷平盘容器中。描好的线路板待漆干后，放入腐蚀液中。通过加温和增加三氯化铁溶液的浓度，可加快腐蚀速度。但温度不可超过 50 ℃，否则会损坏漆膜。还可以用木棍夹住电路板轻轻摆动，以加快腐蚀速度。腐蚀完成后，用清水冲洗线路板，用布擦干，再用蘸有稀丙酮的棉球擦掉保护漆，铜箔电路就可以显露出来。

（4）修板

将腐蚀好的电路板再一次与原图对照，用刀子修整导电条的边缘和焊盘，使导电条边缘平滑无毛刺，焊点圆滑。

（5）钻孔和涂助焊剂

按图样所标尺寸钻孔。孔必须钻正且一定要钻在焊盘的中心，并垂直板面。钻孔时一定要使钻出的孔光洁、无毛刺。

打好孔后，可用细砂纸将印制电路板上的铜箔线条擦亮，并用布擦干净，涂上助焊剂。涂助焊剂的目的是便于焊接、保证导电性能、保护铜箔、防止产生铜锈。

助焊剂一般是由松香、酒精按 1:2 的体积比例配制而成的溶液，将电路板烤至烫手时即可喷、刷助焊剂。助焊剂干燥后，就得到所要求的线路板。

2．贴图蚀刻法

贴图蚀刻法是利用不干膜条（带）直接在铜箔上贴出导电图形，代替了描图，其余步骤与描图蚀刻法相同。由于胶带边缘整齐，贴出的图形质量较高，蚀刻后揭去胶带即可使用，所以比较方便。贴图可以采用预制胶条图形贴制与贴图刀刻两种方法实现。

3．刀刻法

对于一些电路比较简单、线条较少的印制板，可以用刀刻法来制作。在印制板布局布线时，印制导线的形状尽量简单，一般把焊盘与导线合为一体，形成多块矩形，便于刀刻。

4．雕刻法

使用专用 PCB 雕刻机直接在覆铜板上雕刻出铜箔线条与焊盘。PCB 雕刻机可以直接利用 Protel 的 PCB 文件信息，在不需要任何转换过程的情况下直接输出雕刻数据，通过自定义的数据格式控制机器自动完成雕刻、钻孔、切边等工作，具有高效、自动、精确、方便、美观、环保等特点。

5．光敏 PCB 制作法

可以买到一种光敏 PCB 单、双面印制电路板。用计算机生成 1:1 的黑白图，取一块与设计图大小相同的印制板，撕去保护膜，将图贴于板上，在太阳光下曝光 5～10 min，并用专用显影药按要求进行显影，然后再用三氯化铁进行腐蚀。

4.4　本章小结

印制电路板是现代电子设备中不可缺少的关键部件。它不仅为电子元器件提供了固定和装配的机械支撑，而且实现了电子元器件之间的电气连接与电气绝缘，为电子装配提供了识别字符和图形，为自动焊接提供了阻焊图形。熟悉印制电路板的基本知识、掌握印制电路板的基本设计方法和制作方法、了解印制电路板的生产工艺过程是学习电子工艺技术的基本要求。本章主要介绍了以下内容：

（1）印制电路板的基本知识；

（2）印制电路板的设计要求与设计流程；

（3）印制电路板上元器件布局、导线、焊盘的设计原则；

（4）印制电路板的基本制造工艺流程与业余手工制作的方法；

（5）常用的计算机辅助设计 PCB 软件。

4.5　思考与习题 4

4.1　什么叫印制电路板？它有什么作用？

4.2　评价印制电路板的设计质量时，通常需要考虑哪些因素？

4.3　印制电路板的排版设计有哪几个过程？

4.4　印制电路板设计首先要做哪些准备工作？

4.5　印制电路板的设计布局应注意哪些原则？

4.6　印制电路板上焊盘的大小及引线的孔径如何确定？

4.7　布线时，对印制导线的宽度、导线间距、交叉、走向、形状等应当如何考虑？

4.8　简述印制电路板制造过程的基本环节及方法。

4.9　总结单、双面板的生产工艺过程。

4.10　简述手工自制印制电路板的主要方法与步骤。

第5章 焊接工艺

5.1 焊接材料

焊接就是将元器件引线与印制板或底座焊在一起,是电路装接中必不可少的工艺过程。广义地说,焊接包括待焊金属(母材)熔化后的焊接(称为熔焊)和待焊金属不熔化的焊接(称为钎焊)。母材熔化焊接的典型例子是弧焊、气焊;母材不熔化焊接的典型例子是锡焊。其中使用熔点在 450 ℃以上的焊料进行的焊接称为硬钎焊,否则称为软钎焊,在电子整机中主要用软钎焊(锡焊)。焊料、助焊剂、阻焊剂是焊接过程中常用的材料。

5.1.1 焊料

在焊接过程中,用于熔合两种或两种以上的金属面、使它们成为一个整体的金属或合金都称做焊料。焊料,按组成的成分不同可分为锡铅焊料、银焊料、铜焊料;按熔点不同可分为熔点在 450 ℃以下的软焊料和熔点在 450 ℃以上的硬焊料两种。在无线电装接中,常用的是软焊料(即锡铅焊料),简称焊锡。

1. 常用焊锡的分类

(1)管状焊锡丝

管状焊锡丝是由助焊剂与焊锡制作在一起做成管状,在焊锡管中夹带固体助焊剂。助焊剂一般选用特级松香为基质材料,并添加一定的活化剂,称为松香焊锡丝。管状焊锡丝一般用于手工焊接。管状焊锡丝的直径有 0.5、0.8、1.0、1.2、1.5、2.0、2.3、2.5、4.0、5.0mm。

(2)抗氧化焊锡

抗氧化焊锡是在锡铅合金中加入少量的活性金属,能使氧化锡、氧化铅还原,并漂浮在焊锡表面形成致密覆盖层,从而保护焊锡不被继续氧化。这类焊锡适用于浸焊和波峰焊。

(3)含银焊锡

含银焊锡是在锡铅焊料中加 0.5%~2.0%的银,可减少镀银件中银在焊料中的溶解量,并可降低焊料的熔点。

(4)焊膏

焊膏用于表面安装技术中,详见 3.2.1 节。

2. 常见焊锡的特性及用途

常见焊锡的特性及用途见表 5-1。

表 5-1　常见焊锡的特性及用途

名称牌号	主要成分/%			熔点 /℃	电阻率 /(10⁻⁶·Ω·m)	抗拉强度 /MPa	主要用途
	锡	锑	铅				
10 锡铅焊料 HISnPb 10	89~91	<0.15	余量	220		43	用于钎焊食品器皿及医药卫生物品
39 锡铅焊料 HISnPb 39	59~61	<0.8	余量	183	0.145	47	用于钎焊无线电元器件等
58-2 锡铅焊料 HISnPb 58-2	39~41	1.5~2	余量	235	0.170	38	用于钎焊无线电元器件、导线、钢皮镀锌件等
68-2 锡铅焊料 HISnPb 68-2	29~31	1.5~2.2	余量	256	0.182	33	用于钎焊电金属护套、铝管
90-6 锡铅焊料 HISnPb90-6	3~4	5~6	余量	256		59	用于钎焊黄铜和铜

5.1.2　助焊剂

在锡铅焊接中，助焊剂是一种不可少的材料，它有助于清洁被焊接面，防止氧化，增加焊料的流动性，使焊点易于成形，提高焊接质量。

1. 助焊剂的分类及用途

常用的助焊剂分为无机类助焊剂、有机类助焊剂和树脂类助焊剂。焊接中常用的助焊剂是松香，在要求较高的场合下使用氢化松香新型助焊剂。

（1）无机类助焊剂

无机类助焊剂的化学作用强，腐蚀性大，焊接性非常好。这类助焊剂包括无机酸和无机盐。其熔点约为 180 ℃，是适用于钎焊的助焊剂。由于具有强烈的腐蚀作用，无机类助焊剂不宜在电子产品装配中使用，只能在特定场合下使用，并且焊后一定要清除残渣。

（2）有机类助焊剂

有机类助焊剂由有机酸、有机类卤化物及各种胺盐树脂类等合成。这类助焊剂由于含有酸值较高的成分，因而具有较好的助焊性能。但具有一定程度的腐蚀性，残渣不易清洗，焊接时有废气污染，限制了它在电子产品装配中的使用。

（3）树脂类助焊剂

树脂类助焊剂在电子产品装配中的应用较广，其主要成分是松香。在加热情况下，松香具有去除焊件表面氧化物的能力，同时焊接后形成的膜层具有覆盖和保护焊点不被氧化腐蚀的作用。由于松脂残渣的非腐蚀性、非导电性、非吸湿性，焊接时没有什么污染，且焊后容易清洗，成本又低，所以树脂类助焊剂被广泛使用。树脂类助焊剂的缺点是酸值低、软化点低（55 ℃左右），且易氧化、易结晶、稳定性差，在高温时很容易脱羧碳化而造成虚焊。

目前出现了一种新型的助焊剂——氢化松香，它是用普通松脂提炼的。氢化松香在常温下不易氧化变色，软化点高，脆性小，酸值稳定，无毒，无特殊气味，残渣易清洗，适用于波峰焊接。

　　另外，还可按焊剂状态分为液态焊剂和干式焊剂两类。干式焊剂加在焊锡丝里面，形成干式焊剂芯或涂刷在印制板上，起助焊和保护焊接面的作用。液态焊剂在施焊过程中滴在焊接部位。

2．对助焊剂的要求

① 常温下必须稳定，熔点低于焊料。在焊接过程中要求焊剂具有较高的活化性、较低的表面张力，受热后能迅速而均匀地流动。
② 不产生有刺激性的气味和有害气体。
③ 不导电，无腐蚀性，残留物无副作用，施焊后的残留物容易清洗。
④ 配制方便，原料易得，成本低廉。

3．使用助焊剂应注意的问题

① 当存放时间过长时，助焊剂的成分会发生变化，活性变坏，影响焊接质量，因而存放时间过长的助焊剂不宜使用。
② 常用的松香助焊剂在超过 60 ℃时，绝缘性能会下降，焊接后的残渣对发热元件有较大的危害，所以要在焊接后清除焊剂残留物。
③ 正确、合理选择助焊剂。在总装时焊件基本上都处于可焊性较好的状态，可选用助焊性能不强、腐蚀性较小、清洁度较好的助焊剂；在元器件加工时，若引线表面的状态不太好，又不便采用最有效的清洗手段，可选用活化性强和清除氧化物能力强的助焊剂；需要干式使用的助焊剂，除要求有一定的助焊性能外，还要考虑焊剂涂刷的工艺性、焊剂膜的固化状态和附着力；浸焊和波峰焊使用的焊剂，除应有较好的助焊性能外，还要考虑到与印制板预涂剂的相溶问题。另外，助焊剂的挥发性要小，浓度要均匀，便于涂敷等。对于焊接后不清洗的焊点，应选用中性无腐蚀性的焊剂，且其吸湿性、防蚀性、绝缘电阻等性能都要好，当然也要有一定的助焊性能。

4．常用助焊剂的配方及主要用途

常用助焊剂的配方及主要用途见表 5-2。

表 5-2　常用助焊剂的配方及主要用途

品　种	配方/g	酸值	浸流面积/mm²	绝缘电阻/Ω	可焊性	适用范围
盐酸二乙胺助焊剂	盐酸二乙胺 4、三乙醇胺 6、特级松香 20、正丁醇 10、无水乙醇 60	47.66	749	1.4×10^{11}	好	整机手工焊，元器件、零部件的焊接
盐酸苯胺助焊剂	盐酸苯胺 4.5、三乙醇胺 2.5、特级松香 23、无水乙醇 70、溴化水杨酸 10	53.4	418	2×10^{9}	中	浸焊及手工焊
HY-3A	溴化水杨酸 9.2、缓蚀剂 0.12、改性丙烯酸 1.3、树脂 A2、X-3 过氯乙烯 9.2、特级松香 18、无水乙醇 61.4	53.76	351	1.2×10^{10}	中	浸焊、波峰焊
201助焊剂	树脂 A20、溴化水杨酸 10、特级松香 20、无水乙醇 50	57.97	681	1.8×10^{10}	好	元器件引线浸锡、波峰焊

品　种	配方/g	酸值	浸流面积 /mm²	绝缘电阻 /Ω	可焊性	适用范围
210-1 助焊剂	溴化水杨酸 7.9、丙稀酸树脂 101 3.5、特级松香 20.5、无水乙醇 60		551		好	印制板储存保护
SD 助焊剂	SD 6.9、溴化水杨酸 3.4、特级松香 12.7、无水乙醇 77	38.49	529	4.5×10^9	好	浸焊、波峰焊
TH-1 预涂助焊剂	改性松香 29、活化剂 0.2、缓蚀剂 0.02、表面活化剂 1、无水乙醇 70	90	90%以上可焊率	1×10^{11}		印制电路板预涂防氧化

5.1.3　阻焊剂

为了满足印制板上越来越高的焊接技术要求，必须提高浸焊、波峰焊的质量。常用的方法是在印制板除焊盘以外的印制线条上全部涂上防焊材料，这种防焊材料称为阻焊剂。

1. 阻焊剂的优点

① 可避免或减少浸焊时桥接、拉尖、虚焊和连条等疵病，使焊点饱满，大大减少印制板的返修量，提高焊接质量，保证产品的可靠性。

② 使用阻焊剂后，除了焊盘外，其余线条均不上锡，可节省大量的焊料；另外，由于受热少、冷却快、降低了印制板的温度，还起到保护元器件和集成电路的作用。

③ 阻焊剂膜本身具有三防性能和一定的硬度，是印制板很好的永久性保护膜，还可以起到防止印制板表面受到机械损伤的作用。

④ 印制板线条印上带有色彩的阻焊剂，使板面显得十分整洁美观。

2. 阻焊剂的分类

阻焊剂的种类很多。一般分为干膜型阻焊剂和印料型阻焊剂。现在广泛使用印料型阻焊剂，这种阻焊剂又可分为热固化和光固化两种。

① 热固化阻焊剂的优点是附着力强，能耐 300 ℃高温；缺点是要在 200 ℃高温下烘烤 2 个小时，印制板易翘曲变形。能源消耗大，生产周期长。

② 光固化阻焊剂（光敏阻焊剂）突出的优点是，在高压汞灯的照射下，只要 2～3 min 就能固化，节约了大量能源，大大提高了生产效率，便于组织自动化生产。另外，其毒性低，减少了环境污染。光固化阻焊剂的不足之处是可溶于酒精，能和印制板上喷涂的助焊剂中的酒精成分相溶而影响印制板的质量。

5.2　焊接的基本知识

焊接是使金属连接的一种方法，在焊接热的作用下，通过焊接材料的原子或分子的相互扩散作用，使两金属间形成一种永久的牢固结合。利用焊接方法进行连接而形成的接点称为焊点。

5.2.1　概述

1．焊接的分类

焊接通常分为熔焊、钎焊和接触焊三大类。

（1）熔焊

熔焊是利用加热被焊件，使其熔化产生合金而焊接在一起的焊接技术。如气焊、电弧焊、超声波焊等。

（2）钎焊

用加热熔化成液态的金属，把固体金属连接在一起的方法称为钎焊。在钎焊中起连接作用的金属材料称为焊料。作为焊料的金属，其熔点一定要低于被焊接的金属材料。钎焊按焊料熔点的不同可分为硬钎焊（焊料熔点高于 450 ℃）和软钎焊（焊料熔点低于 450 ℃）。

（3）接触焊

接触焊是一种不用焊料与焊剂即可获得可靠连接的焊接技术，如点焊、碰焊等。

2．焊接的方法

（1）手工焊接

手工焊接是采用手工操作的传统焊接方法。根据焊接接点的连接方法不同，手工焊接有绕焊、钩焊、搭焊、插焊等不同方式。

（2）机器焊接

根据工艺方法的不同，机器焊接可分为浸焊、波峰焊和再流焊。

（3）无锡焊接

无锡焊接包括绕接和压接等形式。

3．锡焊的特点

采用锡铅焊料进行的焊接称为锡铅焊，简称锡焊。在电子工业生产中，绝大部分使用锡焊。锡焊中的主要成分是锡和铅，另外还含有一定量的熔点比较低的其他金属，如锌、锑、铜、铋、铁、镍等。使用锡铅焊料有以下几个优点。

（1）熔点低

焊接温度过高，除影响电子元器件的性能外，也对操作人员的工作环境提出较高的要求，而锡铅焊料的熔点比较低，这样可以很方便地用电烙铁进行焊接。

（2）抗腐蚀性好

锡铅合金的抗腐蚀性好，可以抵御潮湿度较高的大气腐蚀。这样能保证电子设备（如雷达、通信设备等）在高温、潮湿和烟雾等恶劣条件下可靠地工作。

（3）钎焊性能好

锡铅焊料与铜及其合金能形成合金，接头牢固，并具有足够的机械强度。

（4）凝固快

冷却时焊点上的熔融焊料能迅速固化，有利于焊点的成型，同时也便于焊接的操作。

（5）适用范围广

锡焊属于软焊，焊料的熔化温度在 180～320 ℃之间。除含有大量铬和铝等合金的金属材料不宜采用锡焊外，其他金属材料大都可以采用锡焊焊接。

（6）易实现焊接自动化

焊料熔点低，有利于浸焊、波峰焊和再流焊的实现。

（7）成本低

锡铅焊料比其他焊料的价格低，有利于电子产品成本的降低。

5.2.2　锡焊机理

电子装联常用的锡-铅系列焊料焊接铜等金属时，熔化的焊料在金属表面润湿，作为焊料成分之一的锡金属就会向母材金属中扩散，在界面上形成合金属，即金属间化合物，使两者结合在一起。在结合处形成的合金层，因焊料成分、母材材质、加热温度及表面处理等因素的不同会有变化。可见，焊接本身是一个复杂的系统工程，尽管从宏观上看，焊接过程只不过是熔融焊料与被焊金属（母材）的结合，但其微观机理却是非常复杂的，涉及物理学、化学、金属学、电学、材料力学等相关知识。只有熟悉了解有关焊接的基础理论，才能面对焊接中出现的各种问题，做到心中有数，应付自如。

完整的钎焊机理必须从扩散理论、晶间渗透理论、中间合金理论、润湿合金理论与机械啮合理论几个方面来解释。下面仅介绍最基本的锡焊机理。

1．焊料的润湿与润湿力

电子装联用锡焊是一种软钎焊。钎焊是依靠液态焊料填满母材的间隙并与之形成金属合金的一种过程，意味着固体金属表面被某种熔化合金浸润。在焊接过程中，我们把熔融的焊料在被焊金属表面上形成均匀、平滑、连续并且附着牢固的合金的过程，称为焊料在母材表面的润湿。将由于清洁的熔融焊料与被焊金属之间接触而导致润湿的原子之间相互吸引的力称为润湿力。正是由于合金层的生成，保证了焊点的电气接触性能和良好的附着力，形成了合金后，才能使被焊金属不再恢复到湿润前的那种形状。

在自然界中有很多这样的例子。例如，在清洁的玻璃板上滴一滴水，水滴可在玻璃板上完全铺开，这时可以说水对玻璃板完全润湿；如果滴的是一滴油，则油滴会形成块状，发生有限铺开，此时可以说油滴在玻璃板上能润湿；若滴一滴水银，则水银将形成一个球体在玻璃板上滚动，这时说明水银对玻璃不润湿。焊料对母材的润湿与铺展也是一样的道理，当焊料不加助焊剂在焊盘上熔化时，焊料呈球状在焊盘上滚动，即焊料的内聚力大于焊料对焊盘的附着力，此时焊料不润湿焊盘；当加助焊剂时，焊料将在焊盘上铺开，也就是说此时焊料的内聚力小于焊料对焊盘的附着力，所以焊料才得以在焊盘上润湿和铺展。

由此可见，熔化的焊料要润湿固体金属表面，应具备两个条件，如下所述。

① 液态焊料与母材之间应能互相溶解，即两种原子之间有良好的亲和力。通常，两种不同金属互溶的强度，取决于原子半径及它们在元素周期表中的位置和晶体类型。一般来说，在元素周期表中位置相近、晶格类型相同的则互溶的比例就大。

② 焊料和母材表面必须"清洁"。这是指焊料与母材两者的表面没有氧化层，更不能有污染。母材金属表面氧化物的存在会严重影响液态焊料对基体金属表面的润湿性，这是因为氧化膜的熔点一般都比较高，在焊接温度下为固态，阻碍液态焊料与基体金属表面的直接接触，使液态焊料凝聚成球状，即形成不润湿状态。

2．表面张力与润湿力

液态金属在金属表面上的润湿程度与铺展范围不仅取决于焊料与金属表面的清洁程度，还与液态焊料的表面张力有关。

表面张力是化学中一个基本概念，是指液体表面分子的凝聚力，它使表面分子被吸向液体内部，并呈收缩状（表面积最小的形状）。液体内部的每个分子都处在其他分子的包围之中，被平均的引力所吸引，呈平衡状态。但是，液体表面的分子则不然，其上面是一个异质层，该层的分子密度小，平均承受垂直于液面、方向指向液体内部的引力。其结果是在液体表面形成了一层薄膜，表面面积收缩到最小，呈球状。这是因为体积相同、表面积最小的形状是球体。这种自行收缩的力是表面自由能，这种现象叫做表面张力现象，这种能量叫做表面张力或表面能。表面能是对焊料的润湿起重要作用的一个因素。

在 SMT 生产中，元器件放置在锡膏之上，锡膏熔化的瞬间所形成的表面张力会作用在元器件的端电极上，对片式元件来说，由于元件重量极轻，若焊盘面积大小不一致，焊盘热容量就不一样，则两焊盘上锡膏的熔化时间不一致，锡膏熔化时所产生的表面张力不一样，由于表面张力的不平衡，会导致元件出现"立碑"现象。这是焊料表面张力不均匀、产生焊接缺陷的典型范例。

在焊接过程中，焊料的表面张力是一个不利于焊接的重要因素，但是表面张力是物理特性，只能改变却无法取消。例如，在 SMT 焊接过程中，降低焊料表面张力可以提高焊料的润湿力。以锡铅焊料为例，减小表面张力的方法有：

① 表面张力一般会随着温度的升高而降低；

② 改善焊料合金的成分（如锡铅焊料随铅的含量增加其表面张力降低）；

③ 增加活性剂，可以去除焊料的表面氧化层，并有效地减小焊料的表面张力；

④ 采用不同的保护气体，介质不同，焊料的表面张力不同（SMT 中采用氮气保护从而提高焊接质量的理论依据就在于此）。

3．润湿程度与润湿角

焊料与母材之间的润湿程度通常取决于两者之间的清洁程度，但很难对它进行量化分析。因此在焊接过程中，焊料与母材之间的润湿程度通常又可以用焊料与母材之间的润湿角 θ 的大小来表示。如图 5.1 所示。所谓的润湿角 θ 是指焊料与母材间的界面和焊料熔化后焊料表面切线之间的夹角，有时又称接触角。

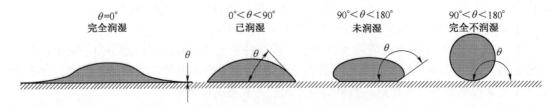

图 5.1　液态焊料在母材表面稳定时的润湿角

接触角 θ 的大小表征了焊料在母材上润湿与铺展能力的强弱。$\theta=0°$ 时，称为完全润湿；$0°<\theta<90°$ 时，称为已润湿；$90°<\theta<180°$ 时，称为不润湿；$\theta=180°$ 时，称为完全不润湿。

　　焊接时，液态焊料对固态母材的润湿是最基本的过程。因此，要获得优质的焊点，就必须保证液态焊料能良好地润湿母材。所以，一般情况下希望接触角要小于 20°（SMT 焊接要求小于30°）。

　　润湿程度也可以通过目测评估。润湿程度的大小，常分为下列几种状态：

　　① 润湿良好：指在焊接面上留有一层均匀、连续、光滑、无裂痕、附着好的焊料，此时润湿角小于 30°。通过切片观察，则在结合面上形成均匀的金属面化合物，并且没有气泡。

　　② 部分润湿：指金属表面的一些地方被焊料润湿，另一些地方不润湿。在润湿区的边缘上，润湿角明显偏大。

　　③ 弱润湿：表面起初被润湿，但过后焊料从部分表面浓缩成液滴。

　　④ 不润湿：焊料在焊料面未能形成有效铺展，甚至在外力作用下，焊料仍可去除。

4．毛细现象

　　在实际生活中有很多这样的例子。例如，将两块平行的玻璃板或直径很细小的洁净管子插入某种液体中，液体在平板之间或在细管内会出现两种现象：一种是液体沿着间隙或细小内径上升到高出液面的一定高度；另一种是液体沿着间隙或细小内径下降到低于液面的一定高度。这两种现象称为毛细作用。毛细作用是液体在狭窄间隙中流动时所表现出来的固有特性。

　　将熔化的清洁的焊料放在清洁的固体金属表面上时，焊料就会在固体金属表面上扩散，直到把固体金属润湿。这种现象是这样产生的：焊料借助于毛细管现象产生的毛细管力，沿着固体金属表面上微小的凸凹面和结晶的间隙向四方扩散。

5．扩散

　　前面对软钎焊中的重要条件——浸润作了叙述，与浸润现象同时产生的，还有焊料对固体金属的扩散现象。由于这种扩散，在固体金属和焊料的边界层，往往形成金属化合物层（合金层）。

　　通常，由于金属原子在晶格点阵中呈热振动状态，所以在温度升高时，它会从一个晶格点阵自由地移动到其他晶格点阵，这个现象称为扩散。此时的移动速度和扩散量取决于温度和时间。例如，把金放在清洁的铅面上，在常温、加压状态下放几天，两者就会结合成一体，其结合就是依靠扩散而形成的。

　　一般的晶内扩散，扩散的金属原子即使很少，也会成为固溶体而进入基体金属中。不能形成固溶体时，可认为只扩散到晶界处。因在常温加工时，靠近晶界处的晶格紊乱，从而极易扩散。固体之间的扩散，一般可认为是在相邻的晶格点阵上交换位置的扩散。除此之外，也可用复杂的空穴学说来解释。当把固体金属投入到熔化金属中搅拌混合时，有时可形成两个液相。一般说来，固体金属和熔化金属之间就要产生扩散。下面，就介绍这些金属间发生的扩散。

　　扩散的程度因焊料的成分和母材金属的种类及不同的加热温度而异，它可分成从简单扩散到复杂扩散几类。大体上说，扩散可分为两类，即自扩散和异种原子间的扩散——化学扩散。所谓自扩散，是指同种金属原子间的原子移动；而化学扩散是指异种原子间的扩散。如从扩散的现象上看，扩散可分为四类：表面扩散、晶界扩散、晶内扩散和选择扩散。

通过扩散而形成的中间层，会使结合部分的物理特性和化学特性发生变化，尤其是机械特性和耐腐蚀性等变化更大。因此，有必要对结合金属与焊料成分的组合进行充分的研究。

（1）表面扩散

结晶组织与空间交界处的原子，总是易于在结晶表面流动。可认为这与金属表面正引力作用有关。因此，熔化焊料的原子沿着被焊金属结晶表面的扩散叫做表面扩散。表面扩散可以看成是金属晶粒形核长大时发生的一种表面现象，也可以认为是金属原子沿着结晶表面移动的现象，是宏观上晶核长大的主要动力。当气态金属原子在固体表面上凝结时，撞到固体表面上的原子就会沿着表面自由扩散，最后附着在结晶晶格的稳定位置上。这种情况下的原子移动，也称为表面扩散。一般认为，这时扩散活动的能量是比较小的。如前如述，表面扩散也分为自扩散和化学扩散两种。

用锡-铅系列焊料焊接铁、铜、银、镍等金属时，锡在其表面有选择地扩散，由于铅使表面张力下降，还会促进扩散。这种扩散也属表面扩散。

（2）晶界扩散

液态金属原子由于具有较高的动能，沿着固体金属内部的晶粒边界，快速向纵深扩展，即晶界扩散。与异种金属原子间的晶内扩散相比，晶界扩散是比较容易发生的。另外，在温度比较低的情况下，同后面说到的晶内扩散相比，晶界扩散容易产生，而且其扩散速度也比较快。

一般来说，晶界扩散的活化能量可比晶内扩散的活化能量小，但是，在高温情况下，活化能量的作用不占主导地位，所以晶界扩散和晶内扩散都能够很容易地产生。然而低温情况下的扩散，活化能量的大小成为主要因素，这时晶界扩散非常显著，而晶内扩散减少，所以看起来只有晶界扩散产生。

用锡-铅焊料焊铜时，锡在铜中既有晶界扩散，又有晶内扩散。另外，越是晶界多的金属，即金属的晶粒越小，越易于结合，机械强度也就越高。由于晶界原子排列紊乱，又有空穴（空穴移动），所以极易溶解熔化的金属，特别是经过机械加工的金属更易结合。然而经过退火的金属，由于出现了再结晶、孪晶，晶粒长大，所以很难扩散（经退火处理的不锈钢难以焊接就是这个道理）。为了易于焊接起见，加工后的母材的晶粒越小越好。

（3）晶内扩散

熔化的焊料扩散到晶粒中的过程叫做晶内扩散或体扩散。由于晶界之间的能量起伏，因此这个扩散阶段，可形成不同成分的合金。在某些情况下，晶格变化会引起晶粒自身分开。对于体扩散，如焊料的扩散超过母材允许的固溶度，就会产生像铜和锡共存的那种晶格变化，使晶粒分开，形成新晶粒。这种扩散是在铜及黄铜等金属被加热到较高温度时发生的。

（4）选择扩散

用两种以上的金属元素组成的焊料焊接时，其中某一种金属元素先扩散，或者只有某一种金属元素扩散，其他金属元素根本不扩散，这种扩散叫做选择扩散。前面所说的扩散，都是以熔化金属向母材中的扩散现象作为分类依据的。这里所讲的扩散，是指熔化金属自身的扩散方式。

当用锡-铅焊料焊接某金属时，焊料成分中的锡向固体金属中扩散，而铅不扩散，这就是选择扩散。因此在合金层靠焊料的一侧，在显微镜下观察金相，可看到一层薄薄的黑色带状，这就是富铅层。钎焊紫铜和黄铜时也同样有这种扩散。

5.2.3　锡焊焊点的形成过程和条件

1. 焊点的形成过程

以常用的锡焊为例，焊接过程可分为三个变化阶段：熔融焊料在被焊金属表面的润湿阶段；熔融焊料在被焊金属表面的扩散阶段；接触面上产生合金层的阶段。

（1）润湿阶段

"润湿"指的是熔融焊料在金属表面上充分铺开，和被焊件的表面分子充分接触，所以被焊件的表面一定要保持清洁。

（2）扩散阶段

焊接中，随着熔融焊料的润湿过程还伴有扩散现象，即熔融焊料的分子渗入到被焊金属的分子结构中。扩散速度和扩散量取决于焊接温度和焊接时间。

（3）形成合金层

焊接中，随着焊料的润湿和扩散，熔融焊料和被焊金属表面上形成合金层。焊接后，焊料开始冷却，就形成了焊点。

以印制电路板上的焊点为例，焊点的结构分为母材、合金层、焊料层和表面层四个部分，如图 5.2 所示。

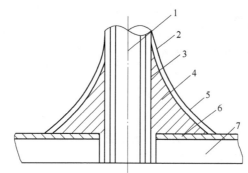

1-母材　2-镀层　3-合金层　4-焊料层　5-表面层　6-铜箔　7-基板

图 5.2　焊点的结构示意图

母材指的是被焊的金属，就是元器件引线材料及印制电路板的铜箔；合金层指的是母材与焊料之间形成的金属化合物层；焊料层就是锡铅焊料；表面层取决于工艺条件，不同的工艺条件有不同的表面层，如焊剂层、氧化层或涂敷层等。

2. 焊点形成的必要条件

（1）被焊金属材料应具有良好的可焊性

被焊金属材料应具有良好的可焊性，即被焊接金属与焊料在适当的温度和助焊剂的作用下，能形成良好的结合。在导电性能良好和易于焊接的金属材料中，铜的应用最为广泛。

（2）被焊金属材料表面应清洁

熔融焊料要有良好的润湿金属表面，其中的重要条件之一就是被焊金属表面要保持清洁，这样可以使焊锡和被焊金属结合充分，形成合金层。

（3）助焊剂的使用要适当

助焊剂在加热熔化时可溶解被焊金属表面的金属氧化物及污垢，使焊接表面清洁，从而使被焊金属和焊锡能够牢固地结合。

（4）焊料的成分和性能应适应焊接要求

焊料的成分和性能应与被焊接金属材料的可焊性、焊接温度、焊接时间、焊点的机械强度相适应，以达到易焊和牢固的目的。另外，还应注意焊料中所含的杂质对焊接的不良影响。

（5）焊接要有适当的温度

被焊件和焊料金属加热到焊接温度，才能使熔化的焊料在被焊金属表面湿润扩散并形成金属化合物，保证焊点的牢固。

（6）要有适当的焊接时间

焊接时间过长会损坏焊接部位或元器件，时间过短则达不到焊接要求。

5.3　手工焊接

手工焊接是焊接技术的基础，也是电子产品装配中的一项基本操作技能。手工焊接适用于小批量生产的小型化产品、一般结构的电子整机产品、具有特殊要求的高可靠产品、某些不便于机器焊接的场合，以及调试和维修过程中修复焊点和更换元器件等。前面已经介绍了焊接材料和焊接工具，下面主要介绍手工焊接的操作方法和注意事项。

5.3.1　手工焊接方法

手工焊接方法有五步法和三步法两种。

1.　五步法

（1）准备

将被焊件、电烙铁、烙铁架等准备好，并放置在便于操作的地方，使电烙铁处于随时可焊接的状态，如图 5.3（a）所示。

（2）加热被焊件

将烙铁头放置在被焊工件的表面加热，使焊点升温，如图 5.3（b）所示。

（3）熔化焊料

将焊接点加热到一定温度后，用焊锡丝触到焊接件处，熔化适量的焊料，如图 5.3（c）所示。

（4）移开焊料

当焊料适量熔化后，迅速移开焊料，如图 5.3（d）所示。

（5）移开烙铁

当焊接点上的焊料充分润湿工件表面且助焊剂尚未完全挥发时，迅速移开烙铁头，如图 5.3（e）所示。移开烙铁头的时间、方向和速度决定着焊点的质量。通常情况下，烙铁头沿水平成 45°方向向上移开。

五步法一般适用于热容量大的焊件，对于热容量小的焊件，一般采用三步法。

2.　三步法

（1）准备

右手拿电烙铁，烙铁头上应熔化少量的焊锡，左手拿焊料，烙铁头和焊料同时移向焊接点，处于随时可焊接状态，如图 5.4（a）所示。

（2）同时加热被焊件和焊料

在焊接点的两侧，同时放上烙铁头和焊料。加热焊接部位并熔化适量焊料，形成合金，如图 5.4（b）所示。

（3）撤离

当焊料的扩散范围达到要求后，迅速移开烙铁头和焊料，如图 5.4（c）所示。焊料的撤离应略早于烙铁头。

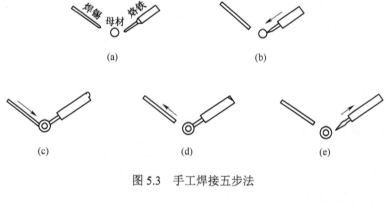

图 5.3 手工焊接五步法

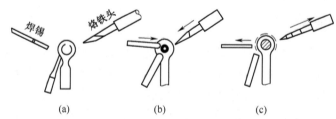

图 5.4 手工焊接三步法

5.3.2 手工焊接技巧

1．保持烙铁头的清洁

因为焊接时烙铁头长期处于高温状态，其表面很容易氧化，使烙铁头导热性能变差而影响焊接质量。因此，可用湿布或海绵擦除烙铁头上的杂质，随时使烙铁头上挂锡。

2．采用正确的加热方法

要靠增加接触面积加快传热，而不能用烙铁头对焊件加力，这样不但会加速烙铁头的损耗，而且更严重的是对元器件造成损害或不易察觉的隐患。正确的办法是应该根据焊件的形状选用不同的烙铁头或自己修整烙铁头，使烙铁头与焊接工件形成接触面而不是点或线，这样可大大提高效率。

还要注意，加热时应让焊件上需要焊锡浸润的部分均匀受热，而不是仅加热焊件的一部分。如图 5.5 所示。

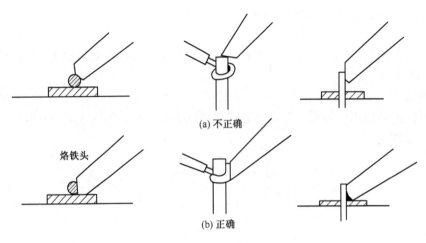

图 5.5 加热方法

3．烙铁头的温度要适当

若烙铁头的温度过高，熔化焊锡时焊锡中的焊剂会迅速挥发，并产生大量烟气，其颜色很快变黑，不利于焊接；若烙铁头的温度过低，则焊锡不易熔化，会影响焊接质量。一般，烙铁头应控制在使焊剂熔化较快又不冒烟时的温度。

4．焊接时间要适当

焊接的整个过程是从加热被焊部位到焊锡熔化并形成焊点，一般在几秒钟之内完成。如果是印制电路板的焊接，一般以 2～3 s 为宜。焊接时间过长，焊料中的焊剂完全挥发，失去助焊作用，使焊点表面氧化，造成焊点表面粗糙、发黑、不光亮等缺陷。同时焊接时间过长，温度过高还容易烫坏元器件或印制板表面的铜箔。若焊接时间过短，又达不到焊接温度，焊锡不能充分熔化，影响焊剂的润湿，易造成虚、假焊。

5．焊料、焊剂要适当

手工焊接使用的焊料一般是焊锡丝，因其本身带有一定量的焊剂，焊接时已足够使用，故不必再使用其他焊剂。焊接时还应注意焊锡的使用量，不能太多也不能太少。焊锡使用太多，焊点太大，影响美观，焊接可靠性变差，而且多余的焊锡会流入元器件管脚的底部，可能造成管脚之间的短路或降低管脚之间的绝缘；焊锡使用过少，易使焊点的机械强度降低，焊点不牢固。

6．焊点凝固过程中不要触动焊点

焊点形成并撤离烙铁头以后，焊点上的焊料尚未完全凝固，此时即使有微小的振动也会使焊点变形，引起虚焊。因此在焊点凝固过程中不要触动焊接点上的被焊元器件或导线。

7．注意烙铁头的撤离

烙铁头的撤离要及时，而且撤离时的角度和方向对焊点的形成有一定的关系。如图 5.6 所示，为烙铁头不同的撤离方向对焊料量的影响。

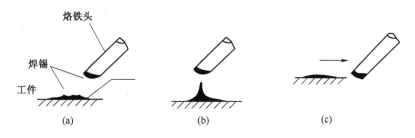

图 5.6　烙铁撤离方向对焊料量的影响

如图 5.6（a）所示，当烙铁头沿斜上方撤离时，烙铁头只带走少量焊料，可形成圆滑的焊点；如图 5.6（b）所示，当烙铁头垂直向上撤离时，可形成拉尖的焊点；如图 5.6（c）所示，当烙铁头以水平方向撤离时，烙铁头可带走大部分焊料。可见，掌握烙铁头的撤离方向，能控制焊料量和焊点的大小，从而使焊点、焊料量符合要求。

5.3.3　拆焊

在焊接过程中，有时会误将一些导线、元器件等焊接在不应该焊接的接点上；在调试、例行试验、检验，尤其是产品维修过程中，常需要更换一些元器件和导线，所以需要拆除原焊点。拆焊中最容易造成元器件、导线和焊点的损坏，还容易引起焊盘及印制导线的剥落等，造成整个印制电路板的报废。因此掌握正确的拆焊方法显得尤为重要。

对于一般的电阻、电容、晶体管等管脚不多的元器件，可以用电烙铁直接进行分点拆焊。如图 5.7 所示，将印制板竖起来夹住，一边用电烙铁加热待拆元器件的焊点，一边用镊子或尖嘴钳夹住元器件的引线，轻轻地将其一边拉出来。需要注意的是，这种方法不宜在一个焊点上多次使用，因为印制导线和焊盘经过反复加热以后很容易脱落，造成印制板的损坏。

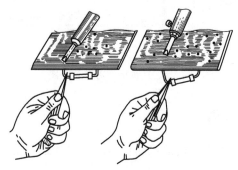

图 5.7　分点拆焊示意图

当需要拆下有多个焊点（如多个引脚的集成电路或中周等）的元器件时，采用上述方法就不合适了。这种情况下一般可采用以下几种方法。

（1）采用专用工具

采用如图 5.8（a）所示的专用烙铁头等专用工具，可将所有焊点同时加热熔化后取出元器件。这种方法速度快，但需要制作专用工具，并要使用较大功率的烙铁；同时，拆焊后焊盘中的安装孔容易堵死，重新焊接时还必须清理；对于不同的元器件，需要不同种类的专用工具，有时并不是很方便。

（2）用铜编织线进行拆焊

将铜编织线的一部分蘸上松香焊剂，然后放在将要拆焊的焊点上，再将电烙铁放在铜编织线上加热焊点，待焊点上的焊料熔化后，就被铜编织线吸去。例如，焊点上的焊料一次没有被吸完，则可进行第二次、第三次，直至吸完为止。当铜编织线吸满焊料后，就不能再使用，需要将吸满焊料的部分剪去，如图 5.8（b）所示。

（3）采用吸锡器进行拆焊

将被焊的焊点加热，使焊料熔化，然后把吸锡器的气囊挤瘪，将吸嘴对准熔化的焊料，然后放松气囊，焊料就被吸入吸锡器内，如图 5.8（c）所示。

（4）用热风枪进行拆焊

热风枪可同时对所有焊点进行加热，待焊点熔化后可取出元器件。对于表面安装元件，用热风枪拆焊的效果最好。用热风枪拆焊的优点是拆焊速度快、使用方便、不易损伤元器件和印制电路板上的铜箔。如图 5.8（d）所示。

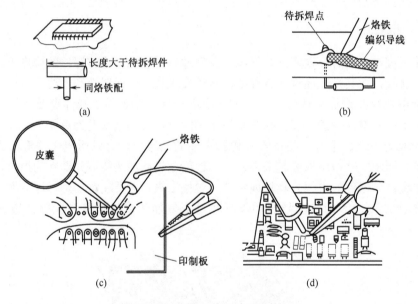

图 5.8　几种拆焊方法示意图

5.3.4　焊点质量及检查

对焊点质量的检查，可采用专门的检测仪器或从外观来判断，本节主要介绍从外观检查焊点质量的方法。

1．外观检查

（1）颜色和光亮

焊点表面应有特殊的光泽和颜色，如果发灰、发白、表面不平（或呈渣状）和有针孔，就说明焊接质量不好。

（2）润湿角度（θ）

常用焊锡和焊件的接触角度（即润湿角度 θ）既能直观又方面地反应焊点的优劣。良好焊接的 θ 角为 20° 左右。90° 为界限，如果超过 90° 则称为润湿不足，就可能产生虚、假焊，说明焊接质量不好。

（3）焊锡量

焊点的焊锡量应当适量，即焊点以中心为界，左右形状相似，隐约可见芯线轮廓，焊点的下部连线轮廓应为半弓形。并非焊锡越多焊点的强度越大，如果焊锡堆积越多，有可能掩盖焊点内部焊接不良的现象；若焊锡过少，在低温环境下容易变脆而脱焊，同样焊接质量也不好。

除了可以用目测检查焊点是否合乎上述标准外，还应检查焊点是否有以下焊接缺陷：漏焊、焊料拉尖、焊料引起的导线间短路（即桥连）、导线及元器件绝缘层的损伤、焊料的飞溅等。除目测外还要用手指触、镊子拨动、拉线等方法，检查有无导线断线、焊盘剥离等缺陷。

如图 5.9 所示，是两种典型的良好焊点的外观，其外形以焊接导线为中心，均匀、成裙形拉开；焊料的连接呈半弓形凹面，焊料与焊件交界面处平滑，润湿角较小；表面有光泽且平滑，无裂纹、针孔、夹渣。装配焊接经过检验合格后应打上合格标记，常用的焊接检验标记有检验漆、检验章和合格证。

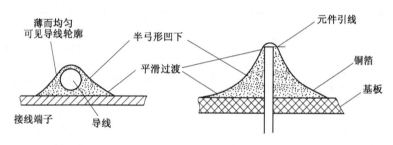

图 5.9 两种典型焊点的外观

2. 常见的焊点缺陷及分析

造成焊点缺陷的原因有很多，常见的焊点缺陷及分析见表 5-3。

表 5-3 常见焊接缺陷及分析

焊点缺陷	外观特点	危害	原因分析
虚焊	焊锡与元器件引线或与铜箔之间有明显黑色界线，焊锡向界线凹陷	不能正常工作	元器件引线未清洁好，未镀好锡或被氧化；印制板未清洁好，喷涂的助焊剂质量不好
焊料堆积	焊点结构松散，白色、无光泽	机械强度不足，可能虚焊	焊料质量不好焊接温度不够焊锡未凝固时，元器件引线松动
焊料过多	焊料面呈凸形	浪费焊料，且可能包藏缺陷	焊料撤离过迟
焊料过少	焊接面积小于焊盘的80%，焊料未形成平滑的过渡面	机械强度不足	焊锡流动性差或焊丝撤离过早助焊剂不足焊接时间太短

焊点缺陷	外观特点	危　害	原因分析
松香焊	焊缝中还将夹有松香渣	强度不足，导通不良，有可能时通时断	焊剂过多或已失效 焊接时间不足，加热不足 表面氧化膜未去除
过热	焊点发白，无金属光泽，表面较粗糙	焊盘容易剥落，强度降低	烙铁功率过大，加热时间过长
冷焊	表面呈豆腐渣状颗粒，有时可能有裂纹	强度低，导电性不好	焊料未凝固前焊料抖动
浸润不良	焊料与焊件交界面接触过大，不平滑	强度低，不通或时通时断	焊件清理不干净 助焊剂不足或质量差 焊件未充分加热
不对称	焊锡未流满焊盘	强度不足	焊料流动性差 助焊剂不足或质量差 加热不足
松动	导线或元器件引线可移动	导通不良或不导通	焊锡未凝固前引线移动造成空隙 引线未处理好（浸润差或不浸润）
拉尖	出现尖端	外观不佳，容易造成桥接现象	助焊剂少，而加热时间过长 烙铁撤离角度不当
桥接	相邻导线连接	电气短路	焊锡过多 烙铁撤离角度不当
针孔	目测或低倍放大镜可见有孔	强度不足，焊点容易腐蚀	引线与焊盘孔的间隙过大
气泡	引线根部有喷火式焊料隆起，内部藏有空洞	暂时导通，但长时间容易引起导通不良	引线与焊盘孔间隙大 引线浸润性不良 双面板堵通孔焊接时间长，孔内空气膨胀
铜箔翘起	铜箔从印制板上剥离	印制板已被损坏	焊接时间太长，温度过高
剥离	焊点从铜箔上剥落（不是铜箔与印制板剥离）	断路	焊盘上金属镀层不良

5.3.5　SMT 元器件的手工焊接

现在越来越多的电路板采用表面贴装元件，表面贴装元件的不方便之处是不便于手工焊接，而适合于机器自动焊接。但有些场合仍会使用手工方式焊接，为此，下面以常见的PQFP 封装芯片为例，介绍表面贴装元件的手工焊接方法。

1．所需的工具和材料

需要有 25 W 的铜头小烙铁，有条件的可使用温度可调和带 ESD 保护的焊台，注意烙铁尖要细，顶部的宽度不能大于 1 mm；一把尖头镊子可以用来移动和固定芯片及检查电路；还要准备细焊丝和助焊剂、异丙基酒精等。使用助焊剂的目的主要是增加焊锡的流动性，这样焊锡可以用烙铁牵引，并依靠表面张力的作用光滑地包裹在引脚和焊盘上。在焊接后用酒精清除板上的焊剂。

2．焊接方法

① 在焊接之前先在焊盘上涂上助焊剂，用烙铁处理一遍，以免焊盘镀锡不良或被氧化，造成焊接困难。芯片一般不需处理。

② 用镊子小心地将 PQFP 芯片放到 PCB 板上，注意不要损坏引脚。使其与焊盘对齐，要保证芯片的放置方向正确。把烙铁的温度调到 300 多摄氏度，将烙铁头尖沾上少量的焊锡，用工具向下按住已对准位置的芯片，在两个对角位置的引脚上加少量的焊剂，仍然向下按住芯片，焊接两个对角位置上的引脚，使芯片固定而不能移动。在焊完对角后重新检查芯片的位置是否对准。如有必要可进行调整或拆除并重新在 PCB 板上对准位置。

③ 开始焊接所有的引脚时，应在烙铁尖上加上焊锡，将所有的引脚涂上焊剂使引脚保持湿润。用烙铁尖接触芯片每个引脚的末端，直到看见焊锡流入引脚。在焊接时要保持烙铁尖与被焊引脚并行，防止因焊锡过量发生搭接。

④ 焊完所有的引脚后，用焊剂浸湿所有引脚以便清洗焊锡。在需要的地方吸掉多余的焊锡，以消除任何短路和搭接。最后用镊子检查是否有虚焊，检查完成后，从电路板上清除焊剂，将硬毛刷浸上酒精沿引脚方向仔细擦拭，直到焊剂消失为止。

⑤ 贴片阻容元件则相对容易焊一些，可以先在一个焊点上点上锡，然后放上元件的一头，用镊子夹住元件，焊上一头之后，再看看是否放正了；如果已放正，就再焊上另外一头。要真正掌握焊接技巧需要大量的实践。

5.4 电子工业自动化焊接技术

手工焊接只适用于小批量生产和维修加工，而对生产批量大、质量要求高的电子产品就需要自动化的焊接系统。这里主要介绍电子工业生产中使用的几种焊接技术。

5.4.1 浸焊

浸焊是将插装好元器件的印制电路板浸入有熔融状态焊料的锡锅内，一次完成印制板上所有焊点的焊接。浸焊比手工焊接生产效率高，操作简单，适用于批量生产，但浸焊的焊接质量不如手工焊接和波峰焊，补焊率较高。手工浸焊的具体操作过程如下所述。

1．锡锅加热

浸焊前应先将装有焊料的锡锅加热，焊接温度控制在 240～260 ℃为宜，若温度过高，会造成印制板变形、元器件损坏；若温度过低，焊料的流动性变差，会影响焊接质量。

2. 涂敷焊剂

在需要焊接的焊盘上涂一层助焊剂，一般是在松香酒精溶液中浸一下。

3. 浸焊

用夹具夹住印制板的边缘，浸入锡锅时让印制板与锡锅内的锡液面成 30°～45° 的倾角，然后将印制板与锡液保持平行浸入锡锅内，浸入的深度以印制板厚度的 50%～70% 为宜，浸焊时间约 3～5 s，浸焊完成后仍按原浸入的角度缓慢取出，如图 5.10 所示。

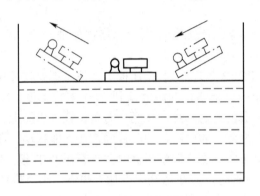

图 5.10　浸焊示意图

4. 冷却

刚焊接完成的印制板上有大量的余热未散，如不及时冷却可能会损坏印制板上的元器件，所以一旦浸焊完毕应立即对印制板进行冷却。

5. 检查焊接质量

焊接后可能出现一些焊接缺陷，常见的焊接缺陷有漏焊、虚焊、假焊、桥连、拉尖等。

6. 修补

浸焊后如果只有少数焊点有缺陷，可用电烙铁进行手工修补。若有缺陷的焊点较多，可重新浸焊一次。但印制板只能浸焊两次，若浸焊次数过多，印制板铜箔的粘接强度就会急剧下降，或使印制板翘曲、变形、元器件性能变坏。

5.4.2　波峰焊

波峰焊是采用波峰焊机一次完成印制板上全部焊点的焊接。波峰焊机由传送装置、预热器、锡波喷嘴、锡缸、冷却风扇等组成。波峰焊一般分为单波峰焊接和双波峰焊接两种。焊料向一个方向流动且与印制线路板移动方向相反的称为单波峰焊接，如图 5.11（a）所示；焊料向两个方向流动的称双波峰焊接，如图 5.11（b）所示。

波峰焊接的工作流程如图 5.12 所示。将从插件台送来的已经装有元器件的印制电路板夹具送到接口自动控制器上，然后由自动控制器将印制电路板送入装置内，对印制电路板喷涂助焊剂。喷涂完毕后，再送入预热器，对印制电路板进行预热，预热的温度为 60～80 ℃

左右，然后送到波峰焊料槽里进行焊接，温度为 240～245 ℃，并且要求锡峰高于铜箔面
1.5～2 mm，焊接时间为 3 s 左右。将焊好的印制电路板进行强风冷却，冷却后的印制电路板
再送入切头机进行元器件引线脚的切除。切除引线脚后，再送入清除器用毛刷对残脚进行清
除，最后由自动卸板机把印制电路板送往硬件装配线。焊点以外不需要焊接的部分，可涂阻
焊剂，或用特制的阻焊板套在印制电路板上。

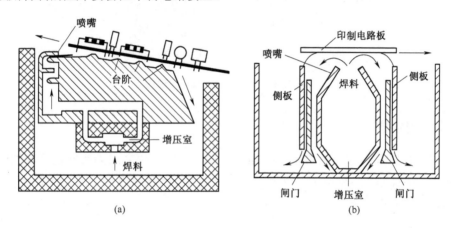

图 5.11　单波峰和双波峰示意图

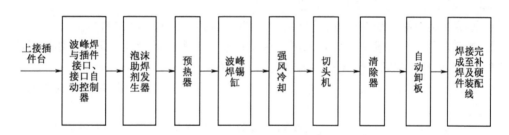

图 5.12　波峰焊工作流程

　　波峰焊焊接片式元件（SMD）时比较容易，但焊接四边都有电极或引线的器件时就显
得困难了。因此，当把传统的波峰焊接用于贴片器件（SMT）时，就出现了比较严重的焊
接质量问题，如出现漏焊、桥连和焊缝不充实等焊接缺陷。因此，焊接贴片元器件
（SMD、SMT）时常采用改进后的双波峰焊。

　　改进后的双波峰焊接如图 5.13 所示。在波峰焊接时，印制线路板（PCB）先接触第一
个波峰，然后接触第二个波峰。第一个波峰是由窄的喷嘴喷流出的"湍流"波峰，流速快，
向上的喷射力给贴片元器件以较大的垂直压力，使焊剂气体排出，从而大大减少了漏焊、桥
连和焊缝不充实等焊接缺陷，提高了焊接质量。但是，由于这种湍流波的波速太快，并且
PCB 离开波峰时湍流焊料离开 PCB 的角度，使元器件两端子上留下过量的焊料。所以，
PCB 板还要经过第二个"平滑"的波峰，其流速慢，提供了焊料流速为零的出口区，有利
于形成充实的焊缝，同时有效地去除了引线上过量的焊料，并使所有焊接面的焊料润湿良
好，修正了焊接面，消除了可能的拉尖和桥连，获得了充实无缺陷的焊缝，最终确保贴片元
器件的焊接质量。

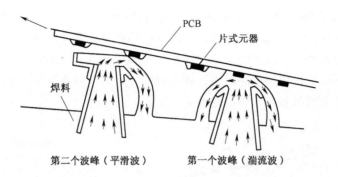

第二个波峰（平滑波）　　　　第一个波峰（湍流波）

图 5.13　改进后双波峰焊原理图

5.4.3　再流焊

再流焊是指将焊料加工成粉末，并加上液态黏合剂，使之成为有一定流动性的糊状焊膏，用来将元器件粘在印制板上，并通过加热使焊膏中的焊料熔化而再次流动，将元器件焊接到印制板上的焊接技术。

1．再流焊技术的特点

与波峰焊相比，再流焊具有以下优点：

① 不需要将电路板浸在熔融的焊料中，所以元器件受到的热冲击力小；

② 当元器件贴放位置有一定偏移时，由于熔融焊料表面张力的作用，只要焊料施放位置正确就能自动校正偏离，使元器件固定在正确位置上；

③ 仅在需要的部位施放焊料并能控制焊料的施放量，避免了桥连等焊接缺陷的产生，也节省了焊料；

④ 可以采用局部加热热源，从而在同一基板上采用不同的焊接工艺进行焊接；

⑤ 焊料中一般不会混入杂质，使用焊膏时能正确保持焊料的组成。

2．几种再流焊技术的比较

按照加热方法的不同，再流焊技术可分为红外线再流焊、气相再流焊、热风炉再流焊、热板加热再流焊、激光再流焊、红外光束再流焊等类型。每一种方法各有其优缺点（见表 5-4 所示），在表面安装中应根据实际情况合理选择使用。

表 5-4　几种再流焊技术的比较

加热方法	原　　理	特　　征	缺　　点
红外线	吸收红外线热辐射加热	连续，同时成组焊接；加热效果好	材料不同，热吸收不同（温度控制困难）
气化潜热	利用不活性溶剂的蒸汽凝聚时放出的气体潜热加热	加热均匀，温升快，温度控制准确，同时成组焊接	设备维护费用高，容易出现元件直立和芯吸现象
热风循环	高温加热的空气在炉内循环加热	加热均匀，温度控制容易	强风使元件有移位的危险
激光	利用激光的热能加热	集光性好，适于高精度焊接，非接触加热，用光纤维传送	激光在焊接面上反射率大，设备昂贵

加热方法	原　　理	特　　征	缺　　点
红外光束	集中红外光束，形成高温光点	非接触加热；可用点光源或线光源	灯的寿命短
热板	利用热板的热传导加热	由于基板的热传导可缓解急剧的热冲击	受基板的热传导性影响，不适合大型基板、大元器件
加热工具（热棒）	接触各种形状的加热工具，利用热传导，进行加热	工具形状自由变化；可持续加热或脉冲加热；对气体元器件的热影响小；热的集中性好	工具加压会引起元器件位置的偏离，温度均匀性差，工具粘锡
热空气	利用热空气喷嘴喷出的热风加热	低成本，喷嘴形状可自由选择或组合喷嘴	热风焊接，易引起焊料飞散，热风会流向气体元器件

5.5　本章小结

　　焊接通常分为熔焊、钎焊和接触焊三种。钎焊按焊料熔点的不同分为硬焊和软焊。焊接方法主要有手工焊接、机器焊接和无锡焊接。常用焊接材料有焊料、阻焊剂、助焊剂等。

　　锡焊具有焊料熔点低、焊接方法简便、适用范围广、成本低、易实现焊接自动化等优点，在电子产品装配的连接技术中占主导地位。为保证焊接质量，焊接时要注意烙铁头的清洁、正确的加热方法、焊接的温度、焊料的适量、烙铁的撤离时间等。拆焊时应避免造成元器件和印制线路板的损坏，一般可用专用工具、铜编织线、吸锡器和热风枪进行吸锡。

　　手工焊接按焊接前接点的连接方式不同可分为绕焊、钩焊、搭焊和插焊。手工焊接有三步法和五步法。三步法的步骤是：焊接准备阶段→加热被焊件和焊料→撤离烙铁和焊料；五步法的步骤是：焊接准备阶段→加热被焊件→熔化焊料→撤离焊料→撤离烙铁。

　　根据工艺方法不同，机器焊接可分为浸焊、波峰焊和再流焊。浸焊操作简单，适用于小批量生产，但补焊率较高；波峰焊适用于大批量生产，由于焊料和印制板的接触时间比浸焊短，对元器件和印制线路板的影响较小，所以焊点质量较高；改进后的波峰焊和再流焊主要用于焊接片式元器件，再流焊具备很多优点，在现代电子工业焊接中得到越来越广泛的应用。

5.6　思考与习题 5

　　5.1　焊接的类型有哪些？锡焊有什么优点？焊接材料分为哪几种？常用的焊锡分为几类？助焊剂、阻焊剂在焊接装配过程中起何作用？

　　5.2　对焊接的基本要求是什么？

　　5.3　手工焊接应注意哪些问题？

　　5.4　什么叫五步法和三步法？

　　5.5　简述浸焊的工艺流程。

　　5.6　简述波峰焊的工艺流程。

　　5.7　什么是再流焊？再流焊的焊接方法有几种？各有什么优缺点？

第6章 整机装配工艺

电子产品的质量和价格决定着产品在市场上的竞争能力，也关系到企业的生存和发展。因此，生产出性能好、质量优、价格低的产品已成为企业追求的目标。电子整机装配工艺就是要以优质、高产、低耗为宗旨，用较合理的结构安排和最简化的工艺，实现整机的技术指标，快速有效地制造出稳定可靠的产品。本章将介绍电子整机装配的工艺过程。

6.1 整机装配工艺概述

电子整机装配是指按照设计要求，将各种元器件、零部件、整件装接到规定的位置上，组成具有一定功能的完整电子产品的过程。电子整机装配工艺包括机械装配工艺和电气装配工艺（电气装配主要指焊接和连线的接插），它是生产过程中一个极其重要的环节。优良的装配工艺既是生产高质量产品的前提，也是用最合理、最经济的方法实现产品性能指标的条件。

6.1.1 整机装配的内容与特点

1. 内容

电子产品整机装配的主要内容包括：产品单元的划分，元器件的布局，元器件、线扎、零部件的加工处理，各种元器件的安装、焊接，零部件、组合件的装配及整机总装等。

2. 特点

电子产品的整机装配具有以下特点。

（1）在电气上是以印制电路板为支撑主体的电子元器件的电路焊接；在结构上是以组成整机的钣金件和塑件，通过零件紧固或其他方法进行由内到外的按顺序安装。

（2）装配工作通常是机械性的重复工作，它由多种基本技术组成。例如，元器件的筛选与引线成型技术、导线与线扎的加工处理技术、安装技术、焊接技术、检验技术等。

（3）装配工作人员必须具备一定的知识、技术水平和素质，要求能识别元器件、熟悉工具的使用、掌握操作技能及质量要求，并经过培训方能上岗。

（4）装配质量的检验一般只能用直观判断法，难以用仪器、仪表进行定量分析。例如，焊接质量通常用目测来判断好坏，控制旋钮的装配质量常用手感的轻重来鉴定。

3. 方法

电子整机的装配，应根据其工作原理、结构特征而采取相应的组装方法。从组装原理上通常可将电子整机的组装分为下列三种方法。

（1）功能法

功能法是将电子产品中具有某一功能的部分放在一个完整的结构部件内。这种方法使部件在功能上和结构上都是完整的，便于生产和维修。但不同的功能部件有不同的结构外型、体积和尺寸，难以做出统一的规定，因而这种方法将降低整个设备的组装密度。

（2）组件法

组件法制造的产品部件具有统一的外型尺寸和安装尺寸，因而比较规范。它是为统一电气安装工作及提高安装密度而建立起来的。根据实际需要可分为平面组件法和分层组件法。组件法使功能和结构具有某些余量。

（3）功能组件法

功能组件法兼顾功能法和组件法的特点，制造出的部件既具有功能完整性又具有规范化的结构尺寸。微型电路的发展，对组装密度及功能、结构余量提出了更高的要求，因而微型电路的结构设计，应同时遵循功能原理和组件原理。

6.1.2 整机装配的基本要求

整机装配的基本工艺要求是指安装时操作应遵循的基本要求。设计文件、工艺规程对此都有明确规定，以下是常规的基本要求。

① 电子整机装配的原则一般是从里到外，从上到下，从小到大，从轻到重，前道工序应不影响后道工序，后道工序不改变前道工序。

② 整机装配质量与各组成部分装配件的装配质量密切关联，提交装配的所有元器件、材料和零部件均应经检验合格后方可安装。安装前要检查其外观、表面有无伤痕，涂敷有无损坏。

③ 操作者要认真阅读相关安装工艺文件和设计文件，严格遵守工艺规程。完成装配后的整机应符合图纸和工艺文件的要求，并保证实物与装配图一致。

④ 装配时应确定好零部件的位置、方向、极性，不要装错。安装的元器件、零件、部件应端正牢固。

⑤ 操作时不能损伤元器件，不能破坏机壳、机箱与零件的涂敷层，应保持表面光洁（注意保护产品外观）。机械零部件在安装过程中不允许产生裂纹、凹陷、压伤和可能影响产品性能的其他损伤；安装中的机械活动部分，如控制器、开关等必须使其动作平滑、自如，不能有阻滞现象。

⑥ 安装过程中要注意元器件、零部件的安全要求，如安装带有 CMOS 集成块和场效应管的零部件时，操作人员要戴防静电手腕，以防元器件被静电击穿。

⑦ 安装过程中应随时注意清理紧固件、焊锡渣、导线头及元器件、工具等，不能让焊锡、线头、螺钉、垫圈等导电物掉落在机内。

⑧ 导线或线扎的放置要稳固和安全，并注意整齐、美观。电源线或高压线一定要连接可靠，不可受力。装配时要防止损伤导线绝缘层，以防造成短路或漏电现象。

⑨ 操作者应熟练掌握操作技能，保证质量，严格执行自检、互检与专职检验的"三检"制度。

6.1.3　整机装配工艺过程

1. 整机装配的工艺过程

整机装配的工艺过程就是以设计文件为依据，按照工艺文件的工艺规程和具体要求，把元器件和零部件装联在印制电路板、机壳、面板等指定位置上，构成完整电子产品的过程。它一般可分为装配准备、部件装配和整件装配三个阶段。根据产品的复杂程度、技术要求、职工技能等情况的不同，整机装配的工艺也各不相同。对于大批量生产的中小型电子产品，通常都在流水线上进行，其整机装配工艺过程如图 6.1 所示。

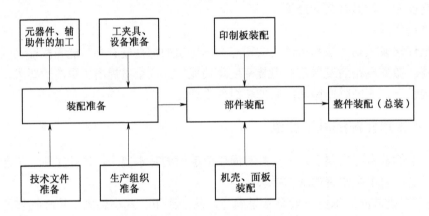

图 6.1　整机装配工艺过程

2. 整机生产方式

电子产品的整机一般是在流水线上通过流水作业的方式完成的。流水线是按产品原则组织生产的，把一部整机的装接调试工作按装调的先后次序划分成若干简单的操作，每一个操作工人在指定工位上完成指定作业的生产组织形式。机械化自动流水线通常由传送机构、控制机构和必要的工艺装置组成。其传送方式有直线式和圆环式。

为提高生产效率，确保流水线连续均衡地移动，应合理编制工艺流程，使每道工序的操作时间（称节拍）相等。按流水节拍的形式，可将流水线分为自由节拍形式和强制节拍形式两种。所谓自由节拍形式是由操作者控制流水线的节拍，即操作者按规定要求完成装调任务后，将工件传送到下一道工序，这种方式的时间限制不很严格；所谓强制节拍形式，是要求每个操作者必须在规定时间内完成本工序的操作内容，该方式带有一定的强制性。

3. 整机装配车间的组织形式

整机装配车间是按产品原则组建的，因产品的生产批量、技术要求及企业的设备场地、管理体制等情况会有所不同。以收录机整机装配车间为例，其组织形式一般为：

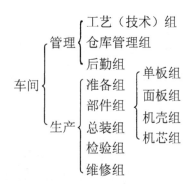

车间通常设主任一名，负责全面工作；设生产和技术副主任各一名，技术副主任协助车间主任负责技术、质量管理工作；生产副主任（一般兼调度员）协助车间主任负责落实生产计划和协调车间内各班组的工作。技术组具体落实车间工艺、技术、质量工作；仓库管理组负责物料的领、发和管理工作；各生产班组均设有组长，负责本班组的生产组织工作。

6.2　整机装配的准备工序

电子产品装配过程的各个生产阶段之间是密切相关的，与整机装配最密切相关的是各项准备工序，即对整机所需的各种导线、元器件、零部件等进行预先加工和处理。它是顺利完成整机装配的重要保障。在准备工序中，一般设备比较集中，操作比较简单，可节省人力和工时，提高劳动生产力，确保产品的装配质量。

准备工序是多方面的，与产品的复杂程度、元器件的结构和装配的自动化程度有关。本节将重点介绍元器件成型、导线加工、浸锡及电缆的加工准备工序。

6.2.1　元器件的引线成型

在组装电子整机产品的印制电路板部件时，为了满足安装尺寸与印制电路板的配合，提高焊接质量，避免浮焊，使元器件排列整齐、美观，元器件引线成型是不可缺少的工艺流程。元器件引线成型的形状有多种，应根据装接方法不同而选用。如图 6.2 所示，为元器件引线成型示意图。

图 6.2（a）所示是引线的基本成型方法，它的应用最广泛，为孔距符合标准时的成型方法。其成型要求是：引线打弯处距离引线根部要大于等于 2 mm。R 要大于等于元器件直径。弯曲半径要大于引线直径的 2 倍（即 $r>2d_a$），以减小机械应力，防止引线折断或被拔出。两引线打弯后要相互平行。

图 6.2（b）所示为孔距不符合标准时的成型方法，在正规产品中不允许出现。

图 6.2（c）所示是垂直插装时的成型方法，$h>2\,\text{mm}$，$A>2\,\text{mm}$，R 大于等于元器件直径。

图 6.2（d）所示为集成电路引线的成型方法。

在以上各种引线成型过程中，应注意使元器件的标称值、文字及标记朝向最易查看的位置，以便于检查与维修。

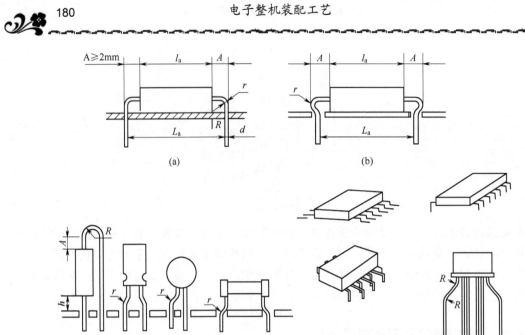

图 6.2　元器件引线成型

　　工厂生产中的元器件成型多采用模具成型，而业余爱好者或产品试制中，一般用尖嘴钳或镊子成型。如图 6.3 所示为模具引线成型示意图，模具的垂直方向开有供插入元器件引线的长条形孔，孔距等于格距。将元器件的引线从上方插入长条形孔后插入插杆，引线即成型。如图 6.4 所示为使用尖嘴钳加工元器件引线的示意图。使用尖嘴钳折弯时勿用力过猛，以免损坏元器件。

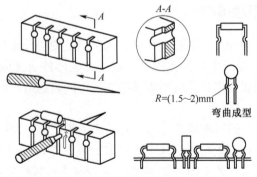

图 6.3　模具引线成型图

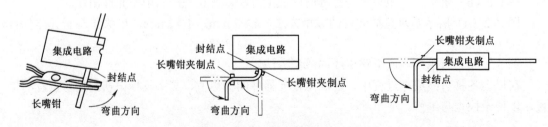

图 6.4　使用长尖嘴钳引线成型

6.2.2　导线的加工

绝缘导线加工可分为剪裁、剥头、捻头（指多股芯线）、清洁、浸锡等过程。

1. 剪裁

导线应按先长后短的顺序，用斜口钳、自动剪线机或半自动剪线机进行剪裁。对于绝缘导线，应防止绝缘层损坏，以免影响绝缘性能。手工剪裁绝缘导线时要拉直再剪。细裸导线可人工拉直，粗裸导线可用调直机拉直。铜管一般用锯剪裁，扁铜带一般在剪床上剪裁。剪线要按工艺文件中的导线加工表的规定进行，长度应符合公差要求。如无特殊公差要求，则可按表 6-1 选择公差。

表 6-1　导线长度公差

导线长度/mm	50	50 ~100	100~200	200~500	500~1000	1000 以上
公差/mm	+3	+5	+5~+10	+10~+15	+15~+20	+30

2. 剥头

将绝缘导线的两端去掉一段绝缘层而露出芯线的过程称为剥头，如图 6.5 所示。导线剥头可采用刃剪法和热剪法。刃剪法操作简单，但有可能损伤芯线；热剪法的操作虽不损伤芯线，但绝缘材料会产生有害气体。使用剥线钳时应选择与芯线粗细相配的钳口，对准所需要的剥头距离，剥头时切勿损伤芯线。剥头长度应符合导线加工表的要求，无特殊要求时可按表 6-2 选择剥头长度。

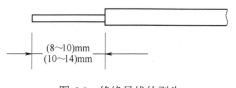

图 6.5　绝缘导线的剥头

表 6-2　导线剥头长度

芯线截面积/mm²	1 以下	1.1~2.5
剥头长度/mm	8~10	10~14

3. 捻头

多股芯线剥去绝缘物后，芯线可能松散，如不经处理就加工，线头直径会变得比原导线粗，并带有毛刺，易造成焊盘或导线间短接。多股芯线剥头后一定要经过捻头处理。具体方法为：按芯线原来的捻紧方向继续捻紧，其螺旋角一般在 30°～45° 之间，如图 6.6 所示。捻线时用力不宜过大，否则易捻断细线。捻线时也可使用专用的捻头机。

图 6.6　多股芯线的捻线角度

4．清洁

绝缘导线的端头在浸锡前应进行清洁处理，去除导线表面的氧化层，提高端头的可焊性。

5．浸锡

绝缘导线经过剥头、捻头和清洁工序后，应及时进行浸锡。浸锡是为了提高导线及元器件在整机安装时的可焊性，使焊料容易流到焊接处，是防止产生虚焊的有效措施之一。

（1）芯线浸锡

浸锡前应先浸助焊剂，然后再浸锡。浸锡时间要短，一般为 1～3 s，且只能浸到绝缘层前 1～2 mm 处，以防止导线绝缘层因过热而收缩或者破裂。浸锡后要立刻浸入酒精中散热，最后再按图纸要求进行检验、修整。

（2）裸导线浸锡

裸导线、铜带、扁铜带等在浸锡前应先用刀具、砂纸或专用设备等清除浸锡端面的氧化层，再蘸上助焊剂后进行浸锡。若使用镀银导线，就不需要浸锡，但如果镀银层已氧化，则仍需清除氧化层并浸锡。

（3）元器件引线及焊片的浸锡

由于元器件长期存放，元器件引线会因表面附有灰尘、杂质与氧化层而使其可焊性变差，所以为保证焊接质量，必须在插装前对引脚进行浸锡处理。在给元器件浸锡前，应先去掉引线上的杂质。手工方法为：用小刀或锋利工具，沿引线方向，在离器件根部 2～5 mm 处向外刮，边刮边转动引线，直到将杂质、氧化物等刮净为止；也可用细铁砂布擦拭，以去除氧化物，然后再浸锡，如图 6.7 所示。浸锡应在除氧化层后的几小时内完成。

焊片浸锡前也要先除氧化层，无孔焊片浸锡的长度要根据焊点的大小或工艺来确定，有孔的小型焊片浸锡要没过孔 2～5 mm，浸锡后不能将孔堵塞，如图 6.8 所示。浸锡时间要根据焊片或引线的粗细来掌握，一般为 2～5 s。若时间太短，焊片或引线未能充分预热，易造成浸锡不良；若时间过长，大量热量传到器件内部，易造成器件变质、损坏。浸锡后要立刻浸入酒精中散热。

经过浸锡的焊片、引线，其浸锡层要牢固均匀、表面光滑、无孔状、无锡瘤。

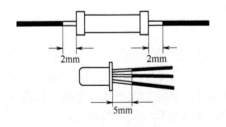

图 6.7　元器件引线浸锡

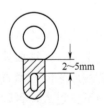

图 6.8　焊片浸锡

6.3　部件的装配工艺

部件是由两个或两个以上的零件、元器件装配组成的具有一定功能的组件，如印制电路板、机壳、面板、机芯等。

一台电子整机产品由各种不同的部件组成。同一种类型的产品，因性能不同，其部件数量和部件性能也不同。在电子产品整机装配前都要先进行部件的装配，部件装配一般在生产流水线上进行，有些部件则由有关专业生产厂家提供。部件装配质量的好坏直接影响整机的装配质量。因此，部件装配是电子整机装配的一个重要环节。

本节将介绍印制电路板、机壳、面板、机芯等部件的装配工艺。

6.3.1　印制电路板的组装

印制电路板的组装是指根据设计文件和工艺规程要求，将电子元器件按一定的方向和次序插装到印制基板上，并用紧固件或锡焊等方法将其固定的过程，它是整机组装的关键环节。

1．印制电路板组装工艺的基本要求

印制电路板组装质量的好坏，直接影响到产品的电路性能和安全性能。为此，印制电路板组装工艺必须遵循以下基本要求。

① 各插件工序必须严格执行设计文件的规定，认真按工艺作业指导卡操作。

② 组装流水线上各工序的设置要均匀，防止某些工序中电路板的堆积，确保均衡生产。

③ 按整机装配准备工序的基本要求做好元器件的筛选、引线成型、表面清洁、浸锡、装散热片等准备工作。

④ 做好印制基板的准备加工工作。

- 印制基板铆孔。对于体积、重量较大的元器件，要用铜铆钉对其基板上的插装孔进行加固，防止元器件插装、焊接后，因运输、振动等原因而发生焊盘剥脱、损坏的现象。

- 印制基板贴胶带纸。为防止波峰焊将暂不焊接元器件的焊盘孔堵塞，在元器件插装前，应先用胶带纸将这些焊盘孔贴住。波峰焊接后，再撕下胶带纸，插装元器件，进行手工焊接。如采用先进的免焊工艺槽，则可改变贴胶带纸的繁琐方法。如图 6.9 所示为免焊工艺槽。

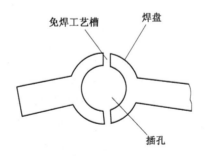

图 6.9　免焊工艺槽

⑤ 严格执行元器件安装的技术要求。

- 元器件的安装应遵循先小后大、先低后高、先里后外、先易后难、先一般元器件后特殊元器件的基本原则。例如，先插卧式电阻、二极管，其次插立式电阻、电容和

三极管，再插大体积元器件，如大电容、变压器等。

- 对于电容器、三极管等立式插装元器件，应保留适当长的引线。引线太短会造成元器件焊接时因过热而损坏；太长则会降低元器件的稳定性或者引起短路（一般要求如离电路板面 2 mm）。插装过程中，应根据元器件的极性标记方向决定插装方向，必要时可在不同电极套上相应的套管。
- 在接线端子上安装元器件的引线、导线时，圈数最少为 1/2 匝，但不超过 3/4 匝。
- 元器件引线穿过焊盘后应保留 2～3 mm 的长度，以便沿着印制导线方向将其打弯固定。为使元器件在焊接过程中不浮起和脱落，同时又便于拆焊，引线打弯的角度最好是在 45°～60°，如图 6.10 所示。

图 6.10　引线穿过焊盘后成型

- 装接高频电路的元器件时应十分注意设计文件和工艺文件的要求，元器件尽量靠近，连线与元器件的引线尽量短，以减少分布参数。
- 凡诸如集成电路、集成电路插座、微型插孔、多头插头等多引线元器件，在插入印制板前，必须用专用平口钳或专用设备将引线校正，不允许强力插装，力求将引线对准孔的中心。
- 装配中如两个元器件相碰，应调整或采用绝缘材料进行隔离。
- 电阻、电容、晶体管和集成电路的插装应使标记和色码朝上，以易于辨认。元器件的插装方向在工艺图样上没有明确规定时，必须以某一基准来统一元器件的插装方向，如设定 X-Y 轴方向，如图 6.11 所示。所有以 X 轴方向插装的元器件的读数是从左到右，所有以 Y 轴方向插装的元器件的读数是从下到上。

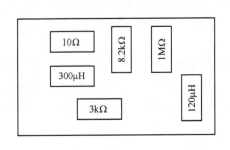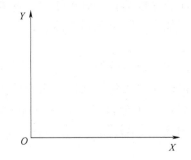

图 6.11　元器件插装方向的确定

- 功率小于 1 W 的元器件可贴近印制电路板平面插装，功率较大的元器件要求元器件体距离印制电路板平面 2 mm，便于元器件散热。
- 印制板组装件的每个连接盘只允许连接一根元器件引线，不允许在元器件引线上或印制导线上搭焊其他元器件或导线（高频电路除外）。
- 装连在印制板上的元器件不允许重叠，并应在不必移动其他元器件的情况下就可以拆装元器件。
- 插装体积、重量较大的大容量电解电容器时，应采用胶黏剂将其底部粘在印制电路板上或用加橡胶衬垫的办法，以防止其歪斜、引线折断或焊点焊盘的损坏。
- 插装 CMOS 集成电路、场效应管时，操作人员须戴防静电腕套进行操作。已经插装好这类元器件的印制电路板，应在接地良好的流水线上传递，以防元器件被静电击穿。

- 元器件的引线直径与印制板焊盘孔径应有 0.2～0.3 mm 的间隙。若间隙太大，则焊接不牢，机械强度差；若间隙太小，则元器件难以插装。对于多引线集成电路，可将两边的焊盘孔径间隙做成 0.2 mm，中间的做成 0.3 mm，这样既便于插装，又有一定的机械强度，如图 6.12 所示。
- 凡不宜采用波峰焊接工艺的元器件，一般先不装入印制板，待波峰焊接后再按要求装连。

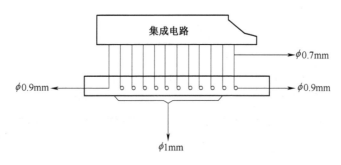

图 6.12　多引线集成电路的焊盘孔径

2．元器件在印制电路板上的插装方法

（1）卧式插装法

卧式插装法是将元器件水平地紧贴印制电路板插装，亦称水平安装。元器件与印制电路板的距离可根据具体情况而定，如图 6.13 所示。卧式插装法的优点是稳定性好，比较牢固，受振动时不易脱落。

（2）立式插装法

立式插装法如图 6.14 所示。其优点是安装密度大，占用印制电路板面积小，拆卸方便。电容、三极管的安装常用此法。

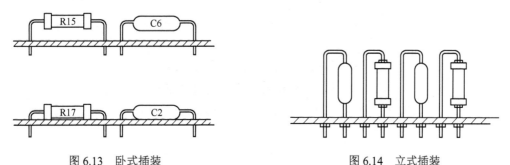

图 6.13　卧式插装　　　　　　　　　　　图 6.14　立式插装

电阻器、电容器、半导体二极管等轴向对称元器件常用卧式和立式这两种方法。采用的插装方法与印制电路板的设计有关。应视具体要求，分别采用卧式或立式插装法。

（3）其他常用元器件的安装方法

① 半导体三极管、TO 封装集成电路等同方向引线元器件的安装。其安装方法如图 6.15 所示，图 6.15（a）所示为正向安装方法，图 6.15（b）所示为反向安装，图 6.15（c）

所示为正向贴板安装，图 6.15（d）所示为反向埋头安装。一般用正向安装方法。装配前应先判定引脚极性，最好装上规定色标套管，以防错装。

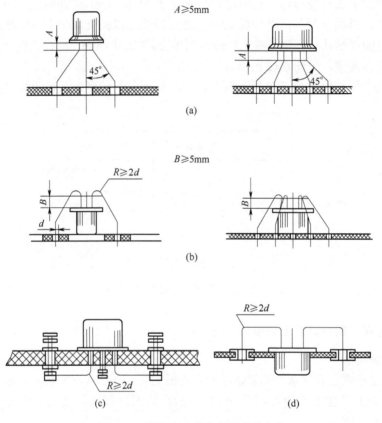

图 6.15 同方向多引线元器件的安装

② 双列直插式集成电路（DIP）的安装。其安装方法如图 6.16 所示，图 6.16（a）所示为直接安装，图 6.16（b）所示为安装插座后插接集成电路的方法。

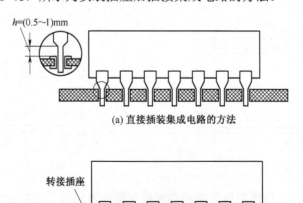

(a) 直接插装集成电路的方法

(b) 安装插座后插接集成电路的方法

图 6.16 双列直插式集成电路安装

③ 扁平型封装集成电路（PAC）的安装。其安装方法如图 6.17 所示。

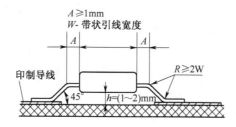

图 6.17 扁平型封装集成电路安装

④ 变压器、大电解电容器、磁棒的安装。这些元器件的体积、重量均比半导体管、集成电路大而重，如安装不妥，会影响整机质量。中频变压器及输入、输出变压器本身带有固定脚，安装时将固定脚插入印制电路板的孔位，然后锡焊即可。对于体积较大的电源变压器，需采用螺钉将其固定，最好在螺钉上加弹簧垫圈，以防螺母或螺钉松动。磁棒的安装一般采用塑料支架固定，先将支架插到印制电路板的支架孔位上，然后从反面用螺钉将支架紧固。对于较大的电解电容器，可用弹性夹固定，如图 6.18 所示。

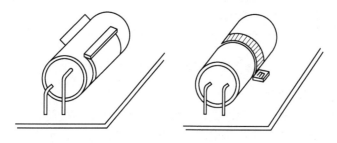

图 6.18 大电解电容的固定

3．印制电路板的组装工艺流程

根据电子整机产品的生产性质、生产批量、设备条件等情况的不同，采用的电路板组装工艺也不同。常用的印制电路板装配工艺有手工装配工艺和自动装配工艺。

（1）手工装配工艺

印制电路板的手工装配可用于产品研制和批量生产，它有两种方法：一种是由一人负责一块印制电路板上全部元器件的插装，即手工独立插装；另一种是采用传送带的方式多人插装，即手工流水线插装。

① 手工独立插装。手工独立插装常用于产品的样机试制或元器件较少的印制板插装，元器件的插装和焊接通常由操作者一人完成。操作者根据工艺作业指导卡，把构成某一功能单板上的所有元器件逐个插装到印制基板上。其操作过程为：待装元器件准备→引线成型→插装→元器件整形焊接→剪切引线→检验。手工独立插装方式需操作者从头插到尾，效率低，差错率高。

② 手工流水线插装。手工流水线插装适用于设计稳定、批量生产的产品，它可以提高印制电路板的装配效率和质量。对于一些元器件较少的印制线路板，可以设计成拼板后再上流水线进行插装。

插件流水作业是把印制电路板的整体装配分解为若干道简单的装配工序，每道工序固定插装一定数量的元器件，使操作过程大大简化。印制电路板上元器件的分解有两种不同的方法，一种是按元器件的类型、规格插装；另一种是按元器件在电路板上的布局，分块插装。前一种方法因元器件的品种、规格趋于单一，不易插错，插装范围广，但速度低；后一种方法的插装范围小，工人易熟悉电路的插装位置，插件差错率低，常用于大批量的生产。工艺人员在分配每道工序的工作量时，应根据产品的复杂程度、日产量、工人技能水平等因素，使每道工序的插装元器件数量适当、时间基本相等，确保流水线均匀移动，充分发挥流水线的插件效率。

如图 6.19 所示，为电路板手工插装的一般工艺流程。

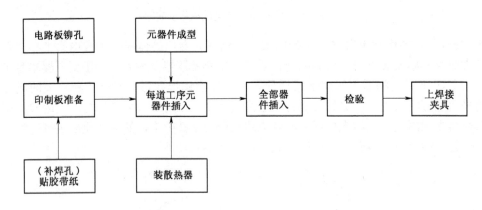

图 6.19　电路板手工插装工艺流程

（2）自动装配工艺流程

手工装配使用灵活，操作方便，设备简单，广泛用于中小规模的生产中。但其速度慢、效率低、差错率高，不适应现代化的生产，因而对于设计稳定、规模大、产量高而又无需特殊元器件选配的产品，宜采用先进的自动装配方式。采用自动装配机，可大大提高插件速度、改善插件质量、减轻操作人员的劳动强度、提高生产效率和产品质量。

自动插装是采用先进的自动插装机，根据印制板上元器件的位置，编制出相应的程序控制自动插装机的插装。插装机的插件夹具有自动打弯机构，能将插入的元器件牢固地固定在印制电路板上，提高了印制电路板的焊接强度。自动插装的工艺过程如图 6.20 所示。

自动插装对设备要求高，对元器件的供料形式也有一定的限制，自动插装机的使用步骤、方法及有关要求如下所述。

① 不是所有的元器件都可进行自动装配。一般，用于自动装配的元器件的外形和尺寸要求尽量简单一致，方向易于识别，有互换性（如电阻和短接线）。在自动插装后一般仍需手工插装不能自动插装的元器件。

② 在自动装配过程中，要求元器件的排列取向沿着 X 轴或 Y 轴。

③ 自动插装需编辑编带程序。元器件自动插装前，首先要按照印制板上元器件自动插装的路线模式，在编辑机上进行编带程序编辑。插装路线一般按"Z"字形走向，编带程序应反映各元器件按此插装路线插件的程序。

④ 编带机编织插件料带。在编带机上，将编带程序输入编带机的控制计算机，编带机根据计算机发出的指令运行，并把编带机料架上放置的不同规格的元器件带料自动编织成以插装路线为顺序的料带。编带过程中若元器件掉落或元器件不符合程序要求，则编带机计算机的自动监测系统会自动停止编带，纠正错误后编带机再继续运行，以保证编出的料带质量

完全符合程序要求。元器件带料的编排速度由计算机控制，编排速度可达每小时 30 000 个。如图 6.21 所示，为电阻器料带。

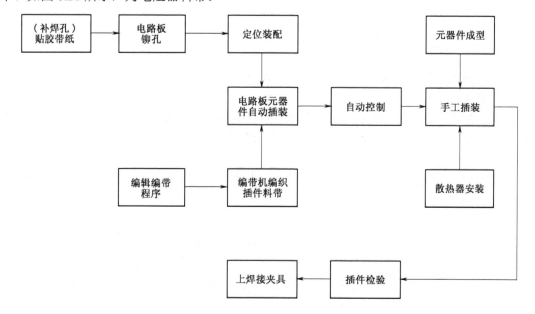

图 6.20 电路板自动插装工艺流程

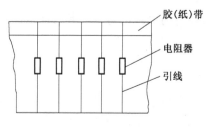

图 6.21 电阻器料带

⑤ 元器件的自动插装。编织好的元器件料带放置在自动插装机料带架上，印制电路板放置在插装机 X-Y 旋转工作台上，将已经编辑好的元器件插装程序输入到插装机的计算机中，由计算机控制插装机将元器件一个一个地插装到电路板上。电路板 X 轴方向的元器件插装完毕，旋转工作台会按照程序指令，自动旋转 90° 角，再完成 Y 轴方向元器件的插装。插装过程中若出现错误或元器件未插装到位，插装机控制盘上的指示灯会发出声光报警信号并自动停机，待检查补正后，插装机再继续运行。自动插装机能自动完成元器件的引线切脚、引线成型、元器件移动、元器件插入、引线弯角等动作。

⑥ 在自动插装过程中，印制电路板的传递、插装、检测等工序，都由计算机按程序进行控制。

印制电路板插装完毕即可进行焊接，焊接形式可采用手工焊接、浸焊和波峰焊接等方式。有关焊接工艺已在第 5 章中祥述，在此不再重述。

6.3.2 面板、机壳的装配

电子整机产品都有面板和机壳部件，它们既构成产品的主体骨架，保护产品的机内部件，也决定产品的外观造型，并为产品的使用、维护和运输带来方便。目前，面板、机壳的材料已向全塑型发展，塑料面板、机壳在注塑时内部预留有成型孔及各种台阶，可便于印制电路板、机芯、扬声器支架、框架等部件的安装和防护。

1．面板、机壳的加工

面板、机壳注塑成型后，要经过喷涂→丝印→烫印加工工序后再进行装配。

（1）喷涂

喷涂，按其作用可分为装饰性喷涂和填补性喷涂两类。喷涂不仅可以满足人们对产品不同色彩的要求，还有助于提高成型塑料制品的性能（弥补产品在注塑成型过程中产生的熔积痕、气印、缩孔、划痕、砂眼等缺陷）。

塑料面板、机壳的喷涂工艺过程一般为：修补平整→去油污→静电除尘→喷涂→干燥→涂膜质量检验。

（2）丝印

丝印就是在喷涂后的面板、机壳上印制出产品设计需要的文字、符号和标记，它可用手工方式或半自动机进行。为保证丝印质量，面板、机壳表面应无划痕且经除尘处理；丝网上的文字、符号和标记等图样不走样，网孔干净，易漏油墨；丝印的环境温度控制在 20 ℃左右。

丝印的工艺过程为：丝印图形文字的丝网制板→丝印→套色→干燥。

（3）烫印

无论塑料面板、机壳是否经过喷涂，都可以在其表面烫印铝箔或铜箔，以装饰面板和机壳的表面。

2．面板、机壳的装配要求

注塑成型后的面板、机壳，经过喷涂、丝印、烫印等工艺后，成为电子整机产品的一个主要部件。为了满足整机产品的质量要求，塑料面板、机壳在流水线上装配时，必须注意以下几点要求。

① 用运送车搬运注塑件时，要单层放置。

② 工位操作人员要戴手套操作，防止注塑件沾染油污、汗渍等。

③ 装配前应对面板、机壳进行质量检查，表面不应有明显的划伤、裂缝、变形，表面涂敷覆层不应起泡、龟裂和脱落。检验后，将外观不合格的工件做好记录、隔离存放；将合格的工件罩上用绒软布或塑料泡沫做的护罩，轻轻放置到流水线传送带上。

④ 在生产流水线工位上，凡是面板、机壳接触的工作台面，均应放置塑料泡沫垫或橡胶软垫，防止装配过程中划伤工件外表面。搬运面板、机壳时要轻拿轻放，不能碰压。

⑤ 面板、机壳和其他部件的连接装配程序一般是先轻后重、先低后高、先里后外。使用电动旋具紧固自攻螺钉时，旋具与工件应互相垂直，不能发生偏斜。且力矩大小要合适，既要能紧固，又不能力矩过大造成滑牙甚至穿透，损坏部件。面板上装配的各种可动件应操作灵活、可靠。

⑥ 面板、机壳上的铭牌、装饰板、控制指示、安全标记等应按要求端正牢固地装接或粘接在指定位置。使用胶粘剂时，用量要适当，防止量多溢出。若胶粘剂污染了外壳，要及时用清洁剂擦净。

⑦ 操作人员使用和放置电烙铁时要小心，不能烫伤面板、外壳。

⑧ 装配完毕，用"风枪"清洁面板、机壳表面，然后用泡沫塑料袋封口、装车（或装箱）。

6.3.3　其他部件的装配

1．散热件的装配

电子整机产品中，大功率元器件在工作过程中会发出热量而产生较高的温度，元器件受此温度影响，就会降低电性能的稳定性，甚至损坏元器件本身，缩短工作寿命。所以大功率电子元器件要采取散热措施，以保证元器件和电路能在允许的温度范围内正常工作。

电子元器件的散热一般使用铝合金材料制成的散热器。大功率管多数采用板状散热器（散热板）。散热板的结构较简单，其面积大小和形状，由散热元器件的功率大小、元器件在印制电路板中的位置及周围空间的大小决定。在保证散热的前提下，应尽量减小散热板的面积。

为了提高元器件的散热效果，装配散热器时应确保散热件与相关元器件的接触面平整贴紧，以便增大散热面，且连接的紧固件要拧紧。

2．屏蔽件的装配

为了抑制电路的噪声干扰、提高产品的性能，在整机装配上应采取屏蔽技术，安装屏蔽件。装配屏蔽件时，要求屏蔽件有良好的接地，以保证屏蔽效果。屏蔽件的装配方式多种多样，采用螺装或铆装方式装配屏蔽件时，螺钉、铆钉的紧固要牢靠、均匀；采用锡焊装配方式时，焊点、焊缝应做到光滑无毛刺。

3．收录机机芯的装配

收录机机芯是收录机实现磁带走带的机械驱动系统，其结构精密复杂，机械零件的安排必须紧凑，具有高的机械稳定性，动作可靠；要求磁带相对于磁头作恒速运动，保证放音、录音的效果；能产生迅速选择磁带位置的快速倒带运动，进行各种走带状态的变换控制。因此收录机机芯是收录机、音响等电子产品的重要部件。

机芯，按材料可分为全金属、全塑料、金属与塑料混合机芯三种；按功能键的操作方式可分为立式机芯（功能键的操作方向与机芯滑板的运动方向一致）、卧式机芯（功能键的操作方向与机芯滑板的运动方向垂直）和前置式机芯（功能键的操作方向与机芯滑板的运动方向相反）。如图 6.22 所示，为立式机芯结构。

收录机机芯一般由专业生产厂家组装。电子整机生产中的机芯部件装配，主要包括机芯电机线、磁头线、开关线的焊接，机芯键架和外键的安装，连线的整理、扎制和机芯的检测等。

由于机芯是一个结构精密、零件配合紧凑的机械驱动系统，其外键还直接影响整机的外观，因此在机芯装配时要注意以下要求。

① 机芯装配要牢固，相对位置要十分正确，以保证机芯各部分的装配精度。

② 磁头线的走向和固定要严格按工艺要求执行，避免因走线而影响机芯的正常动作。

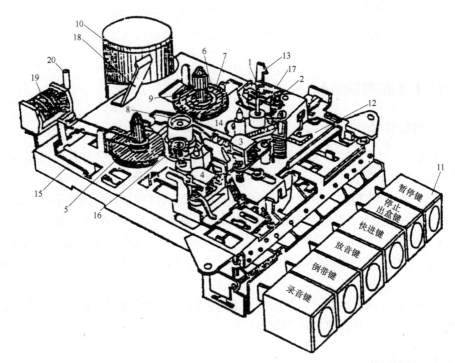

1-主导轴　2-压带轮　3-录放头　4-抹音头　5-供带盘座　6-收带盘座　7-收带轮

8-过桥轮　9-制动器　10-直流电动机　11-直键开关　12-自停机构　13-出盒机构　14-定位钉

15-防误抹装置　16-倒带轮　17-暂停机构　18-磁带盒压片　19-计数器　20-复零按钮

图 6.22　收录机立式机芯结构

③ 机芯装配要做到均衡生产，避免因堆积而引起机芯零部件的变形损伤和外键的擦毛。装配后应保持机芯各功能正常、动作灵活无阻滞、外键整齐光洁无擦伤。

④ 机芯检测完毕后应及时套袋、装箱。

6.4　整机总装工艺

电子产品的整机总装就是依据设计文件，按照工艺文件的工序安排和具体工艺要求，将调试、检验合格的零部件进行装配、连接，并经调试、检验直至组成具有完整功能的合格成品的整个过程。整机总装也称整件装配。例如，一台收录机的整机总装，就是把各功能单元的印制电路板、机芯、调谐机构、扬声器、面板、机壳及各种开关、电位器、旋钮等零部件组装在一起的过程。

6.4.1　整机总装的特点

总装是电子产品整机生产中一个重要的工艺过程，其特点如下所述。

① 总装是把半成品装配成合格产品的过程。

② 总装前组成整机的有关零件、部件必须经过调试、检验，不合格的零部件不允许投入总装线。

③ 总装过程要根据整机的结构情况，应用合理的安装工艺，用经济、高效、先进的装

配技术，使产品达到预期的效果，满足产品在功能、技术指标和经济指标等方面的要求。

④ 大批量生产的小型机，其总装安排在流水线上进行。每个工位除按工艺要求操作外，还要严格执行自检、互检与专职检验相结合的制度。总装中每一个阶段的工作完成后都要进行检验，分段把好质量关，从而提高产品的一次直通率。

⑤ 整机总装的流水线作业，将整个装联工作划分为若干个简单的操作，而且每个工位往往会涉及不同的安装工艺，因此要求各工序的操作人员熟悉安装要求，并熟练掌握安装技术，以保证产品的安装质量。

6.4.2 整机总装的工艺流程

整机总装通常是在流水线上进行的，其一般工艺流程为：零部件的配套准备→零部件的装联→整机调试→合拢装配→检验→包装入库或出厂。如图 6.23 所示，为收录机总装的一般工艺流程。

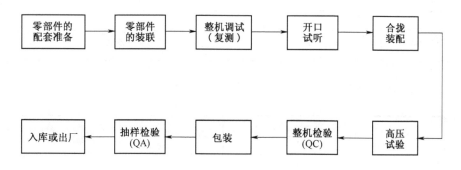

图 6.23 收录机总装工艺流程

下面以星球 XQ577A 调频/调幅立体声收录机的生产为例，详细说明整机总装的工艺流程。

1. 零部件的配套准备

在整机总装前，车间仓库应对装配过程中所需的各种零部件进行配套，并按生产批次及工艺规程分发到各整机装配工序。所配套的零部件应包括装接所需的各种紧固件和产品上的各种零部件和组件，如各单元功能板（包括收录板、功放板、音调板、指示灯板等）、机芯、面板、后盖、盒带门、线扎、旋钮等，且各单元功能板均应经调试、检验合格，其他零部件也应检验合格，否则不能投入总装线。

在星球 XQ577A 总装的部件准备中，包括的主要调试、装配工作有单板调试、机芯装配、面板装配和机壳装配，分别如图 6.24、图 6.25、图 6.26 和图 6.27 所示。

2. 零部件的装联

零部件的装联是将合格的功能电路板及其他配套零部件和组件，通过螺装、铆装和粘接等工艺安装在收录机的面板或机壳上。其装配过程如下所述。

① 上面板。整机装配工在将面板组件放置到流水线之前，应先对其外观进行检查，对不合格的工件要隔离存放，并做好记录。检验合格的工件经"风枪"吹扫清洁后，套上面板保护框或绒布护罩，再轻轻放置到流水线传送带上。

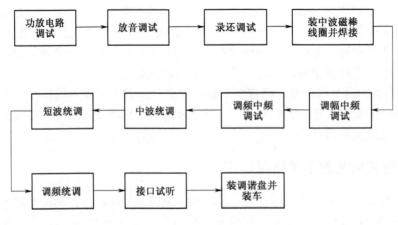

图 6.24　单板调试过程

图 6.25　机芯组装过程

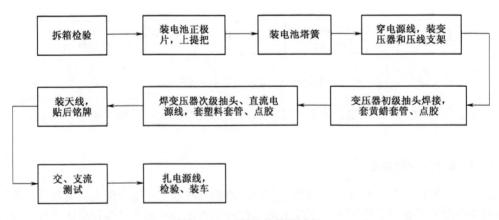

图 6.26　面板组件装配过程

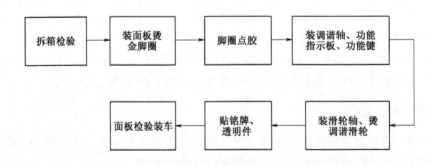

图 6.27　机壳组件装配过程

② 安装盒带门仓、音调板、电源开关、发光罩等轻、小的零部件。

③ 安装机芯、主板（如收录板、功放板）、扬声器等较重、较大的部件。在装配过程中

应同时进行有关连线的接插。

④ 焊接连线。收录机内元器件、部件之间的连线除直接接插外，有的还需要在元器件、零部件装配完后进行焊接，如喇叭线等。在焊接过程中，应注意烙铁不要触及其他元器件和连线。

⑤ 安装面板上的控制键、旋钮。调整并固定收音指针。

3．整机调试

收录板、功放板、音调板等功能单板安装到位后，应进行复测或调试，以保证各项技术指标符合设计要求。收录机的调试项目有：中波、短波和调频统调，调频立体声解码调试，带速、抖晃率、方位角测试，放音通道增益、频响及录还特性检测等。测试不合格的整机要进行调整、修理，直至符合指标要求为止。

4．开口试听

收录机在合拢装配前，一般都设有开口试听检验工序，以便对有故障的机器进行修理，提高后道整机检验的合格率。开口试听工序主要进行收音、放音和录、放的功能检查。例如，有无声音，收音各波段能否收到电台、有无自激，放音时各机芯功能键能否正常工作，有无明显的交流声，录音功能是否正常等。对于有故障的机器，应交修理工序进行检修。

5．合拢装配

合拢装配就是将装有单板、机芯及其他零部件的面板与组装合格的后盖组件进行装联，构成完整的整机。合拢装配前应对后盖进行检验，检验内容有：后盖表面有无划伤、破损，后盖内有无线头、螺钉、螺母、锡渣等异物，天线、提把是否完好，电池塔簧及接线是否牢固装接，有无脱落等。对检验不合格的后盖要分开存放，检验合格的后盖需经"风枪"吹扫清洁后，方可进行装配。

6．高压试验

高压试验是整机的一项安全性指标测试。检测时，将高压试验仪输出的一端接整机电源插头的一脚，另一端接可触碰的金属件（如天线、干电池负极片等）。然后接通高压试验仪电源，将高压调到 3 kV、漏电流为 10 mA，保持 1 min（在大批量生产中可减小漏电流，缩短试验时间，如设为 1 mA、30 s），应无击穿、飞弧现象。如遇故障应立即进行检修。

7．整机检验（QC）

整机检验由车间的整机检验工完成，应包括如下主要内容。

① 外观检验。要求整机表面无划伤、无污迹；标志牌粘贴牢靠；螺钉紧固可靠、无锈斑；丝印的文字图样清晰、完整；面板与后盖的接缝小而平整。

② 整机上各开关、功能键应灵活到位，音调、音量电位器应平滑、无阻滞现象。

③ 整机上各旋钮与轴柄的配合应合适，既不能太松也不能过紧。转动旋钮应轻巧、灵活。调谐时，指针移动要顺畅，行程应满足要求。

④ 收音、录/放音、电平指示、音调等功能应正常。

经上述检验合格后，检验工应在整机的指定位置贴上合格证和检验工号，然后交给包装工序。

8. 成品的抽样检验（QA）

成品的抽样检验由企业质量部门的检验工负责进行。检验时应先根据产品的基数抽取样品（有关样品的抽检要求及抽检质量的合格判定方法将在第 7 章中介绍）。抽样产品检验的内容除 QC 所要检验的项目外，还要检查包装袋、包装箱、包装附件和包装工艺是否符合要求，整机的主要性能指标是否符合设计规定。只有经质量部门抽样检验合格的整机方可入库、出厂。对抽检不合格的整机，应由生产车间组织返工，然后再按规定程序重新检验。

6.4.3　整机总装的工艺原则及基本要求

1. 整机总装的工艺原则

电子产品的整机总装往往比较复杂，在流水线上要经过多道工序，采取不同的装接方式和安装顺序。安装顺序的合理与否直接影响到整机的装配质量、生产效率和职工的劳动强度。装配时一般应注意以下安装原则：先小后大、先轻后重、先铆后装、先装后焊、先里后外、先低后高、上道工序不影响下道工序、下道工序不改变上道工序的装接。并应注意前后工序的衔接，使操作者感到方便、省力和省时。

2. 整机总装的基本要求

① 各工序的装配工应按照工艺指导卡进行操作。工艺指导卡阐明了每个工位的操作内容和操作程序，能够正确指导操作人员进行装配。

② 安装件的方向、位置、极性应正确，零部件的装配要端正牢固。

③ 操作时不损伤元器件和零部件，不碰伤面板、机壳表面的涂敷层，保持表面光洁；不破坏整机的绝缘性，确保产品电性能的稳定和足够的机械强度。

④ 装配过程中，不能将焊锡、线头、螺钉、垫圈等异物落在机器中。

⑤ 在产品的流转生产中，应将机上待插的连线插头放入机内，防止在流转中因卡入皮带或链条而损坏。

⑥ 在总装流水线上应做到均衡生产，保证产品的产量和质量。总装中若因工位布局不合理、人员状况变化及产品机型变更等因素使各工位的工作量不均衡时，应及时调整工位人数或工作量，以保证流水线按节拍均衡生产。

6.4.4　总装接线工艺

在电子产品的整机装配中，用导线或线扎在各零部件之间进行电气连接的过程称为总装接线。接线工艺是整机总装过程中的一个重要工艺，它是按接线图、导线表等工序卡指导文件的要求进行的。

1. 接线工艺要求

导线在整机电路中是作信号和电能传输用的。接线合理与否对整机性能的影响极大，如果接线不符合工艺要求，轻则影响电路声、像信号的传输质量，重则使整机无法正常工作，甚至会发生整机毁坏。总装接线应满足以下要求。

① 接线要整齐、美观。在电气性能许可的条件下，对低频、低增益的同向接线尽量平行靠拢，使分散的接线组成整齐的线束，并减小布线面积。

② 接线的放置要安全、可靠和稳固。接线连接要牢固，导线的两端或一端用锡焊接时，焊点应无虚焊。导线的两端或一端用接线插头连接时，接线插头与插座要牢固，导线不松脱，以保证整机的线路结构牢固和电气参数稳定。

③ 连接线要避开整机内锐利的棱角、毛边，以防绝缘层被破坏而引起短路或漏电。

④ 接线时应避开皮带、风扇等转动机构部件，以防触及后引起故障。连接线的长度要留有适当的余量，便于元器件或装配件的查看、调整和更换。对于活动的连线（如 CD 机的光头线），应使用相应的软线，使其活动自如。

⑤ 绝缘导线要避开大功率管、变压器等发热元器件，防止导线绝缘层老化或降低绝缘强度。

⑥ 传输信号的连接线要用屏蔽线，防止信号对外干扰或外界对信号形成干扰。避开高频和漏磁场强度大的元器件，以减少外界干扰。

⑦ 安装电源线和高电压线时，连接点应消除应力，防止连接点发生松脱现象。

⑧ 整机电源引线孔的结构应保证当电源引线穿进或日后移动时，不会损伤导线绝缘层。若引线孔为导电材料，则应事先在孔内嵌装橡皮衬套或在引线上加绝缘套，而且此绝缘套在正常使用中应不易老化。

⑨ 交流电源的接线，应绞合布线，以减小对外界的干扰。

⑩ 整机内导线要敷设在空位，避开元器件密集区域，为其他元器件的检查维修提供方便。

2. 接线工艺

（1）配线

配线时应根据接线表的要求，需考虑导线的工作电流、线路的工作电压、信号电平和工作频率等因素。

（2）布线原则

整机内电路之间连接线的布置情况，与整机电性能的优劣有密切关系，因此要注意连线的走向。布线原则如下所述。

① 不同用途、不同电位的连接线不要扎在一起，应相隔一定距离，或相互垂直交叉，以减小相互干扰。如输入与输出信号线、低电平与高电平的信号线、交流电源线与滤波后的直流馈电线、电视外输出线与中频通道放大器的信号线、不同回路引出的高频接线等。

② 连接线要尽量缩短，使分布电感和分布电容减至最小，尽量减小或避免产生导线间的相互干扰和寄生耦合。高频、高压的连接线更要注意此问题。

③ 线束在机内分布的位置应有利于分线均匀。从线束中引出接线至元器件的接点时，应避免线束在密集的元器件之间强行通过。

④ 与高频无直接连接关系的线束要远离回路，一定不要紧靠高频回路线圈，防止造成电路工作的不稳定。

（3）布线方法

① 连线时应按照从左到右、从下到上、从内到外的顺序进行布线操作。

② 水平导线敷设时尽量紧贴底板，竖直方向的导线可沿框边四角敷设，以便固定。

③ 接点之间的连线要按电路特点连接，应根据具体的结构条件正确选择连接线。接线间距为 20～30 mm 的可用裸铜线连接，需要绝缘时可加绝缘管。

④ 交流电源线、流过高频电流的导线，可把导线支撑在塑料支柱上架空布线而远离印制电路底板，以减小元器件之间的耦合干扰。

⑤ 两根以上且长度超过 10 cm 的互相靠近的平行导线可以理成线束。粗的线束应每隔 20～30 cm 及在接线的始端、终端、转弯、分叉、抽头等部位用线夹固定。在固定点的线束处应包几层绝缘材料、半圆形线夹套或套管，以防压坏线束的外层绝缘层。细的线束或单根接线每隔 10～15 cm 用搭扣固定，或用黄色胶粘剂固定。常用的扎线搭扣如图 6.28 所示。

⑥ 线束弯曲时保持其自然过渡状态，并进行机械固定。

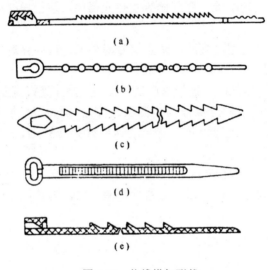

图 6.28　扎线搭扣形状

6.5　整机包装

几乎所有的产品都需要通过包装才能成为商品进入流通过程。

我国 1983 年的国家标准中，对包装的定义是："为在流通中保护产品、方便储运、促进销售，按一定的技术方法所采用的容器、材料和辅助物的过程中施加一定技术方法等操作活动。"虽然每个国家和地区对包装的定义略有差异，但都是以包装的三大主要功能为核心内容的。

① 保护功能。保护功能是包装最基本的功能，即使商品不受各种外力的损坏。一件商品，要经多次流通，才能走进商场或其他场所，最终到消费者手中。这期间需要经过装卸、运输、库存、陈列、销售等环节。在储运过程中，很多外因（如撞击、潮湿、光线、气体、细菌等因素）都会威胁到商品的安全。因此，要选择包装的结构与材料以保证商品在流通过程中的安全。

② 便利功能。便利功能也就是商品的包装是否便于使用、携带、存放等。

③ 销售功能。好的包装，能直接吸引消费者的视线，让消费者产生强烈的购买欲。

电子产品的包装是电子产品防护的一个重要手段，对电子产品的防静电、防潮、防灰尘、防振动、防划伤等方面能起到有效的保护作用。

6.5.1　产品包装分类

常见电子产品整机包装的分类方法如下所述。

1．按包装材料分类

（1）纸包装，如纸袋、纸盘、纸盒、纸箱等；

（2）塑料包装，如塑料袋、塑料盒等；

（3）木包装，如木盒、木箱等；

（4）复合材料包装，如用纸、铝箔、塑料、金属等复合材料制成的袋、盒、箱等。

2．按包装技术分类

按包装所采用的技术方法来分类，有防潮包装、防水包装、防霉包装、防静电包装、防震动包装等。

3．按包装的功能分类

（1）销售包装

销售包装又称商业包装，可分为内销包装、外销包装、礼品包装、经济包装等。销售包装是直接面向消费的，因此，在设计时要有一个准确的定位，符合商品的销售对象，力求简洁大方，方便实用，而又能体现商品性。

（2）运输包装

运输包装，也就是以商品的储存或运输为目的的包装。它主要在厂家与分销商、卖场之间流通，便于产品的搬运与计数。在设计时，运输包装并不是重点，只要注明产品的数量、发货与到货日期、时间与地点等，也就可以了。

4．按包装的形状分类

（1）小包装

小包装也称内包装。它是单个独立整机产品的包装，将最终与产品一起卖给消费者。

（2）中包装

中包装主要是为了增强对商品的保护、便于计数而对商品进行的组装或套装。

（3）大包装

大包装也称外包装、运输包装。因为它的主要作用也是增加商品在运输中的安全，且又便于装卸与计数，所以大包装的设计相对小包装也简单得多。一般在设计时，只需标明产品的型号、规格、尺寸、颜色、数量、出厂日期，再加上一些视觉符号，诸如小心轻放、防潮、防火、堆压极限等即可。

6.5.2　包装材料和要求

1．包装材料

电子整机产品的包装材料有普通包装材料、缓冲防震材料和防静电材料等种类。

（1）普通包装材料

① 木质材料。木质材料主要有木材、胶合板、纤维板和刨花板等。制成的木箱一般应采用氧化钢带或包角来提高结构强度。

② 纸质材料。纸质材料主要有单芯、双芯瓦楞纸板或硬纸板。制成的纸箱应采用塑料打包带等进行加固。

（2）缓冲防震材料

一般电子整机产品的包装主要是为了避免商品运输过程中的破损，因此整机包装中应使用具有缓冲性能的材料。

① 泡沫塑料

泡沫塑料由于其良好的缓冲性能和吸振性能成为近代广泛使用的缓冲材料。泡沫塑料具有质量轻、易加工、保护性能好、适应性广、价廉物美等优势，但是也存在着体积大、废弃物不能自然风化、焚烧处理会产生有害气体等缺点。在环境污染严重、自然界资源匮乏的情况下，泡沫塑料对环境的危害引起了人们的极大重视。虽然随着科技的发展已经研制出可降解的塑料，但是这种塑料价格昂贵，处理的条件要求严格，且不能百分之百地降解，因此可降解塑料的大范围推广应用受到限制。所以，泡沫塑料将逐渐被其他环保、缓冲材料所替代。

② 纸质缓冲包装材料

纸质缓冲包装材料的使用已有一段历史。但是，由于泡沫塑料在价格和性能上的优势，纸质缓冲包装材料的发展受到了限制。近几年来，严重的环境污染问题促使人们把目光转移到环保型缓冲包装材料的发展上来，纸质缓冲包装材料就是其中一类。目前市场上使用较多的纸质缓冲包装材料有瓦楞纸板和蜂窝纸板。

瓦楞纸板具有加工性良好、成本低、使用温度范围比泡沫塑料宽、没有包装公害等优点。但也存在一些缺点：表面较硬，在包装高级商品时不能直接接触内装物的表面，使内装物与缓冲纸板之间出现相对移动而容易损坏内装物表面；耐潮湿性能差；复原性小等。

蜂窝纸板的强度和刚度高，材耗少，重量轻，内芯密度几乎可与发泡塑料相当，而且由于内芯中充满空气且互不流通，因此具有良好的防震、隔音性能。蜂窝纸板的生产采用再生纸板材料和水溶胶粘剂，可以百分之百回收，克服了泡沫塑料衬垫对人和自然环境的危害，是包装领域替代木箱、塑料箱（含塑料托盘、泡沫塑料）的一种新型绿色包装材料。蜂窝纸板适用于精密仪器、仪表、家用电器及易碎物品的运输包装。

蜂窝纸板因其独特的结构使其较瓦楞纸板具有更强的抗压、抗折能力。但在生产成本上，蜂窝纸板生产设备的生产效率远不如瓦楞纸板高，所以在材料加工费上瓦楞纸板要比蜂窝纸板低得多。研究结果初步证明了瓦楞纸板和蜂窝纸板复合件的优越性能。这将是今后纸质缓冲包装材料的发展方向。

③ 纸浆模塑

纸浆模塑是以纸浆（或废纸）为主要原料，经碎解制浆、调料后，注入模具中成型、干燥而得的。其制品原料来源丰富，生产与使用过程无公害，产品重量轻，抗压强度大，缓冲性能好并具有良好的可回收性。纸浆模塑制品在我国发展较快，但因其强度所限，目前只在一些小型电子产品、水果、蛋类等物品的缓冲包装中使用，未能用于较重产品的缓冲包装。

④ 气垫缓冲材料

早期的气垫缓冲材料为气垫薄膜，它是用聚氯乙烯薄膜高频热压成形，内充氮气，外形类似小枕头，透明，富有弹性，适用于轻小型产品的缓冲包装。但是该气垫薄膜易受其周围气温的影响而膨胀和收缩。膨胀将导致外包装箱和被包装物的损坏，收缩则将导致包装内容物的移动，从而使包装失稳，最终引起产品的破损。

新型气垫缓冲材料由具有柔性和弹性的聚氨脂材料与普通气垫缓冲材料组成，克服了气垫薄膜的上述缺点。同时，它还采用多层聚乙烯薄膜与高强度、耐磨损的尼龙布作为缓冲垫的表面材料，延长了其使用寿命，并可以回收利用，大大减少了包装废弃物对环境的污染。

⑤ 植物纤维类缓冲包装材料

植物纤维类缓冲包装材料是在考虑充分利用自然资源的情况下发展起来的。目前已研制出来的这类材料有农作物秸秆缓冲包装材料、聚乳酸发泡材料、废纸和淀粉制包装用泡沫填料。

用农作物秸秆粉碎物和粘接剂作为原料，经混合、交联反应、发泡、浇铸、烘烤定型、自然干燥等工艺后，即可制成减震缓冲包装材料，这种材料在低应力条件下，具有比聚苯乙烯泡沫塑料更好的缓冲性能，而且可降解，其原料价廉易得。

以废纸和淀粉为原料制成的包装用泡沫填料，是将废纸或劣质纸张切成或粉碎成细末，碾成独特的纤维，再与淀粉掺和在一起，然后应用发泡的方法使其形成多孔的小球。用这种小球制成的包装用泡沫填料，能承受的冲撞优于苯乙烯泡沫，更重要的是这种材料丢弃以后，能很快地被微生物和真菌分解，不会对环境造成不良影响。

（3）防静电材料

静电是一种常见的物理现象。静电的产生并不可怕，对电子产品造成危害的是静电的积累和放电。要防止静电的危害，简单地说，只要能够造成一个不积累静电的条件即可。

静电的产生主要来自两个方面：物体（尤其是绝缘体）间的相互摩擦和外界电场或电磁场的感应。一般来讲，物体的电导率越高（电阻率越低）越不容易产生和积累静电。因为电导率高的物体，一旦因摩擦等外界作用失去电子，很快就会有其他部位的电子去填补空缺，即产生电荷的转移，使物体显现出电中性。反之，如果物体的电导率极低（电阻率大，如绝缘体），当摩擦作用使其某一部分失去电子时，就不可能在短时间内产生电荷转移，于是物体的一部分产生正电荷的积累（失去电子），另一部分产生负电荷的积累（得到电子）。由于电荷的积累仅出现在物体表面，所以物体表面的电导率（通常用表面电阻率来表示）就成为研究静电的产生和积累的重要物理参数。

金属是导体，导体的漏放电流大，会损坏器件；另外，绝缘材料容易产生摩擦起电，因此不能采用金属和绝缘材料作防静电材料。而是采用表面电阻率 $1\times10^{5}\,\Omega$ 以下的所谓静电导体，以及表面电阻率 $1\times10^{5}\sim1\times10^{8}\,\Omega$ 的静电亚导体（静电耗散材料）作为防静电材料。例如，常用的静电防护材料是在橡胶中混入导电碳黑来实现的，将表面电阻率控制在 $1\times10^{6}\,\Omega$ 以下。

抗静电材料有三种不同类型：

① 通过抗静电剂表面处理；

② 合成时混入抗静电剂在表面形成抗静电膜的材料；

③ 本身就有抗静电性的材料。

常用的抗静电剂能够减少许多材料的静电，因此其应用广泛。它们一般是溶剂或载体溶液混入抗静电表面活性剂（如季铵化合物、胺类、乙二醇、月桂酸氨基化合物等）而制成。

产品本身的静电感度决定了选用何种防静电材料较为合适。例如，对静电不太敏感（钝感）的产品，表面电阻率为 $10^{9}\sim10^{12}\,\Omega$ 的包装材料较为理想。因为这类材料已不容易因摩擦振动而产生静电,具有了防静电的功能,成本低,材料易得。一般普通纸张、棉麻等天然纤维制品即具有这种功能。如果产品对静电极为敏感,如场效应晶体管、大规模 IC 等,则必须选用表面电阻率在 $10^9\Omega$ 以下的包装材料。

2. 包装要求

根据在流通过程中所起作用的不同,包装可以分为运输包装和销售包装。

（1）运输包装

运输包装又称为外包装,其主要作用是保护商品和防止出现货损货差。由于产品流通中的运输条件较为复杂,所以为了保证货物安全到达,货物的运输包装必须科学合理,符合下列条件。

① 要适应商品的特性,防止货物破损、变质、污染等发生。

② 要适应各种不同运输方式的要求。如海运要求包装牢固、防挤压、防碰撞,铁路运输要求包装防震,而航空运输要求包装轻便等。

③ 必须符合国家有关法律法规的规定和客户的要求。

④ 要便于各环节有关人员的操作。这就要求包装设计合理,包装规格、重量、体积适当,包装方法科学,包装标示清楚,以适应运输包装标准化的要求。

⑤ 要适度包装,在保证包装牢固的前提下节省包装费用。运输成本的高低往往与运输包装的重量、体积有着直接的关系。

⑥ 为了装卸、运输、仓储、检验和交接工作的顺利进行,并保证货物及时、安全、迅速、准确地运交收货人,还需要在运输包装上书写、压印、刷制各种有关的标志,以作为识别和提醒之用。运输包装上的标志,按其用途可分为运输标志、指示性标志和警告性标志三种。

- 运输标志又称唛头,通常由几何图形和一些字母、数字及简单的文字组成,主要内容包括目的地的名称或代号、收货人的代号及其件号、批号。有的运输标志还包括原产地、合同号、许可证号、体积与重量等内容,这由买卖双方根据商品特点和具体要求商定。目前,国际通行的运输标志包括收货人或买方名称的英文缩写字母或简称、参考号（如运单号、订单号或发货票号）、目的地及件号四项内容。

- 所谓指示性标志是提示人们在装卸、运输和保管过程中需要注意的事项,一般都是以简单醒目的图形和文字在包装上标出。在运输包装上标打何种指示性标志应根据商品的性质正确选用。

- 警告性标志又称危险货物标志,凡是在运输包装内装有爆炸品、易燃物品、有毒物品、腐蚀物品、氧化剂和放射性物资等危险货物时,都必须在运输包装上标打适用于各种危险品的标志,以示警告,使装卸、运输和保管人员可按货物特性采取相应的防护措施。

（2）销售包装

销售包装又称内包装,是直接接触商品并随商品进入零售网点和消费者直接见面的包装。这种包装除了防护功能外,更主要的是起到促销作用:美观的造型结构、装潢画面和精美的说明文字,将大大加强其对外竞销的能力。为了使销售包装适应市场需要,在设计、制作销售包装时应体现下列要求:

① 商品的造型结构要适于陈列展售;

② 文字说明要清楚鲜明,便于识别商品;

③ 包装的大小要适当，方便携带和使用；

④ 销售包装要尽量精美，具有艺术吸引力，以提高附加值。

销售包装可采用不同的包装材料和造型结构与式样，要根据商品特性和形状而定。除了包装的式样外，在销售包装上一般还附有装潢画面，不仅要美观大方、富有艺术吸引力、突出商品特点，还要适合有关国家的民族习惯和爱好。当然，在销售包装上应有必要的文字说明，如商标、品名、品牌、产地、数量、规格、成分和使用方法等。使用的文字必须简明扼要、简单易懂，必要时可中外文字并用，同时，还应注意有关国家标签管理的规定。目前在零售市场上，商品的销售包装通常印有条形码。所谓条形码（UPC 或 EAN），就是在商品包装上打印的一组黑白、粗细间隔不等的平行线条，下面配有数字标记。条形码通过光电扫描设备，可以识别判断该产品的产地、厂家及有关商品的属性，并可查询商品单价进行货款结算，能够更有效地为客户服务，提高货物管理效率。

6.5.3　整机包装的工艺与注意事项

1. 包装工艺

以彩电产品为例，说明整机包装的工艺过程。

（1）组装纸箱

① 将专业配套厂家提供的半成品整机纸箱展开成箱形，箱底用封箱钉、塑料封箱胶带封好。

② 箱底垫入配套发泡塑料衬垫（泡沫形腔）。

（2）整机包装

① 彩电整机套上配套塑料袋，由人工或机械将彩电平稳装入纸箱底部的塑料衬垫成型腔内。

② 整理好塑料袋，彩电两侧填充配套塑料衬垫，放入附件和产品说明书，彩电顶部同样填入配套泡沫衬垫。

③ 合上纸箱盖，并打上封箱钉，用塑料封箱胶带封好。

（3）搬运入库

① 在纸箱指定位置盖印商检编号。

② 将已包装好的整机送入成品库。

2. 注意事项

① 按材料清单和生产计划领取各种半成品材料，仔细核对数量。

② 仔细检查半成品的质量，如有损坏及时剔除。

③ 产品包装前须保持清洁，不得污损。通常在包装前要用过滤的压缩空气吹去整机表面的灰尘、杂物，有时还要进行表面清污等特别处理。

④ 包装的各项工序均要做到工整且不准多装、漏装、错装。应按包装清单清点应装入的附件、备件、说明书等，避免遗漏或失误。同时应当特别注意包装时不要在电子产品整机内部掉入螺钉、金属丝、垫圈等杂物。

⑤ 包装过程中要爱护产品，轻拿轻放，避免敲打、撞击，保持产品美观，不得对产品造成损伤、划痕。

6.6 其他连接

除锡焊连接法以外，还有无锡焊接，如压接、绕接等。无锡焊接的特点是不需要焊料与助焊剂即可获得可靠的连接。

6.6.1 压接

压接有冷压接和热压接两种，目前冷压接的使用较多。冷压接是指借助机械压力使两个或两个以上的金属物体发生塑性变形而形成金属组织一体化的结合方式。如实现机械和电气连接的连接器触角（或接线端子）与导线间的连接方式。

压接的主要特点如下所述。

① 压接操作简便。将导线端子放入压接触角或端头焊片，用压接钳或其他工具用力夹紧即可。

② 压接适宜在任何场合进行操作。

③ 与锡焊相比，压接省去了浸焊、清洗等工序，提高了生产效率、节省了材料、降低了成本，且不会产生有害气体和助焊剂残留物的污染。

④ 压接除用于铜、黄铜外，还可用于镍、镍铬合金、铝等多种金属导体的连接，应用范围广。

⑤ 压接的电气接触良好，耐高温和低温，接点机械强度高；一旦压接点损伤后维修也很方便，只需剪断导线，重新剥头再进行压接即可。

压接虽然有不少优点，但也存在不足之处，如压接接点的接触电阻较高，手工压接时有一定的劳动强度，质量不够稳定等。

6.6.2 绕接

绕接是利用一定的压力把导线缠绕在接线端子上，使两金属表面原子层产生强力结合，从而实现机械和电气的连接。绕接用接线端子（又称缠绕柱、缠绕杆）的截面一般为正方形、矩形和梯形等带棱角的形状，因为绕接时导线要紧紧地绕在接线端子上，或者说导线应刻进端子的棱角里，才能使导线与接线端子的棱角处产生很大的结合力，从而产生金属间的扩散，形成与焊接效果相同的合金层。

绕接通常是在绕接器上进行的。绕接器，按动力不同分为气动和电动两种，按外形不同分为直棒式和手枪式两种。绕接器由旋转驱动部分和绕线机构两部分组成。绕线机构又由绕线轴和套筒构成，如图 6.29 所示。绕线轴是一个可以旋转的轴心，沿轴心有一个接线柱孔，用来套住接线端子。在绕线轴的边缘有一个导线孔，在套筒的端部开有凹口，导线从导线孔插入，从凹口拉出，当绕线轴高速旋转时，导线就缠绕在接线柱上了。

1. 绕接操作

绕接方法如图 6.30 所示，具体操作步骤如下所述。

（1）准备导线

根据导线的规格、接线端子的截面积和绕接的圈数，确定导线的剥头长度。剥头时不要损伤导线，最好采用热剥离法进行剥头。

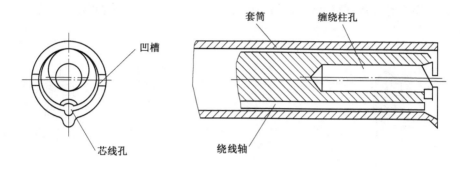

图 6.29　绕接器的结构

（2）插入芯线

将剥头后的芯线全部插入芯线孔内。如果芯线不直，可让绕线轴空转，同时将芯线插入。

（3）打弯导线

利用套筒上的凹槽将导线打弯，用手压住剩余导线。

（4）套入接线柱

把绕接工具的接线柱孔套在被绕接的接线柱上。

（5）绕接芯线

开启电源，并向前施加少量推力，将芯线紧密地绕接在接线柱上。绕接时每个接点的实际绕接时间大约为 0.1～0.2 s。

（6）取下绕接器

沿接线端子轴向取下绕接器。

绕接操作时应注意：绕接的芯线匝数不得少于 5 圈；绕接的芯线不能重叠；芯线间应紧密缠绕，不能有间隙。正确的绕接形状如图 6.31 所示，其中图 6.31（a）为第一类绕接，导线的绝缘层不接触接线端子；图 6.31（b）为第二类绕接，导线的绝缘层在接线端子上缠绕一圈，以防止芯线从颈部折断。

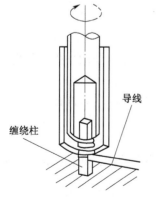
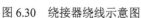

图 6.30　绕接器绕线示意图

(a)　　　　　　　　(b)

图 6.31　正确绕接实例

绕接不良的实例如图 6.32 所示，其中图 6.32（a）所示为导线绝缘绕接少了一圈，这主要是由于芯线未全部插入芯线孔造成的；图 6.32（b）和图 6.32（c）所示为线匝间出现间隙，这是由于操作时绕接器移动造成的；图 6.32（d）为叠绕，接触面减少，抗拉强度低，电气连接差。

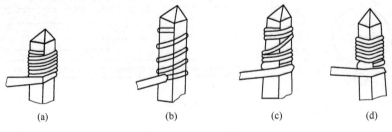

图 6.32　绕接不良实例

2．绕接的特点

与锡焊相比，绕接有如下特点。

① 绕接的质量可靠性高，而锡焊的质量不易控制。

② 绕接不使用焊料和焊剂，所以不会产生有害气体污染空气，避免了焊剂残渣引起的对印制板或引线的腐蚀，省去了清洗工作。同时节省了焊料、焊剂等材料，提高了劳动生产率，降低了成本。

③ 绕接不需要加温，故不会产生热损伤；锡焊需要加热，容易造成元器件或印制板的损伤。

④ 绕接的抗震能力比锡焊大 40 倍。

⑤ 绕接的接触电阻比锡焊小，绕接的接触电阻在 1 mΩ以内，而锡焊接点的接触电阻约为数欧。

⑥ 绕接操作简单，对操作者的技能要求较低，而锡焊则对操作者的技能要求较高。

6.6.3　粘接

用各种合适的胶粘剂将元器件、零件及各种材料粘接在一起的安装方法，称为粘接。粘接属于不可拆卸的固定连接。由于粘接具有一些特有的优点，所以在电子产品的生产中得到了广泛的应用。

1．粘接的特点

与螺接、铆接相比，粘接具有以下优点：工艺简便，成本低廉，适用性强，受力均匀，以及密封、绝缘和耐腐蚀等。

粘接的不足之处为：耐热性差，对粘接件表面要求高，粘接接头的抗冲击能力差等。

2．粘接工艺及要求

粘接的工艺过程一般为：粘合剂的合理选用→调胶→粘接面的加工→粘接面的清洁处理→涂胶→加压叠合→固化。

为保证粘接质量，粘接时要求做到以下几点：

① 核查黏合剂的使用期限、固化时间及固化温度；

② 严格按要求处理粘接件的表面；

③ 涂胶位置要准确、厚度要均匀；

④ 夹具定位准确，压力应均匀；

⑤ 加压叠合时，必须将接口处的溢胶清除干净。

6.6.4 铆接

铆接是指用各种铆钉将零件或部件连接在一起的操作过程，有冷铆和热铆两种方法。

在电子产品装配中，常用铜或铝制作的各类铆钉，采用冷铆法进行铆接。铆接的特点是安装紧固、可靠。

1. 对铆钉的要求

铆接时所用的铆钉尺寸适当，才能做出符合要求的铆接头。具体要求为：铆钉长度应等于被铆件的总厚度与留头长度之和；半圆头铆钉的留头长度应等于其直径的 4/3～7/4 倍；铆钉直径应大于铆接厚度的 1/4。

另外，铆孔直径与铆钉直径的配合必须适当，否则易造成铆钉杆弯曲或铆钉杆穿不过等现象。具体配合要求可参见表 6-3。

表 6-3 标准铆钉直径与铆孔直径

铆钉直径/mm		2	2.5	3	3.5	4	5	6	8	10
铆孔直径 /mm	精装配	2.1	2.6	3.1	3.6	4.1	5.2	6.2	8.2	10.3
	粗装配	2.2	2.7	3.4	3.9	4.5	5.5	6.5	8.5	11

2. 铆接方法及要求

铆钉头镦铆成半圆形时，先将铆钉插入两个待连接件的孔中，铆钉头放到与其形状一致的垫模上，压紧冲头（压紧被铆接件用的工具）放到铆钉上，砸紧两个被铆接件，如图 6.33（a）所示。然后拿下压紧冲头，改用半圆头镦铆露出的铆钉端，使之成为半圆形，如图 6.33（b）所示。铆接后，铆钉头应完全平贴于被铆零件上，与铆窝形状一致，不允许有凹陷、缺口和明显的开裂现象。

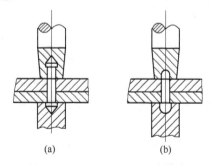

(a)　　　　　(b)

图 6.33 铆钉头镦铆成半圆形

铆钉头镦铆成沉头时，操作方法基本同上，只是垫模不需要特殊形状。在用压紧冲头压紧被铆接件后，用平冲头镦成型。铆接后，被铆平面应保持平整，允许略有凹下，但不得超过 0.2 mm。

铆装空心铆钉时，先将装上空心铆钉的被铆装件放到平垫模上，用压紧冲头压紧。然后用尖头冲头将铆钉孔扩成喇叭口状，如图 6.34（a）所示。再用冲头砸紧，如图 6.34（b）所示。铆接时，扩边应均匀、无裂纹，管径不应歪扭。

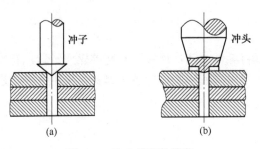

图 6.34　空心铆钉的铆装

6.6.5　螺纹连接

用螺钉、螺栓、螺母等螺纹连接件及垫圈将各种元器件、零部件紧固安装在整机各个位置上的过程，称为螺装。这种连接方式具有结构简单、装卸方便、易于调整、工作可靠等优点。在电子产品的安装中得到了广泛的应用。

1．紧固方法

在用螺钉安装时，应先依次装上螺钉，然后分步逐渐拧紧，以防结构件变形，确保安装的可靠性。在紧固长方形、正方形或圆形工件的螺钉组时，应从中间开始逐渐向四周对称扩展。

2．螺装的质量标准

螺钉、螺栓紧固后，一般螺尾外露长度不得少于 1.5 扣，螺纹连接长度不得少于 3 扣；沉头螺钉紧固后，其头部与被紧固的表面应保持平整，允许略有偏低，但不应超过 0.2 mm；弹簧垫圈四周均要被螺帽压住，并要压平；安装后，螺钉、螺帽无打滑现象，被紧固件无开裂、破损现象，安装件的标志应朝外；对于固定连接的零部件，不能有间隙和松动，而活动连接的零部件，应能在规定方向和范围内灵活均匀地运动。

3．螺装的防松措施

螺纹连接一般都具有自锁性，在静态和工作温度变化不大时，不会自行松脱。但当受到振动、冲击或工作温度变化很大时，螺纹间的摩擦力就会出现瞬时减小的现象，如多次重复出现这种现象，就会使连接逐渐松脱。为了防止紧固件的松脱，应采取防松措施。如图 6.35 所示，为常用的几种防松措施。

图 6.35（a）利用两个螺母互锁起到止动作用，一般在机箱接线板上用得较多。图 6.35（b）用弹簧垫圈制止螺钉松动，常用于紧固部位为金属的元器件。图 6.35（c）靠加弹簧垫圈的同时在螺钉孔内涂紧固漆起止动作用。图 6.35（d）靠加弹簧垫圈及在露出的螺钉头上涂紧固漆来止动，涂漆处不少于螺钉半周及两个螺纹高度。这种方法常用在一般安装件上。图 6.35（e）靠橡皮垫圈起止动作用。图 6.35（f）靠加开口销钉止动，多用于有特殊要求器件的大螺母上。

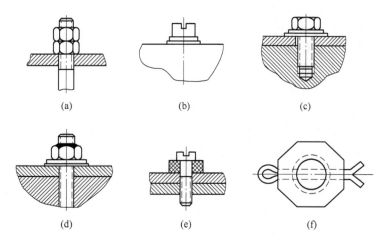

图 6.35　防止紧固件松动的措施

6.7　本章小结

电子产品的整机装配是生产过程中一个极其重要的环节。企业要实现优质、低耗、高产的生产目标，就必须采用先进、合理的整机装配工艺。本章介绍了整机的结构形式和整机装配的内容、特点与方法，并以电子整机产品的生产过程为主线，阐述了整机装配的准备工序、部件装配工艺和整机的总装工艺，同时还介绍了整机产品包装知识及整机生产中使用的非焊接式连接方法。

通过本章的学习要求做到：

（1）了解电子整机产品的结构形式，掌握整机装配的内容、特点与方法。

（2）掌握电子产品装配的工艺过程。

（3）掌握整机装配中螺装、铆装、粘接、烫印等主要的机械安装工艺。

（4）了解元器件引线成型的目的，掌握成型的方法。

（5）掌握导线的加工过程及其要求。

（6）熟悉芯线、裸导线及元器件引线的浸锡过程和要求。

（7）掌握低频电缆与插头座的连接方法。

（8）掌握印制电路板的组装工艺及其基本要求。

（9）掌握整机总装的工艺过程、工艺原则及基本要求。

（10）掌握总装接线工艺及其要求。

（11）能够根据整机装配的工艺流程和要求，进行电子整机产品的装配。

（12）了解整机产品包装的种类与功能作用。

6.8　思考与习题 6

6.1　整机装配中主要有哪些准备工序？

6.2　简述元器件引线成型的方法。

6.3　导线的加工可分为哪几个过程？

6.4　简述导线线头与元器件引线浸锡的过程。

6.5　试说明电子产品整机装配的内容、特点和方法。

6.6　在整机装配中有哪些常用的机械安装工艺？它们的主要特点是什么？

6.7　机械安装工艺的基本要求是什么？

6.8　试述印制电路板上元器件的插装方法及插装技术要求。

6.9　简述整机总装的接线工艺要求。

6.10　整机装配的工艺原则及基本要求是什么？

6.11　以收录机生产为例，说明整机总装的工艺过程。

6.12　电子产品包装具有哪些作用？一般有哪些种类？

6.13　简要说明对产品的运输包装与销售包装的不同要求。

6.14　什么是压接？什么是绕接？它们各有什么特点？

第7章 整机调试与检验

电子产品往往是由若干个功能不同的零部件组成的，装配过程就是把所有元器件、部件等按照设计图纸的要求连接起来。由于各种元器件（如电阻器、电容器、晶体管等）的参数具有一定的离散性，元器件的安装位置及接地点等形成的分布参数对电路也有一定影响，从而使电路的各种性能产生一定的偏差。为了使各部件、单元电路之间实现有效的连接和匹配，电子产品经过部件、单板、整机装配后，都要进行调试，使产品达到技术文件所规定的功能和技术性能指标；同时，调试又是发现产品设计和工艺问题及原材料缺陷和不足的重要环节。因此，调试工艺水平在很大程度上决定了整机的质量，调试是保证并实现产品功能和质量的重要工序。

7.1 整机调试

7.1.1 调试工作的内容、程序和要求

1．调试工作的主要内容

调试一般包括调整和测试两部分工作。电子产品整机内的电感线圈磁芯、电位器、微调可变电容器等都是可调元件，与电气指标有关的机械转动部分、调谐系统部分等是可调的部件。因此，调整主要指对可调元件、部件的调整，使之达到预定的指标和功能要求。测试则是在调整的基础上，用仪器、仪表对单元电路板或整机的电气性能进行测试。调试的主要内容如下所述。

① 熟悉产品的调试目的和要求。

② 正确合理地选择和使用测试所需要的仪器、仪表。

③ 严格按照调试工艺指导卡，对单元电路板或整机进行调整和测试。调试完毕，可用封蜡、点漆等方法紧固元器件的调整部位。

④ 运用电路和元器件的基础理论去分析和排除调试中出现的故障，对调试数据进行正确的处理和分析。

⑤ 填写调试记录，对存在问题及时反馈，提出改进意见。

2．调试工作的程序

（1）简单整机的调试

对于比较简单、小型的整机，在焊接和安装完成之后，一般直接进行整机调试。其调试程序比较简单。例如，稳压电源、晶体管收音机等简单、小型的整机都是直接进行调试的。

（2）复杂整机的调试

比较复杂的电子整机一般由若干单元电路板、组装部件和机械部分组成。其调试的一般程序是先对单元电路板、组装部件、机械结构等进行调试。当达到技术指标要求之后，才进行总装。然后对整机进行调试。整机调试完毕，按要求进行例行试验，最后进行复调，即先单板（部件）调试，后整机调试；先粗调，后细调。

调试程序需有科学、合理的调试工艺流程来具体实施。调试工艺流程的安排原则是先外后内；先调结构部分，后调电气部分；先调独立项目，后调互有关联的项目；先调基本指标，后调质量控制点的指标。整个调试过程是循序渐进的过程。

3. 调试工作的一般要求

① 调试场地应避免工业干扰、强功率电台及其他电磁场干扰，特别在调试高频电路时应在屏蔽室内进行。为了防止电源波动和电源干扰，供调试用的交流电源须经过隔离变压器，并且还要经过交流稳压。调试场地应有良好的安全设施，特别是对高压电路和大功率电路测试时，要注意隔离和绝缘。

② 在正确地选择调试用仪器、仪表和专用设备的同时，要熟悉各种仪器的使用方法。各测量仪器的接地、待测电路的接地要一致。对灵敏度较高的仪表（如毫伏表、微伏表）连接线必须采用屏蔽线。

③ 调试前必须熟悉调试内容、调试部位、调试步骤和调试方法，理解相应的工艺文件、图纸。调试时，应把调试用的图纸、文件、工具及备用件放置在适当的位置。

④ 调试时必须经过严格的直观检查后才能通电。通电时，应注意不同类型整机的加电程序。在带电情况下调试时应单手操作，以免触电。

⑤ 调试中发现问题时要仔细分析原因，不要轻易更换元器件、部件。例如，发现滤波电容击穿了，不能马上换电容，要查整流管是否击穿。如果是整流管击穿了，贸然换上滤波电容后还会击穿。熔体烧断了也是如此，不能轻易换上更粗的熔体，否则马上会烧毁元器件。

7.1.2 调试仪器的选择和使用

1. 调试仪器的选择原则

在调试工作中，调试仪器的选择对产品的调试质量有着重要影响，因此在编制调试工艺文件时应合理选用调试仪器。仪器、仪表的选择一般应遵循以下原则。

① 在保证产品测试指标范围的前提下，应选用要求低、结构简单的通用或专用仪器设备，以便降低生产成本，方便工人操作，提高调试效率。

② 调试仪器的工作误差应小于被测参数所要求的误差。

③ 仪器、仪表的测量范围和灵敏度，应符合被测参数的数值范围。

④ 正确选择仪器的输入阻抗，使仪器接入被测电路后，不改变被测电路的工作状态，或对被测电路产生的测量误差极小。

2. 调试仪器的使用

通用电子测试仪器一般具有一种或几种功能，要完成某一产品的测试工作，往往需要将多台测试仪器及附件、辅助设备等组成一个测试系统。调试人员应按调试工艺文件的要求，正确、合理地布置使用仪器，一般应注意如下几个方面。

① 所有的仪器、设备都要符合一定的计量和检测要求。通常都要有合格的设备计量报告，并且要定期进行计量校准。

② 所有的仪器、仪表应接成统一地线，并与所调试的整机或部件的地线接好。需要预热的仪器应按规定的时间预热。按调试工艺文件的规定，选择好仪器仪表的量程并调准零点。

③ 对灵敏度较高的仪表（如毫伏表、微伏表），在进行测量时不但要有良好的地线，而且互相之间的连接线必须采用屏蔽线。测量时，应先接地，后接高电位端；测试完毕，按相反的顺序取下。有高低压开关的仪表，通电时应先接通低压开关，后接通高压开关，测试结束时则按相反的顺序断开。

④ 在测量高增益、弱信号或高频信号时，不应将被测器件的输入与输出线靠近或交叉。连接线及地线越短越好，以避免引起信号的串扰及寄生振荡，造成测量误差。

7.1.3　在线检测（ICT）

在电子产品的大批量生产中，为了能够提高测试的工作效率，一般都制作专用的产品调试工装，应用在线测试技术——ICT。

ICT 是"在线测试技术"的缩写，有时也指在线测量仪器。所谓"在线"，具有双重含义：

① ICT 通常在生产线上进行操作，是生产工艺流程中的一道工序；

② ICT 把电路板接入电路，使被测产品成为检测线路的一个组成部分，对电路板及组装到电路板上的元器件进行测试，判断组装是否正确或参数是否正确。

ICT 的应用极其广泛，最简单的如元器件制造厂家对电子元器件的测试或印制电路板制造厂家对 PCB 的测试；复杂的如计算机或各种智能化电子产品，从部件到整机，在自动化生产过程中都要使用 ICT。ICT 是一项技术性很强的工作，它要求操作者具有很好的理论基础和技术能力。

ICT 分为静态测试和动态测试。静态 ICT 只接通电源，并不给电路板注入信号，一般用来测试复杂产品，使产品在总装或动态测试之前首先保证电路板的组装焊接没有问题，以便安全地转入下一道工序（以前把静态 ICT 测试叫作通电测试）；而动态 ICT 在接通电源的同时，还要给电路板注入信号，模拟产品的实际工作状态，测试其功能与性能。显然，动态在线测试对电子产品的测试更完整，也更复杂，因此一般用于测试比较简单的产品。

测试针床是一块专用的工装，用来接通 ICT 系统和被测电路板。针床上，根据被测电路板上每一个测试点的位置，安装了一根测试顶针，测试顶针是弹性的，可以伸缩。被测电路板压到测试针床上的时候，测试顶针和针床通过测试电缆的连接，把被测电路板上每一个测试点连接到测试系统中。如图 7.1 所示，是测试针床的示意图，其中图（a）～（c）是顶针的形式，图（d）是顶针的内部结构。

当压板向下移动一段距离、上面的塑料棒压住电路板往下压的时候，针床上的测试顶针受到压缩力以保证测试点与测试电路良好连接，使被测元器件接入测试电路。

大多数 ICT，特别是对复杂产品的在线测试都要利用计算机技术，以便保证测试的准确性和可靠性，提高测试效率。ICT 的基本结构如图 7.2 所示。它的硬件主要由计算机、测试电缆、测试压板、测试针床和传动系统等部分组成；软件由 Windows 操作系统和 ICT 测试软件组成。

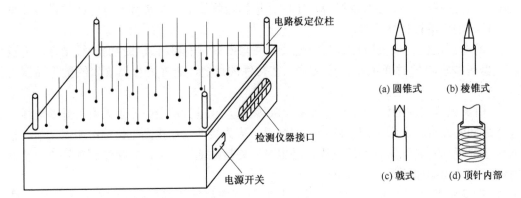

图 7.1　测试针床示意图

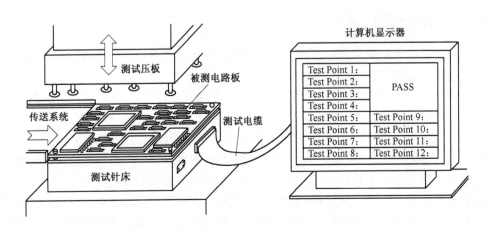

图 7.2　ICT 的基本结构

① ICT 的计算机系统可以由工业计算机构成，也可以使用普通的 PC 机。操作系统一般是 Windows，专用的测试软件要根据具体的产品编程，通过接口在屏幕上显示或在打印机上输出测试结果，还能完成对测试结果的数据分析与统计等功能。

② ICT 的测试电路是被测电路板与计算机的接口，它可以分成开关电路和控制电路两部分。开关电路由继电器或半导体开关电路组成，把电路板组件（PCBA）上需要测试的元器件接入测试电路；控制电路根据软件设定，选中相应的元器件并测试其参数，如对电阻测试其阻值、对电容测试其容量、对电感测其电感量等。

③ ICT 的机械部分包括传送系统、气动压板、行程开关等机构。高档的 ICT 带有传送系统，能够自动把被测产品顺序送到 ICT 设备上。压缩空气通过汽缸驱动压板上升或下降，当压板下降到指定位置时，行程开关把气路断开，使压板停止下压的动作。

7.1.4　调试举例

1. 单元部件调试

电子产品一般都由若干个单元部件组成。单元部件组装完毕，都应进行调试，调试合格后方可进行总装，总装完毕再进行整机调试。因此单元部件的调试是整机总装和调试的前提，其调试质量直接影响到产品质量和生产效率，是整机生产过程中的一个重要环节。

（1）单元部件调试的一般工艺流程

电子产品各单元部件调试的一般工艺过程如图 7.3 所示。

图 7.3　单元部件调试工艺流程

① 外观检查。单元部件通电调试前，应先检查印制电路板上有无元器件错插、漏焊、短路，保险丝是否符合要求等。检查无误后，方可通电。

② 静态工作点的测试与调整。静态工作点是电路正常工作的前提。因此单元电路通电后，首先应测量静态工作点。

静态工作点的调试就是调整各级电路的工作状态（静态），测量其直流工作电压和电流是否符合设计要求。由于测量电流时，要将电流表串入电路，引起电路板连接的变动，很不方便；而测量电压时，只要将电压表并联在电路两端，所以静态工作点的测量一般都是测量直流电压。若要知道直流电流的大小，可根据阻值进行换算。也有些电路根据测试需要，在印制电路板上留有测试用的断点，待串入电流表测出电流数值后，再用锡焊好。

对于分立元件的收音电路，调整静态工作点就是调整晶体管的偏置电阻（通常调上偏置电阻），使其集电极电流达到电路设计要求的值。调整一般都是从最后一级的功放开始，逐级往前进行。

对于集成电路，它的"静态工作点"与晶体管不同，集成电路能否正常工作，一般要看其各脚对地电压是否正确。因此只要测出各脚对地的电压值，然后与正常数值进行比较，即可判断其"工作点"是否正确。

③ 波形、频率的测试与调整。在静态工作点正常的基础上，便可进行波形、频率的调试。电子产品需进行波形、频率测试和调整的单元部件较多。例如，对放大电路需要测试波形，对接收机的本机振荡及其他振荡器需要同时测试波形和频率。测试单元部件各级的波形时，一般都需要在单元部件的输入端加输入信号。在进行测试时应注意仪器与单元部件的连接线，特别是测试高频电路时，仪器要使用高频探头，连接线应采用屏蔽线，且连线要尽量短，以避免杂散电容、电感和两端引线之间的耦合影响波形、频率测试的准确性。

④ 频率特性的测试与调整。频率特性是指当输入电压幅度恒定时，网络输出电压随输入信号频率而变化的特性，是发射机、接收机等电子产品的主要性能指标。例如，收音机中频放大器的频率特性，将决定收音机选择性的好坏；电视接收机高频调谐器及中放通道的频率特性，将决定电视机图像质量的好坏；示波器Y轴放大器的频率特性制约了示波器的工作频率范围。因此，在电子产品的调试中，频率特性的测量是一项重要的测试技术。频率特性的测量方法一般有点频法和扫频法两种，在单元电路的调试中一般采用扫频法。

扫频法测量是利用扫频信号发生器来实现频率特性的自动或半自动测试的。因信号发生器的输出频率是连续扫描的，因此，扫频法简捷、快速，而且不会漏掉被测频率特性的细节。但用扫频法测出的动态特性，与点频法测出的静态特性相比，存在一定的测量误差。

⑤ 性能指标综合测试。单元部件经静态工作点、波形、频率及频率特性等项目调试

后，一般还要进行性能指标的综合测试。不同类型的单元部件其性能指标各不相同，调试时应根据具体要求进行，确保将符合整机功能要求的单元部件提供给整机安装。

在以上调试过程中，都会因元器件、线路和装配工艺因素（如元器件失效、参数偏移、短路、错接、虚焊等）等出现一些故障。发现故障后应及时排除，对于一些在短时间内无法排除的严重故障，应将此部件移开（可先放入待修品盒中），防止不合格部件流入下道工序。

（2）单元部件调试举例

现以收录机中的收音调试为例，说明单元部件的调试过程。

在流水线生产中，常用集中信号源进行调试。集中信号源能产生射频信号、锯扫信号和标记信号。其中射频信号包括调幅中频、调频中频、长波、中波、短波、调频等多种信号。在生产线上，根据工艺流程分别将不同的射频信号接到相应的工序。例如，将调幅中频信号接到调幅中频工位。锯扫信号接到工位显示器，在显示器上形成一条水平基线，如图7.4（a）所示。标记信号一般都是调制在水平基线上的，如图7.4（b）所示。

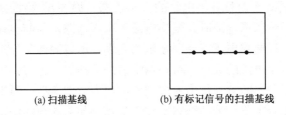

(a) 扫描基线　　　　　(b) 有标记信号的扫描基线

图 7.4　工位显示器

通常将基线上的标记信号称做频标点，不同的射频信号有不同的频标点，各频标点的频率是可以调整的。调试时，将信号源的射频输出接被测件的输入端，被测件的输出端接工位显示器的输入。在信号源与被测件之间常接有衰减器，如图7.5所示。

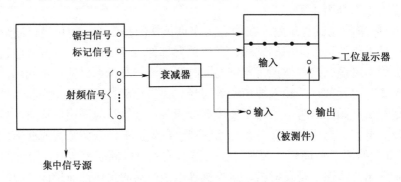

图 7.5　集中信号源、衰减器与被测件的连接图

利用集中信号源调试具有方便、简捷、高效的优点，且一台集中信号源可同时供多个工序使用。但集中信号源只适用于调试工序比较固定的场合。

下面以集中信号源调试为例，说明收音单板调试的具体过程。

① 静态工作点的测试。假设收音部分的电路由集成电路构成，则测试时只要根据工艺文件，分别测试调频（FM）、调幅（AM）状态下集成电路各引脚的对地电压即可。

② FM中频调试。调频收音机的中频频率较高，我国规定为10.7 MHz。

中频特性调试的连接如图7.6所示，基线上频标点的频率依次设为（从左到右）10.55 MHz、

10.65 MHz、10.7 MHz、10.75 MHz 和 10.85 MHz。调试时，将波段开关置于 FM 挡，调节鉴频级的次级回路线圈，使 10.7 MHz 频标点位于水平基线上，并使"S"曲线上下对称、形状平滑、幅度达到要求值，如图 7.7 所示。调试完毕，应在线圈的磁芯与屏蔽罩间封漆（蜡）紧固。

③ AM 中频调试。我国调幅收音机中频频率规定为 465 kHz。其测试连接同图 7.6，但其频标点依次为 455 kHz、460 kHz、465 kHz、470 kHz 和 475 kHz。衰减器输出信号接到调幅混频输入端。调试时，将波段开关置于 AM 挡，由后到前逐一调整调幅中频中周（应反复调整），使显示器上出现如图 7.8 所示的中频谐振曲线，并使之幅值达到规定要求。调试完毕，在中周上点漆（蜡）紧固。

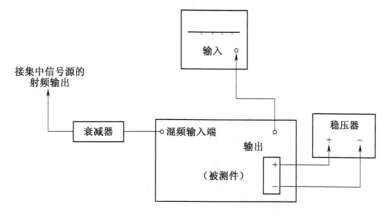

图 7.6 中频特性调试连接图

图 7.7 调频中频曲线

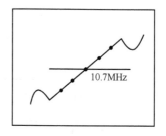

图 7.8 调幅中频曲线

④ 中波调试。中波调试包括中波频率范围的调试和中波统调。我国中波频率范围规定为 526.5～1 606.5 kHz，调试时应保证有一定的余量。统调是通过调节四连电容器，使振荡回路与输入回路的频率差保持在 465 kHz 上，即达到同步或跟踪。中波统调点一般设在 600 kHz、1 000 kHz、1 400 kHz 三点上，中波调试的连线如图 7.9 所示。图中中波环形天线与中波磁棒线圈应保持垂直。显示器基线上频标点设置为 515 kHz、600 kHz、1 000 kHz、1 400 kHz、1 620 kHz，其中两边的频标点供调试频率范围用，中间三点供统调用。

⑤ 中波频率范围调试。波段开关置于中波，将四连电容器全部旋入，用无感调节棒调中波振荡线圈的磁芯，如图 7.10 所示，直至 515 kHz 频标点落在收音信号的尖峰为止，如图 7.11（a）所示。然后再将四连电容全部旋出，用调节棒调并联在振荡连上的补偿电容，直至 1 620 kHz 频标点落在收音信号的尖峰为止，如图 7.11（b）所示。由于低端与高端频率点的调试相互影响，因此需反复调试，直至调准为止。调试完毕，应在振荡线圈上点漆

（蜡）紧固。

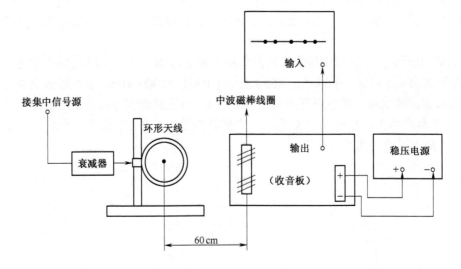

图 7.9　中波调试连线图

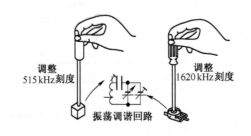

图 7.10　中波频率范围调整

图 7.11　频率覆盖点信号示意图

　　⑥ 中波统调。旋转四联电容器，使 600 kHz 的频标点落在信号的尖峰上，调节磁棒上的中波输入线圈位置，使信号幅度达到最大。然后再旋转四联电容器，使 1 400 kHz 的频标点落在信号的尖峰上，调节输入电路的补偿电容，使信号幅度达到最大。中波统调如图 7.12 所示，调试中如遇到广播台的干扰，应将频率调偏些，避开干扰后再调试。高、低端的统调也相互影响，因此需反复调试，直到调准为止。调准后其高、低端的信号幅值均应满足工艺指导卡上的要求，然后用高频地蜡封固磁棒上线圈的位置。高、低端统调完毕，再检查一下中间统调点（1 000 kHz）的跟踪即可。

　　对于统调是否正确可用铜铁棒来鉴别。铜铁棒是一根绝缘棒，一端装有铜环作为铜头，另一端装一小段磁棒作为铁头，其作用是检验调谐电路是否准确谐振于接收频率。检验时，将收音机调谐于统调测试点，如 600 kHz。然后先用铜铁棒的铜头靠近输入天线线圈，如收音机的输出信号增大，表示原来天线线圈的电感量偏大，输入电路的谐振频率偏低，应将天线线圈沿磁棒由里向外移动。再用铁头靠近磁性天线，如收音机的输出信号增大，表示天线线圈的电感量偏小，输入电路的谐振频率偏高，应将天线线圈向磁棒中心移动。如此反复调整，直到铜铁棒的两头分别靠近输入天线线圈时，收音机的输出信号都有所下降，就表明输入电路的谐振频率正好谐振在外来信号的频率上，达到了最佳跟踪。

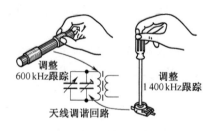

图 7.12　统调方法示意

1 400 kHz 统调点的检验方法与上述基本相同，主要区别在于调整输入电路的补偿电容。收音统调的原则是：低端调电感，高端调电容。

⑦ 短波调试与调频调试。在进行短波、调频调试时，集中信号源的输出信号经衰减器接到收音电路的外接天线输入端，它们的频标点应根据短波、调频的指标要求分别设定。其调试过程和方法与中波调试相类似，在此不再赘述。

收音单元电路经过以上调试步骤后，通常还设有试听工序，综合检查收音电路的全部功能及与其他单元电路相关联的部分。对于调试合格的收音单板应加合格标记。

在目前的生产中，除使用集中信号源进行调试外，还可使用扫频仪和高频信号发生器进行收音单板的调试，但一套设备只能供一个工序使用。

2. 整机调试

单元部件调试时，往往有一些故障不能完全反映出来。当部件组装成整机后，因各单元电路之间电气性能的相互影响，常会使一些技术指标偏离规定数值或者出现一些故障。所以，单元部件经总装后一定要进行整机调试，确保整机的技术指标完全达到设计要求。

（1）整机调试的工艺流程

整机调试的工艺流程应根据整机的功能、组成及结构等情况确定，不同的电子产品有不同的工艺流程。如图 7.13 所示为整机调试的一般工艺流程。

图 7.13　整机调试工艺流程

① 整机外观检查。检查项目因产品的种类、要求不同而不同，可按工艺文件进行。以收音机为例，一般检查天线、焊接质量、电池夹、弹簧、频率刻度指示、旋钮、耳机插座和机内异物等项目。

② 结构调整。电子产品是机电一体化产品。结构调整的目的是检查整机装配的牢固可靠性，如各单元电路板、部件与机座的固定是否牢固可靠，有无松动现象；各单元电路板、部件之间连接线的插头、插座接触是否良好；可调节装置是否灵活到位等。

③ 整机功耗测试。整机功耗是电子产品的一项重要指标。测试时常用调压器对整机供

电。将调压器电压调到 220 V，当整机正常工作后，测量整机的交流电流，将交流电流值乘以 220 V 便是该整机的功率损耗。整机的功耗一般由设计保证，如果测试值偏离设计要求，说明机内有短路或其他不正常现象，应关机检查。

④ 整机统调。调试好的单元部件经整机总装后，其性能参数会受到一些影响。因此装配后的整机应对其单元部件再进行必要的调试，使各单元部件的功能符合整机要求。整机统调在整机合拢前进行。

⑤ 整机技术指标的测试。对已调整好的整机应进行技术指标测试，以判断它是否达到设计要求的技术水平。不同类型的整机有不同的技术指标，且规定相应的测试方法。整机技术指标测试一般在整机合拢后进行。

（2）整机调试举例

下面以中波段外差式收音机为例，介绍调试步骤。

① 调试前的准备。检查整机元件安装、焊接位置是否正确，焊点应圆滑光亮、无堆积、无毛刺、无虚焊，焊接不合要求的焊点要重新焊接。检查机内装配连线是否正确，应特别注意：晶体管管脚是否插错，输入、输出变压器是否调错，输入回路线圈（磁性天线线圈）初、次级是否调错等。检查磁棒支架、四连可变电容、扬声器、电池夹等是否固定好。检查调节旋钮是否安装牢靠、旋转灵活。

② 静态工作点的调整。检查电池电压，应不低于额定值的 10%，否则应更换电池。通电后将四连可变电容全部旋进，确保在无外来信号的条件下，由后向前测试各级静态电流。常见超外差收音机各级静态电流的正常范围值见表 7-1。然后将电流表串接在开关电位器的通、断焊片之间，测量整机静态电流，正常整机静态电流应低于 20 mA。

表 7-1　超外差收音机各级静态电流的正常范围（单位：mA）

推挽功放	OTL 功放	激励	前置低放	二中放	来复放大	一中放	变频级	混频级	振荡级
3~5	4~8	1.5~2.5	0.7~2	0.8~1.2	0.8~1.8	0.3~0.5	0.4~0.6	0.4~0.6	0.25~0.4

③ 中频频率的调整。如图 7.14 所示，将高频信号发生器 XFG-7、示波器、毫伏表接入电路。高频信号发生器的旋钮位置为：波段开关第 3 波段；频率 465 kHz；调制选择 1 000 kHz；调幅度调节 30%；输出电压 0～0.1 V。

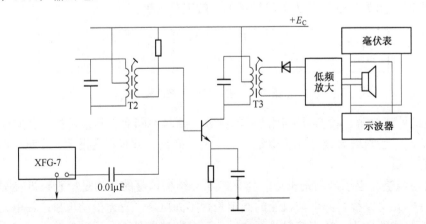

图 7.14　中频频率调整示意图

调整操作时，由后向前逐级进行，并且高频信号发生器的输出电压随逐级向前而相应减小。先将高频信号发生器输出接至二中放基级（如图所示），用无感旋具调节中频变压器 T3 的磁芯，使毫伏表显示的读数为最大，而示波器显示的正弦曲线不失真。再相应减小高频信号发生器的输出电压，按同样方法调测 T2 和 T1。最后，高频信号输出连接位置不动，由后向前细调一遍，用蜡封固中频变压器磁芯，拆除仪器。调节磁芯时特别应注意的是，用力要均匀，防止磁芯破裂。磁芯不要旋到底，否则中频变压器内部线圈易被割断。

调整中频频率还可不用仪器进行，其调整方法为：在收音机接收某一电台的情况下，用旋具短接本振部分的双连电容器，如果这时扬声器里的电台信号消失，说明变频和本振级工作正常；否则说明中放级信号不是经变频后的中频信号，而是像直放式收音机那样直接窜到后级去的。因此，这时调中频变压器，不仅调不好，还会调乱。经检验变频和本振级工作正常后，可用无感旋具由后级向前级逐级调中频变压器内的磁芯，边调边听声音的大小，反复调几次，直到声音效果最好为止。调整时应注意，最好选择一个信号较弱的电台，否则在强信号时由于 AGC 作用，会使得中频变压器调偏了较大范围而音量却不发生变化。

④ 频率范围的调整。频率范围的调整是为了保证收音机四连可变电容从全部旋进到全部旋出时恰好包括整个接收波段，使收音机在波段范围内接收全面而且效果好，即中波段时应能接收 525～1 605 kHz 的信号，并且实际接收频率与其刻度频率一致。调整仪器的连接如图 7.15 所示。高频信号发生器（XFG-7 型）各旋钮位置为：调制选择 1 000 Hz；调幅度调节 30%；载波电压 1 V；环形天线接"0～0.1 V"输出端。

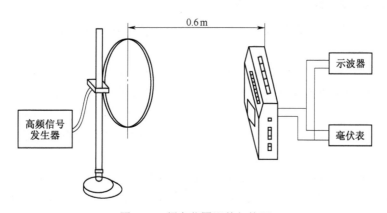

图 7.15 频率范围调整与统调

调整操作时，调收音机频率刻度盘（针），当四连可变电容全部旋进与全部旋出时，刻度分别显示或指示 525 kHz、1605 kHz。调低端时高频信号发生器输出频率为 525 kHz 的调幅信号，双连电容全部旋进，频率刻度盘对准 525 kHz，调节本振电感线圈磁芯，使毫伏表有最大输出（收音机发音最强）。调高端时高频信号发生器输出频率为 1 605 kHz 的调幅信号，四连可变电容全部旋出，频率刻度盘对准 1 605 kHz，调节本振回路补偿电容，使毫伏表输出最大而且稳定（收音机发音强而清晰）。

不使用仪器时频率范围的调整方法为：选用已知频率的电台信号进行调整。如选 640 kHz 的电台信号作低端调试信号，则将四连可变电容旋出 15° 左右，并使刻度指针对准 640 kHz，再调本振线圈磁芯，使收音机输出声音最大为止。然后选 1 500 kHz 的电台信号作高端调试信号，将刻度指针对准 1 500 kHz，调整本振回路补偿电容，使收到的电台信号最强。低端、高端如此重复调几次，直至调准为止。

⑤ 统调。统调是使各个调谐点的本振频率与接收信号的频率相差 465 kHz，同时也使输入回路在整个接收范围内有较高的灵敏度。调整仪器的连接同图 7.15。

低端统调时，使高频信号发生器输出频率为 600 kHz 的调幅信号，调整收音机使其接收到这一信号，调整磁棒天线初级线圈在磁棒上的位置，使毫伏表显示最大读数（发音最强）。高端统调时，调节高频信号发生器输出频率为 1 500 kHz 调幅信号，调收音机四连可变电容，使其收到此信号，然后调输入回路微调电容，也使毫伏表有最大输出。高、低端反复统调多次，直至整个中波段范围内有良好的接收效果。

不用仪器情况下的统调也可利用频率范围调整中介绍的方法，利用 640 kHz 和 1 500 kHz 的电台信号进行统调。基本原则是：低端调电感（输入回路天线线圈），高端调电容（输入回路微调电容），中间统调（1 000 kHz）靠电容（本振回路垫整电容）。这就是常用的"三点统调法"。

7.1.5 调试的安全措施

调试过程中要接触到各种测试仪器和电源，在这些仪器设备及被测试机器中，常常带有高压电路、高压大容量电容器和 MOS 电路等。为保护调试人员的人身安全和避免测试仪器及元器件的损坏，必须严格遵守安全操作规程。

1. 测试环境的安全措施

① 测试场所要保持适当的温度与湿度，场地周围不应有激烈的震动和很强的电磁干扰。

② 调试台及部分工作场地应铺设绝缘橡胶垫，使调试人员与地绝缘。在调试高压电路时，应在机器周围铺设合乎规定的地板或绝缘橡胶垫，备好放电棒，在调试工位的醒目处挂上"高压"警告牌。

③ 工作场地应备有适用于灭电气起火且不会腐蚀仪器设备的消防设备（如四氯化碳灭火器等）。

④ 调试含 MOS 器件的电路的工作台面，应使用金属接地台面或防静电垫板。存放MOS 器件不能使用尼龙、化纤等材料的容器，应放在接地的金属盒等静电屏蔽的容器内，以防止 MOS 器件因静电感应而被击穿。

2. 供电设备的安全措施

① 测试场地内所有的电源线、插头座、保险丝、电源开关等都不允许有裸露的带电导体，所用电器材料的工作电压和电流均不能超过额定值。

② 当调试设备需使用调压变压器时，应注意其接法。因调压器的输入端与输出端不隔离，因此接入电网时必须使公共端接零线，以确保后面所接的电路不带电，如图 7.16 所示。若在调压器前面接入 1:1 隔离变压器，可确保安全，如图 7.17 所示。后面接的电路必要时可另接地线。

3. 测试仪器的安全措施

① 仪器及附件的金属外壳都应接地，尤其是高压电源及带有 MOS 电路的仪器更要良

好接地。

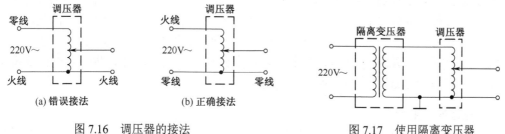

图 7.16　调压器的接法　　　　　　图 7.17　使用隔离变压器

② 测试仪器外壳的易接触部分不应带电,非带电不可时,应加绝缘覆盖层防护。仪器外部超过安全电压的接线柱及其他端口不应裸露,以防使用者触摸。

③ 仪器电源线应采用三芯插头,且仪器设备的外壳应通过三芯插头与地线相连。

4.操作安全措施

① 在接通被测机器的电源前,应检查其电路及连线有无短路等不正常现象;接通电源后应观察机内有无冒烟、高压打火、异常发热等情况。如有异常现象,应立即切断电源,查找故障原因,以免扩大故障范围或造成不可修复的故障。

② 禁止调试人员带电操作,如必须与带电部分接触时,应使用带有绝缘保护的工具。

③ 在进行高压测试调整前,应做好绝缘安全准备,如穿戴好绝缘工作鞋、绝缘工作手套等。在接线之前,应先切断电源,待连线及其他准备工作完毕后再接通电源进行测试与调整。

④ 使用和调试 MOS 电路时必须佩戴防静电腕套。在更换元器件或改变连线之前,应关掉电源,待滤波电容放电完毕后再进行相应的操作。

⑤ 调试时至少应有两人在场,以防不测。无关人员不得进入工作场所,任何人不得随意拨动电源总闸、仪器设备的电源开关及各种旋钮,以免造成事故。

⑥ 调试工作结束或离开工作场所前,应关掉调试用仪器设备等电器的电源,并拉开总闸。

以上简述了调试过程中可能遇到的问题及应采取的措施,调试时可根据具体情况制定相应的安全操作规程,以减少或避免事故的发生。

7.2　整机检验

7.2.1　检验概述

检验是保证产品质量的一项重要工作,是对原材料、元器件、部件、整机的一个或多个特性进行测量、检查、试验或度量,并将结果与规定要求进行比较,以确定每项特性的合格情况所进行的活动。检验是检测、比较和判定的统称。检验工作贯穿于产品生产的全过程。

1.检验的意义

检验是确保产品质量符合规定要求的不可缺少的重要环节。如果由于漏检或错检,使不合格的电子产品经流通渠道到达用户，不仅会影响用户的正常作业和生活、造成人身伤害，还直接关系到生产企业的生存和发展。以对用户负责、提高产品的市场竞争力为宗旨，确保高质量、高性能、低成本的电子产品出厂，是所有电子产品制造企业的追求。因此，生产企业首先应当建立一个有效的、严密的检验体系——设立专职或兼职的检验部门，建立业务熟练的检验技术队伍，配备足够的、满足检验精度要求的测量仪器及设备，才能确保做出真实、完整、有效的检验判定结果和记录，确定产品的符合性。

2．检验的作用

在现代企业中，检验是必不可少的产品质量监控手段，其主要作用如下。

① 符合性判定：通过检验确认产品合格与否，对用户（或下道工序）提供质量保证。

② 质量把关：严格区分合格产品与不合格产品，确保不合格产品不能出厂。

③ 过程控制：通过对在制产品进行检验，发现生产过程中的异常情况，及时做出工艺调整，确保对不合格产品的追溯。

④ 提供信息：通过对检验数据进行分析，及时发现潜在的不合格原因，调整生产工艺，防止出现不合格产品。

⑤ 出具符合性证据：检验结果形成检验记录和报告，是判定产品符合的证实性材料。

3．检验的依据

检验是对产品的符合性做出判定，"符合性"中所包含的具体内容及要求，就是检验的依据。因此，在检验过程中必须具备用于符合性比较的标准文本文件，如标准、规定、要求等。

自从 20 世纪 80 年代以来，我国电子产品检验所依据的文本文件的标准化程度已达到较高程度并与国际接轨，很多产品标准都已形成系列。按照产品特性的不同，目前电子行业所使用的各级标准主要分为以下几类。

（1）国际标准：国际标准化组织发布的标准（ISO 标准）、国际电工委员会发布的标准（IEC 标准）。

（2）国家标准：强制性标准（GB 标准），属于必须执行的标准；推荐性标准（GB/T 标准），属于自愿采用的标准。国家标准采用国际标准时，均注明"idt"表示等同采用或注明"mod"表示修改采用。

（3）行业标准：行业范围内统一的技术要求。对电子产品来说，主要是标准及相关检验、监督机构颁布的标准。

（4）企业标准：对没有国家标准和行业标准的产品所制定的、作为组织生产依据的标准，只在生产企业内部使用，需经主管部门审批。按照常规，企业标准应当不低于国家标准和行业标准的要求。

此外，产品设计、合同附件、用户协议、产品图纸、资料、技术文件等，也可以作为有效的产品检验依据。

7.2.2　检验的分类

检验作为一种监控产品质量的科学手段，要在较短的时间内发现产品缺陷，就应该控制关键的检验环节，按照产品过程控制的需要，合理安排检验活动。一般按照检验的阶段、检验的场所及检验的方式分别进行控制，以便快速、准确、经济、合理地判定产品缺陷。检验有以下分类方法。

1. 按检验的阶段分类

（1）采购检验

采购检验即进货检验，由生产厂家对外部采购的原材料、元器件、零部件、外购件及外协件等采购物料进行检验或试验。电子行业采购的物料有分立电子元器件、集成电路、印制板、开关、接插件、线材、结构件、外壳等零部件及各种辅料。一些采购品由于出厂时本身固有的隐含缺陷，经过包装、储存和运输等过程后，缺陷就可能显现出来。所以，在采购物料进货后，应当按照相应的标准、图纸、技术要求等进行检验或验证。检验是对产品全项目或部分项目进行检验，验证是对产品供货方提交的检验证明或检测报告进行查验，经检验确认合格后方可入库和投产，这是把好产品质量的第一关。对采购产品的检验有以下两种方式。

① 首件（或首批）检验：对首件（或首批）产品检验，对供货方的产品与标准（或技术文件要求）是否符合做出评价。通常在首次向供货方购买产品或产品的设计及工艺有重大变化时采用，对采购产品做一次全项目或部分项目的检测，全面了解产品的质量状况，确定能否投入批量生产使用。可逐件检验或抽样检验。

② 批次检验：按采购进货的批次检验是为了防止不合格的原材料、元器件、零部件、外购件及外协件流入生产过程中，控制好每一批采购产品的质量，确保采购物料的质量能够持续地符合生产要求。通常，电子产品生产企业是将采购物料按其重要程度进行分类，再按采购批次及物料的类别分别进行质量控制的。

（2）过程检验

检验合格的原材料、元器件、外协件在整机各道工序装配过程中，有时可能因操作人员的技能水平、质量意识及装配工艺、设备、工装等因素，使组装后的部件、整机不能完全符合质量要求。因此对生产过程中的各道工序都应进行检验，并采用操作人员自检、生产班组互检和专职人员检验相结合的方式。

① 自检就是操作人员根据本工序工艺指导卡的要求，对自己所装的元器件、零部件的装接质量进行检查，对不合格的部件应及时调整或更换，避免其流入下道工序；

② 互检就是下道工序对上道工序的检验，操作人员在进行本工序操作前，应检查前道工序的装调质量是否符合要求，对有质量问题的部件应及时反馈给前道工序，绝不在不合格部件上进行工序操作；

③ 专职检验一般为部件、整机的后道工序。检验时应根据检验标准，对部件、整机生产过程中各装调工序的质量进行综合检查。检验标准一般以文字、图纸形式表达，对一些不便用文字、图纸表达的缺陷，应使用实物建立标准样品作为检验依据。

在流水生产过程中，应该选择较为关键的工序作为电子产品过程检验的控制点。检验项目则根据不同产品的要求而选择，主要包括装配结构及尺寸，半成品、成品的性能参数，安全性能等主要技术指标，可以全数检验或抽检。

（3）整机检验

经过整机调试后，还应对整机进行检验，以检查产品经过总装、调试之后是否达到预定的功能要求和技术指标。整机检验主要包括外观检验、功能检验和主要性能指标测试等内容。批量生产的产品，每批产品最后还必须进行例行试验。

① 外观检验。外观检验的项目有：产品是否整洁；面板、机壳表面的涂敷层及装饰件、标志、铭牌等是否齐全，有无损伤；产品的各种连接装置是否完好；金属件有无锈斑；结构件有无变形、断裂；表面丝印、字迹是否完整清晰；量程覆盖是否符合要求；转动机构是否灵活、控制开关是否到位；外形尺寸、安装尺寸、各引出端位置、引出端的功能位置及各引出线的长度是否符合产品标准的要求等。

② 功能检验。功能检验就是对产品设计所要求的各项功能进行检查。不同的产品有不同的检验内容和要求。例如，对收录机，应检查收音、放音、录音、电平指示等功能。收录机一般通过功能操作及试听方式进行功能检查，试听过程中应注意声道是否平衡、相位是否正确、声音有无失真及有无机械噪声、电气干扰声等，同时各功能控制键、旋钮的操作应正常。

③ 主要性能指标的测试。测试产品的性能指标是整机检验的主要内容之一，应用仪器对整机的主要技术指标进行测试，查看产品是否达到了国家或企业的技术标准。现行国家标准规定了各种电子产品的基本参数、测量方法及测试条件。

④ 安全检验。安全检验的主要内容有高压、绝缘性能、电源线、插头绝缘、开机着火等，安全检验为100%检验。

⑤ 例行试验及可靠性等试验。批量产品最后还必须进行例行试验及可靠性等试验后方可包装入库。

例行试验是对连续批量生产的产品进行周期性的检验和试验，以确认生产企业是否能持续、稳定地生产符合要求的产品。一般，在电子产品连续批量生产时，每年进行一次例行试验；若生产间断的时间超过半年，要对每批产品进行试验；若产品的设计、工艺、结构、材料及功能发生重大变更时，也应当进行试验。例行试验与定型试验的内容基本相同，包括外观、结构、功能、主要技术性能及安全、电磁兼容性能检验等。根据需要，还可以按照规定的方法对产品进行环境试验。

2．按检验的方法分类

（1）全数检验

全数检验是在制造产品的全过程中，对全部半成品或成品进行逐一的、100%的检验，对每个产品的合格与否做出评定结论。全数检验的主要优点是能够最大限度地减少本批产品中的不合格品。当需要保证每个单位的产品都达到规定的要求时，还可以反复多次进行。这种检验的主要缺点是检验成本比较高，而且还有可能造成一种错觉，即认为产品质量是由检验人员的检验筛选过程来控制的，生产过程中的操作人员反而可以不承担质量责任，所以不利于提高产品质量在生产全过程的控制地位。全数检验适用于以下情况：

① 如果出现不合格品漏检、可能造成重大损失的；

② 批量小、质量尚无可靠保障措施的；

③ 检验的自动化程度较高、较为经济的；

④ 用户有全检要求的。

全数检验不适用于破坏性的检验。例如，一些超负荷的指标考核肯定会造成产品的严重破坏，经过检验后的产品只能报废，不经济。全数检验是对每个产品的每一项指标逐个进行检查，对于批次数量大的产品，检验工作量很大。

（2）抽样检验

电子产品在批量生产过程中，不可能也没有必要对生产出的产品都采用全检方法。目前生产中广泛应用的是一种抽样检验的方法。抽样检验是从一批交验的产品（总体）中，随机抽取适量的产品样本进行质量检验，然后把检验结果与判定标准进行比较，从而确定该产品是否合格或需再进行抽检后裁决的一种质量检验方法。

抽检应在产品设计成熟、工艺规范、设备稳定、工装可靠的前提下进行。抽取样品的数量应根据 GB 2828—2003 抽样标准和待检产品的基数确定。样品抽取时，不应从连续生产的产品中抽取，而应从该批产品中任意抽取。抽检的结果要做好记录，对抽检产品中的故障，应对照有关的产品故障判断标准进行判定。电子产品故障一般分为致命缺陷（指安全性缺陷）、A 类不合格（指单位产品的极重要特性不符合规定，或单位产品的质量特性极不符合规定）、B 类不合格（指单位产品的重要特性不符合规定，或单位产品的质量特性严重不符合规定）和 C 类不合格（指单位产品的一般特性不符合规定，或单位产品的质量特性轻微不符合规定）。致命缺陷为否决性故障，即样品中只要出现致命缺陷，抽检批次的产品就被判为不合格。在无致命缺陷的情况下，应根据有关抽样标准来判断抽检产品合格与否。不同质量要求的产品，其质量指标也不同，检验时要根据被检产品在规定 AQL（合格质量水平，是指可以接受的连续批的进程平均上限值，是用来描述过程式平均的一个重要指标，它被看作是可接收的过程平均和不可接收的过程平均之间的分界线）值下所允许的 A、B、C 类的不合格数来确定，具体的检验方法和所检验的项目应根据产品的技术要求、性能、特点和作用及有关标准进行。

7.3　电磁兼容技术

在电磁原理广泛应用于动力、能源、通信、广播、控制、测量和电子计算机等方面为人类造福的同时，也对环境造成污染，影响人体健康，干扰设备的正常工作，给人们增加了麻烦。因此，人们必须注重对"电磁兼容"这一新课题的研究。

电磁兼容性（EMC，Electro Magnetic Compatibility）就是指设备在共同的电磁环境中能一起执行各自功能的共存状态，也可通俗地称为"干扰与抗干扰"。人们希望设备本身具有足够的抗干扰能力与尽可能低的干扰数值。有关电磁兼容性要求及测量方法的标准统称为电磁兼容标准。

7.3.1　电磁干扰

随着电子技术的发展，电气设备的种类越来越多，而且其应用也日趋广泛。然而，电气设备在使用运行中所产生的电磁干扰，不利于周围环境，影响附近设备的正常运行及人们的工作、生活和健康。例如，当我们正在看电视节目时，若有人使用电吹风或电剃须刀之类的家用电器，电视屏幕上会出现干扰（雪花）；同样，当病人在医院接受精心护理时，如果干扰信号妨碍了正在监视病情的医疗电子设备的正常运行，则会造成严重后果。这些例子说明了电磁干扰的特性和潜在的后果，也说明了有效控制电磁干扰以实现电磁兼容的重要性。

1．电磁干扰

所谓电磁干扰，是指无用的电磁信号对接收的有用电磁信号造成的扰乱。它由无用的、乱真的传导和辐射的电信号组成，能使千百万个系统或设备的性能发生恶化。一个简单的电磁干扰模型由 3 部分组成，如图 7.18 所示。

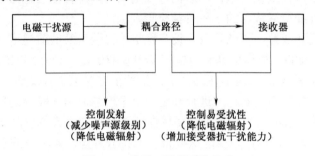

图 7.18　电磁干扰模型的组成

电磁干扰发射的信号既可以是传导的电压或电流，也可以是空间辐射的电场或磁场。在时域内，电磁干扰可以是瞬变的、脉冲的或稳态的。在频域内，电磁干扰所包含的频率分量范围可从 50 Hz、60 Hz 及 400 Hz 的低工频直到微波频段。电磁干扰信号可以是窄带或宽带的，相参或非相参的。电磁干扰可分为人为的和自然的，人为干扰可进一步区分为有意的和无意的（偶然的）。

2．电磁干扰的基本要素

电磁干扰有 3 个基本要素：电磁干扰源（噪声源）、耦合路径和接收器（感受器）。某些设备或系统既是干扰源又是接收器。

（1）电磁干扰源

人为的电磁干扰源有无线电发射机（广播、通信导航、雷达）、接收机本振、电动机、开关、荧光灯、高频加热、介质加热器、电弧焊机、计算机及外围设备、电源线、微控制器和元器件等（在一个微控制器系统里，时钟电路通常是最大的宽带噪声发生器，可以产生高达 300 MHz 的谐波干扰）。自然干扰源有雷电、银河噪声和静电放电等。

（2）耦合路径

干扰源与接收器之间的耦合方法可分成两类，一类是电磁波通过空间或材料传播所产生的辐射或场耦合，另一类是通过电流能流通的传导通路的耦合。

电磁干扰可通过空间辐射、感应和线路传导进行传播，几种传播方式常常是同时或交替进行的。一般，传导传播只限于频率较低的干扰，而辐射和感应传播对各种频率均可发生。

（3）接收器

所有的电子电路都可以接收传送的电磁干扰。虽然一部分电磁干扰可通过射频被直接接收，但大多数是通过瞬时传导被接收的。在数字电路中，临界信号最容易受到电磁干扰的影响。这些信号包括复位、中断和控制信号。模拟的低频放大器、控制电路和电源调整电路也容易受到噪声的影响。

3．电磁干扰的主要影响

① 破坏无线电通信的正常工作，影响电声和电视系统，如影响电话、电视和收音机等

电器的正常播送和接收。

② 降低电气设备仪表的工作性能，如产生误动作、误指示等。

③ 降低电工检测仪表的测量精度和灵敏度。

④ 干扰遥控遥测装置、数控电路和计算电路等。

⑤ 引起人们中枢系统的机能障碍、植物神经功能紊乱和循环系统综合征，如记忆力衰退、乏力及失眠等。

4．对电磁干扰的防护措施

（1）规定限制

为防止电磁干扰的有害影响，最大限度地减少和避免其危害，在提高产品本身的抗干扰性能的同时，还必须对人为产生的干扰规定出允许值并予以限制。我国在防止污染环境的电磁辐射的限值方面已制定了相关标准，如国家标准《电磁辐射防护规定》及《辐射防护规定》等。

（2）降低干扰源产生的干扰强度

设法降低干扰源产生的干扰强度，提高设备本身的抗干扰能力及抑制干扰的传播，可采取隔离、屏蔽、滤波、接地和连接等方法。

① 隔离。高频元件与一般元件应妥善隔离，大功率元件应远离工作面板。

② 屏蔽。把干扰源、易受干扰的设备或线路，用金属板或金属网包围起来，以降低辐射干扰的传播。屏蔽用的材料，一般是铝、铜、钢等金属板或钢板拉网及铜丝编织网，线路屏蔽多采用铜丝编织的屏蔽层或金属管，并作良好的接地。

③ 滤波。滤波的作用是滤去电磁波中的干扰部分。滤波器应根据干扰的频率范围、对衰减的要求和网络的阻抗等条件选择。

④ 接地。接地和连接都是为高频干扰电压造成低阻抗通路，以防止干扰的耦合和传播。可用低阻抗的导体将设备、电路或系统与大地牢固地连接。

⑤ 连接。用低阻抗的导体使金属结构之间连接成阻抗的通路，电位相同。连接用的低阻抗金属导体要注意其接触电位差的影响，以免在使用时产生电腐蚀。此外，金属连接处应确保接触良好，并加保护性涂层。

7.3.2 电磁屏蔽

随着电子技术的发展，电子产品日趋微型化，电路逐步向集成化、混合集成化的方向发展，使机内的组装密度越来越高。因而，由各自产生的电场、电磁场相互耦合产生干扰的可能性增加了。这些干扰会使整机的技术性能降低，甚至不能工作。如在装配中采用屏蔽技术，用屏蔽件将被干扰电路（接收器）与干扰电路（干扰源）屏蔽起来，就可以削弱或消除干扰。

1．屏蔽的种类

（1）电屏蔽，即电场屏蔽。其作用就是用接地的金属壳将干扰源与接收器封闭隔离起来，使电路间的干扰减少到最小程度。

（2）磁屏蔽，即对低频交变磁场（4 kHz 以下）的屏蔽。用高磁导率的材料（如钢、铁镍合金）做成屏蔽盒，因盒壁的导磁性能优于空气，使盒内或盒外磁场被屏蔽盒短路，不至于形成相互干扰。

（3）电磁屏蔽，即对高频磁场的屏蔽。用一般金属材料做成屏蔽盒即可满足屏蔽要求。

2．屏蔽件的装配要求

屏蔽件的结构形式有屏蔽板、屏蔽盒、屏蔽格和双层屏蔽（两层屏蔽盒）。为保证屏蔽效果，要根据结构形式的不同进行合理装配。

① 屏蔽件须良好接地，要求屏蔽件与地之间的接触电阻小于 0.5 mΩ。用多个螺钉或铆钉将屏蔽件与地连接可减小接触电阻。

② 将屏蔽件直接焊装在印制电路板上时，应不留缝隙，以免干扰电磁场的泄漏。焊点、焊缝应光滑无毛刺。

③ 屏蔽件的装配接触面应平整，各螺装或铆装点松紧应均匀，以免屏蔽盒造成永久性变形，降低紧密配合效果，影响屏蔽性能。

④ 屏蔽盒一般分成中框与盒盖两部分，如图 7.19 所示。两者组装后应紧密吻合无缝隙。在装配时，要用酒精将两部分接触面的油垢及灰尘清除掉，以保证良好的电接触，使接触电阻减至最小。

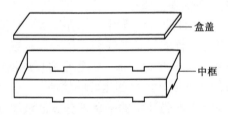

图 7.19　屏蔽盒的结构

⑤ 印制导线的电屏蔽处理如图 7.20 所示，其中，图（a）为单面印制电路板剖面，可将印制线接地形成电屏蔽，以减小信号线 1 与 3 间的电场干扰；图（b）为双面印制电路板剖面，印制线 2 为信号线，1 与 3 及另一面铜箔接地，形成对 2 的屏蔽。

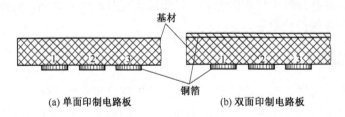

(a) 单面印制电路板　　　　　(b) 双面印制电路板

图 7.20　印制导线的电屏蔽

随着电气设备容量的不断增大和大功率电子设备应用的日益广泛，电磁干扰对环境的影响也越来越严重，因此，还需不断地加以研究，采取综合治理的防护对策，把电磁干扰降低到最低水平，使人民工作平稳顺利，安居乐业。

7.4　本章小结

调试和检验是保证并实现电子产品功能和质量的重要工序，是发现产品设计和工艺问题及原材料缺陷和不足的重要环节。调试一般分为单元部件调试和整机调试；检验按阶段不同可分为采购检验、过程检验和整机检验，按检验的方法不同，可分为全数检验和抽样检验。

　　本章系统介绍了调试工作的内容、调试仪器的选用、单元电路和整机调试的工艺流程、调试的安全措施、故障的查找与排除及产品检验的类别、电磁干扰的影响和电磁干扰的防护。

　　通过本章的学习，要了解电子产品调试的作用，熟练掌握简单电子产品的调试步骤与调试方法，了解常用电子产品检验的分类、检验内容及检验方法，了解电磁干扰对产品的影响和采用电磁屏蔽的方法。

7.5　思考与习题 7

7.1　电子整机装配后为什么要进行调试？调试工作的主要内容是什么？

7.2　整机调试的一般程序是什么？

7.3　在电子产品的调试过程中，一般要考虑哪些安全措施？

7.4　检验是如何分类的，整机检验主要包括哪些内容？例行试验包括哪些内容？

7.5　调试过程中故障处理的一般程序与检修原则是什么？

7.6　根据所参观的电子整机生产厂或实训项目编写调试工艺文件。

第8章 电子产品的技术文件

电子产品的技术文件是在产品的研发设计过程中形成的反映产品功能、性能、构造特点及测试试验等要求，并在生产中必需的图纸和说明性文件。它是组织生产和进行技术交流的依据，是根据国家的相应标准制定出的"工程语言"。作为工程技术人员，必须能看懂并会编制这种"工程语言"。

8.1 概述

8.1.1 技术文件的分类和编写要求

技术文件可分为设计文件和工艺文件两大类，它们是电子产品生产过程中的基本依据。技术文件的编写要求如下所述。

① 技术文件的编写应文字简明，条理性强，书写字体端正清晰，幅面大小要符合有关规定。

② 每个文件必须附有所属电子设备的技术文件索引号，以便互相参照。文件图、表及文字说明所用的项目代号、文字代号、图形符号及技术参数等均应相互一致。

③ 技术文件的图、表及文字说明都应严格执行编制、校对、审核、批准等手续。

8.1.2 技术文件的标准化要求

电子产品种类繁多，但其表达形式和管理办法必须通用，即其技术文件必须标准化。标准化是法规，只有政府或指定的部门才有权制定、发布、修改或废止标准。标准化是确保产品质量的前提，是实现科学管理、提高经济效益的基础，是信息传递、发展横向联合的纽带，是产品进入国际市场的重要保证。

国际标准是指由国际标准化团体通过的标准。目前我国电子产品使用的国际标准主要是国际标准化组织 ISO（International Standardization Organization）和国际电工委员会 IEC（International Electric Committee）制定的标准。

1. 标准的级别

我国的标准目前分为三级，即国家标准（GB）、专业（部）标准（ZB）和企业标准。

（1）国家标准（GB）

国家标准是由国家标准化机构制定、全国范围内统一的标准，主要包括：重要安全和环境保证标准；有关互换、配合、通用技术语言等方面的重要基础标准；通用的试验和检验方法标准；基本原材料标准；重要的工农业产品标准；通用零件、部件、元件、器件、构件、配件和工具、量具的标准；专业（部）标准被采用的国际标准。

（2）专业（部）标准（ZB）

专业（部）标准是由专业标准化主管机构或标准化组织（国务院主管部门）批准、发布，在全国性的各专业范围内执行的统一标准。专业（部）标准不得与国家标准相抵触。

（3）企业标准

企业标准是由企（事）业或其上级有关机构批准、发布的标准。在企业中一切正式批量生产的产品，凡是没有国家标准、部标准的必须制定企业标准。为了提高产品的性能和质量，企业标准一般都高于国家标准和部标准。

为保证电子产品技术文件的完备性、正确性、一致性和权威性，要实行严格的授权管理。完备性是指文件成套且签署完整，即产品的技术文件以明细表为单位，齐全并完全符合标准化规定。正确性是指文件编制方法、文件内容及贯彻实施的相关标准是正确的，不得"张冠李戴"。一致性是指同在一个产品项目的技术文件中，填写、引证、依据方法相同，并与产品实物及其生产实际一致。权威性是指技术文件在产品生产过程中发挥作用，要按照技术管理标准来操作。经过生产定型或大批量生产的产品技术文件，从拟制、复核、签署、批准到发放、归档，要统一管理。通过审核签署的文件不得随意更改，即便发现错误或是临时更改，也不允许操作人员自主改动，必须及时向技术管理部门反映，办理更改流程的手续。操作人员要保持技术文件的清洁，不得在图纸上涂抹、写、画。

2．电子产品技术文件标准化依据

（1）电子产品的技术标准

电子产品技术标准的主要内容有电气性能、技术参数、外形尺寸、安装尺寸、使用环境及适用范围的标准等。技术标准由归口单位按国家标准、部标准和企业标准制定，并报上级主管机关审批后颁布，是指导电子产品生产的技术法规，体现了对产品质量的技术要求。任何电子产品必须严格符合有关标准，确保质量。

（2）电气制图及图形符号标准

国家标准局 1987 年发出通知，即要求自 1990 年 1 月 1 日起，所有电气技术文件和图样一律使用新的国家标准。例如，电气制图应符合国家标准 GB 6988—86《电气制图》的有关规定；电气图形符号应符合国家标准 GB 4728—84 和 GB 4728—85《电气图用图形符号》的有关规定。

工程技术人员在编制技术文件时，必须认真查阅、严格执行有关标准。

8.2　设计文件

设计文件是产品在研制和生产过程中，逐步形成的文字、图样及技术资料，它规定了产品的组成形式、结构尺寸、原理，以及在制造、验收、使用和维修时所必须的技术数据和说明，是制定工艺文件、组织生产和产品使用维修的依据。设计文件由设计部门制定。

8.2.1　设计文件的编号及组成

1．设计文件的编号（图号）

每个设计文件都要有编号（图号）。设计文件常用十进制分类编号的方法，即将产品的设计文件，按规定的技术特征分为 10 级（0～9），每级分为 10 类（0～9），每类分为 10 型（0～9），每型又分为 10 种（0～9）。在特征标记前，冠以大写汉语拼音字母表示企业区分代号。在特征标记后，标上三位数字表示登记号，最后是文件简号。例如，编号为 GKB2.832.248DL 的设计文件，其含义如下：

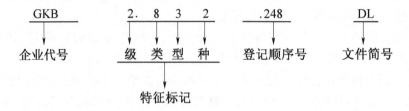

其中，企业代号"GKB"由企业上级机关决定，根据这个代号可知产品的生产厂家。在编写本企业的标准产品图号时，在企业代号前还要加上"Q/"。不同级、类、型、种的代号组合，代表着不同产品的十进制分类编号特征标记，各位数字的意义可查阅有关标准。登记顺序号"248"是由本企业标准化部门统一编排决定的。文件简号是对设计文件中各种组成文件的简号规定（具体可参见相关标准），"DL"表示电原理图。

2．设计文件的组成

每个产品都有配套的设计文件，一套设计文件的组成部分随产品的复杂程度、生产特点的不同而不同，现将成套设备及整机设计文件的组成列于表 8-1。

表 8-1　成套设备及整机设计文件的组成

序号	文 件 名 称	文件简号	产　品		产品的组成部分		
			成套设备	整机	整件	部件	零件
			1 级	1 级	2, 3, 4 级	5, 6 级	7, 8 级
1	产品标准		●	●			
2	零件图						●
3	装配图			●	●	●	
4	外形图	WX		○	○	○	○
5	安装图	AZ	○	○			
6	总布置图	BZ	○				
7	频率搬移图	PL	○	○			
8	方框图	FL	○	○	○		
9	信息处理流程图	XL	○	○	○		
10	逻辑图	LJL		○	○		

序号	文件名称	文件简号	产品		产品的组成部分		
			成套设备	整机	整件	部件	零件
			1 级	1 级	2, 3, 4 级	5, 6 级	7, 8 级
11	电原理图	DL	○	○	○		
12	接线图	JL		○	○		
13	线缆连接图	LL	○	○			
14	机械原理图	YL	○	○	○	○	
15	机械传动图	CL	○	○	○	○	
16	其他图	T	○	○	○		
17	技术条件	JT			○	○	○
18	技术说明书	JS	●	●			
19	使用说明书	SS	○	○	○	○	
20	表格	B	○	○	○	○	
21	明细表	MX	●	●	●		
22	整体总表	ZH	○	○			
23	备符件及工具汇总表	BH	○	○			
24	成套运用文件清单	YQ	○	○			
25	其他文件	W	○	○	○		

对表 8-1 的有关说明如下。

① 产品的分级。电子产品及其组成部分，按结构特征及用途可分成 8 级，见表 8-2。不同级别的产品设计文件的编制应参照相关标准。

表 8-2　产品的分级及说明

级的名称	级的代号	说　明
零件	7, 8	不采用装配工序而制成的产品
部件	5, 6	由材料、零件等组成的可拆卸或不可拆卸的产品。它是在装配较复杂的产品时必须组成的中间装配产品，部件也可包括其他较简单部件和整件
整件	2, 3, 4	由材料、零件、部件等经装配连接所组成的具有独立结构或独立用途的产品，如：收音机、电压表、微电机、电子管、电容器和变压器以及其他较简单的整件
成套设备	1	由若干单独整件相互连接而共同构成的成套产品（这些单独整件的连接一般在制造企业中不需要经过装配或安装）及其他较简单的成套设备

② 表格中"●"和"○"的含义。"●"表示必须编制的文件；"○"表示这些设计文件的编制与否应根据产品的性质、生产和使用的需要而定。表中各设计文件都有相应的规定格式，不同的文件采用不同的格式。设计文件的格式有多种，但每种设计文件上都有主标题栏和登记栏。装配图、接线图等设计文件还有明细栏、登记栏、格式栏。明细栏的填写有一定的规范和要求，这里不再详述。

8.2.2　常用设计文件的介绍

1．电路图

电路图又称电原理图，是用于说明产品各元器件或单元电路间的相互关系及电气工作原理的图，某有源音箱前置放大电路的电原理图如图 8.1 所示。它是产品设计和性能分析的原始资料，也是编制装配图和接线图的依据。电原理图的要求如下所述。

① 电原理图中的所有元器件应以国家标准规定的图形符号和文字代号表示，文字代号一般标注在图形符号的左方或上方。

② 元器件的位置应根据电气工作原理自左向右或自上而下顺序合理地排列，图面应紧凑清晰、连线短且交叉少。电路图上的元器件可另外列出明细表，表明各自的项目代号、名称、型号及数量。

③ 有时为了清晰方便，某些单元在电原理图上可用方框图表示，并单独给出其电路图。

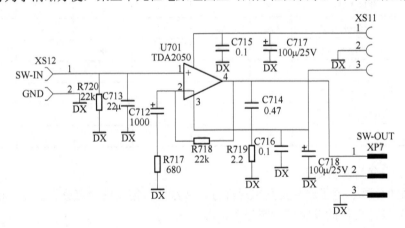

图 8.1　电原理图

在看电原理图前，必须熟悉元器件的作用和图形符号。然后由信号输入端开始，从左到右或从上到下，随着信号的处理流程，一个回路一个回路地分析，了解电路的来龙去脉，掌握各元件与电路的连接情况，从而分析出各单元电路及整个电路的工作原理。对于较复杂的电原理图，可参照技术说明书中工作原理的说明来读图。

2．装配图

装配图是表示组成产品各零部件的安装、布置和相互位置关系的图样。在装配图上，仅按直接装入的零、部、整件的装配结构进行绘制，要求完整、清楚地表示出产品的组成部分及其结构总形状。

装配图的种类很多，按产品的级别分，有部件装配图和整件装配图；按生产管理和工艺分，有总装图、结构装配图、印制电路板装配图等。装配图一般都应包括下列内容：各种必要的视图；装配时需要检查的尺寸及其偏差；外型尺寸、安装尺寸、与其他产品连接的位置和尺寸；装配过程中或装配后的加工要求；装配过程中需借助的配合或配制方法；其他必要的技术要求和说明。

接到装配图后，应先看标题栏，了解图的名称、图号，接着看明细栏，了解图样中各零部件的序号、名称、数量、材料等内容，分别按序号找到每个零部件在装配图上的位置。然后仔细分析各零部件在图上的相互位置关系和连接关系。在看清、看懂装配图的基础上，再根据工艺文件的要求，对照装配图进行装配。

有些电子产品的元器件都是装在印制电路板上的，印制电路板组件配上外壳即构成整机，因此只需印制电路板的装配图即可。如图 8.2 所示，为有源音箱前置放大电路的印制电路板装配图，上面一般不画出印制导线。同时标出印制导线和元器件的图称为检修图，如图 8.3 所示，为有源音箱前置放大电路的检修图。检修图供电子产品调试、检修时使用。

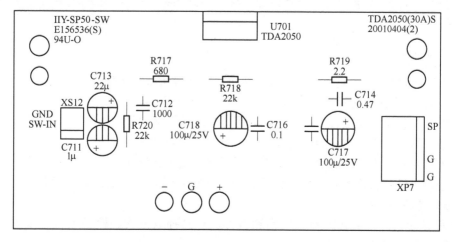

图 8.2 印制电路板装配图

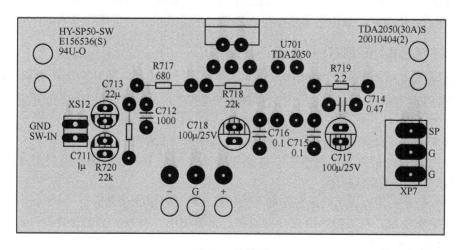

图 8.3 检修图

3. 接线图

接线图是表示产品部件、整件内部接线情况的略图。它是按照产品中元器件的相对位置关系和接线点的实际位置绘制的，主要用于产品的接线、线路检查和线路维修。接线图应包括进行装接时必要的资料，如接线表、明细表等。接线图中一般都标出项目的相对位置、项目代号、端子号、导线号、导线类型等内容。在实际应用中，接线图通常要与电路图和装配图一起使用。

4．方框图

方框图又称系统图，是用来简明地反映整机各个组成部分的相互关系、动作顺序和电气性能的示意图。其特点如下。

① 各个组成部分（矩形、正方形或图形符号），自左向右或自上而下地排成一列或数列。在矩形、正方形内或图形符号上按其作用标出它们的名称或代号。

② 各组成部分间的连接用实线表示，机械连接用虚线表示，并在连接线上用箭头表示其作用过程和方向。必要时可在连接线上方标注该处的特性参数，如信号电平、波形、频率和阻抗等。

5．技术条件

技术条件是对产品的质量指标、规格及检验方法等所做的各项技术规定。技术条件是产品生产者和使用者必须遵循的技术依据，一般包括下列内容。

① 概述：说明本技术条件的用途、适用范围、编写依据和使用的有关标准。

② 技术要求：说明产品的性能指标、主要参数及允许误差等。

③ 外形尺寸：说明产品的结构特点、外形尺寸及安装尺寸。

④ 试验方法：按产品技术要求的规定对产品进行试验的方法。如试验条件、步骤及试验用仪器设备的要求等。

⑤ 检验规则：一般包括检验类别和条件、样品抽取方式、检验项目和步骤、复验规定、检验后产品的处理等内容。

⑥ 标志、保管和运输：标志指产品的标志或存放容器、包装上的标志；保管指对存放环境的温度、湿度及卫生条件的要求；运输指对运输工具及保护措施的要求。

6．技术说明书和使用说明书

技术说明书是用以说明产品的用途、性能、组成、工作原理及其使用维护方法等的设计文件，它能概括地反映出一个产品的全貌，供使用和研究之用。技术说明书一般包括下列内容。

① 概述：概括性地说明产品的用途、性能、组成、原理和特点等。

② 技术特性：定量地列出产品的各项技术指标和技术参数。

③ 工作原理：结合整机方框图、电路图及其他示意图，较详细地阐述产品的工作原理，反映产品的主要设计构想。

④ 结构特征：用以说明产品在结构上的特点、特性及其组成等。

⑤ 安装和使用：用以指导用户合理安装，正确使用。例如，给出安装图、安装步骤、使用程序及注意事项等。

⑥ 调整和维修：用以指导用户在需要时对产品进行正确的调整，使产品达到规定的技术指标，并说明在正常情况下的维护要求，以及在发生一般故障时的排除方法。

使用说明书的内容比技术说明书简单，常根据用户的需要而编写，一般包括概述、主要性能指标、安装图、电路图、使用维护方法等。对于简单产品只需编制使用说明书。

7．明细表

明细表是表格形式的设计文件，表示产品生产组成部分的内容和数量，可分为成套件明细表、整件明细表和成套设备明细表等。其中整件明细表是确定整件组成部分的具体内容和数量的技术文件，是企业组织生产和进行生产管理的基本依据。整件明细表通常按文件、单元电路、部件、零件、标准件、外购件、材料等顺序填写。在明细表中应注明电子产品各组成部分及元器件在电路上的代号、名称、规格、型号及数量。明细表正页填满时，可附页继续填写。

8.3　工艺文件

工艺文件是根据设计文件，结合企业的生产大纲、生产设备、生产布局和职工技能等实际情况制定出的指导工人操作和用于生产、工艺管理等的技术文件，它规定了实现设计文件要求的具体工艺过程，要体现高质量、低成本、高效益的原则。工艺文件是企业进行生产准备、原材料供应、计划管理、生产调度、劳动力调配、工模具管理、工艺管理、产品经济核算和质量控制的主要依据。

8.3.1　工艺文件的分类

工艺文件大体上可分为工艺管理文件和工艺规程两类。

1．工艺管理文件

工艺管理文件是企业组织生产和控制工艺工作的技术文件。常用的工艺管理文件有工艺文件目录、工艺路线表、材料消耗工艺定额明细表、关键零部件明细表等。

2．工艺规程

工艺规程是规定产品或零件制造工艺过程和操作方法等的工艺文件。工艺规程，按使用性质可分为通用工艺规程、专用工艺规程、标准工艺规程；按加工专业可分为电气装配工艺卡片、机械加工工艺卡片、扎线工艺卡片、涂敷工艺卡片等。

8.3.2　工艺文件的编制

1．工艺文件的编制原则

工艺文件的编制，应结合企业的实际情况，以优质、低耗、高产为宗旨，具体应做到以下几点。

① 根据产品的批量和复杂程度编制相应的工艺文件。对于简单产品可编写某些关键工序的工艺文件；对于一次性生产的产品，可视具体情况编写临时工艺文件或参照同类产品的工艺文件。

② 根据车间的组织形式、工艺装备和职工的技能水平等情况编制工艺文件，确保工艺文件的可操作性。

③ 对于未定型的产品，可编写临时工艺文件或编写部分必要的工艺文件。

④ 工艺文件应以图为主，力求做到通俗易读、便于操作。必要时可加注简要说明。

⑤ 凡属装调工应知应会的基本工艺规程内容，可不再编入工艺文件。

2．工艺文件的编制要求

① 工艺文件要有统一格式、统一幅面，图幅大小应符合有关规定，并应装订成册，配

齐成套。

② 工艺文件的字体要正规，图形要正确，书写应清楚。

③ 工艺文件中使用的名称、编号、图号、符号、材料和元器件代号等，要与设计文件保持一致。

④ 工艺附图应按比例准确绘制。

⑤ 编制工艺文件时应尽量采用部颁通用技术条件、工艺细则和企业的标准工艺规程。有效地使用工装或专用工具、测试仪器和仪表。

⑥ 工艺文件中要列出工序所需的仪器、设备和辅助材料等。对于调试检验工序，应标出技术指标、功能要求、测试方法及仪器的量程和挡位。

⑦ 装接图中的装接部位要清楚，接点应明确。内部接线可假想移出展开。

⑧ 工艺文件的签署规定。编制成的工艺文件有"拟制"、"审核"、"标准化"、"批准"等栏供有关责任者签署。"拟制"由工艺文件的拟制者签署；"审核"由工艺文件的实际审核者签署；"标准化"由标准化审核者签署；"批准"由生产技术科科长、总（副）工艺师或总工程师签署。签署者应对产品的经济性、工艺标准化和合理性、生产的安全和协调性、质量控制的可靠性、文件的正确和完整性及是否符合标准化等要求负责。

3．工艺文件的编制方法

① 仔细分析设计文件的技术条件和技术说明，弄清电路图、装配图、接线图及有关的零部件图中的连接关系。

② 参照样机，将图中的焊接要求与装配关系逐一分析清楚。

③ 根据实际情况确定生产方案，明确工艺流程和工艺路线，并按照电子整机产品装配生产过程中的准备工序和流水线工序分别编制相应的工艺文件。

④ 编制准备工序的工艺文件。不适合流水线装配的工作应作为准备工序编制相应的工艺文件。例如，元器件的筛选、引线成型与搪锡，导线的加工，线圈、变压器及电缆的制作，剪切套管与印标记等工作。

⑤ 编制流水线工序的工艺文件。编制总装流水线工序的工艺文件，应先根据日产量确定每个工序的工时，然后由产品的复杂程度确定需用几个工序。编制流水线工艺文件时，要考虑各工序的均衡性、操作的顺序性。最好是按局部分片分工，避免上下翻动机器、前后焊装。安装与焊接尽量分开，以简化工人的操作。

4．工艺文件编制举例——作业指导书的编制

作业指导书是指导产品生产线上的员工进行具体操作的工艺文件，下面以图 8.4 所示为例，说明生产线上某一插件岗位作业指导书的具体编制方法。

① 为便于查阅，作业指导书必须写明产品名称、规格、型号、该岗位的工序号及文件编号。

② 必须说明该岗位的工作内容。如图 8.4 所示是"插件"工序的作业指导书（该图仅作为教学时的示意参考，给学生一个感性认识）。

③ 写明本工作岗位所需要的原材料、元器件、设备工具和相应的规格、型号及数量。图 8.4 中的工位需要安装 5 个相同参数的电阻和 2 个 1N4007 的整流二极管，并且说明了所装的位置。

④ 用图纸或实物样品加以指导。图 8.4 中提供了装配图供员工对照作业。

图 8.4　插装作业指导书示例

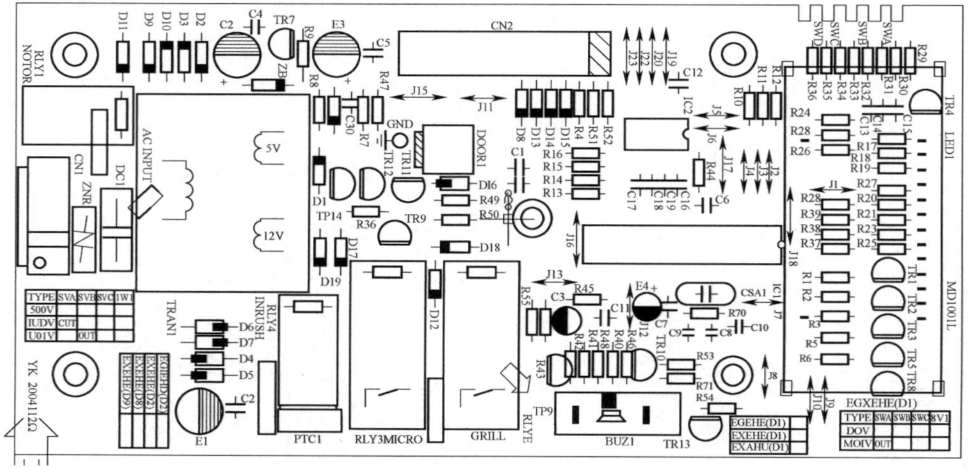

技术要求：
1. 将元器件插到图中对应的位号上；
2. 元件要插到位，尽量贴近板面；
3. 整流二极管封装上白色一端表示负极，与丝印方向的一竖相对应插入。

× × × × ×　电子有限公司

名称	规格型号	位号	数量
元器件			
碳膜电阻	1/6W-20k-5%	R34、R47、R32、R30、R36	5
整流二极管	1N4007	D6、D7	2

总装作业指导书

产品名称	YYYY 微波炉	产品型号	ZZ-E(G)XAHU(D3)
工序号	2	工位号	2-8	工作内容	插件	编号	08

设备工装夹具	辅助材料
设备　工装夹具	辅助材料
设备工装夹具名称型号数量	辅助材料名称规格数量

标记	处数	更改文件号	签名	日期
发文号		编制/日期	审核/日期	批准/日期

共 1 页　第 1 页

⑤ 用说明或技术要求告知员工具体的操作要求及注意事项。

⑥ 工艺文件必须有编制人、审核人和批准人签字。

在电子产品的生产中，每一个工作岗位都有相应的作业指导书，因此，一个产品的作业指导书可汇总在一起装订成册，以便生产时多次使用。

8.3.3 常用工艺文件简介

工艺文件的组成和格式随各企业实际情况的不同会略有差异。下面介绍我国电子行业标准 SJ/T 10320—92 中规定的部分工艺文件的格式和填写方法。

1．工艺文件封面

工艺文件封面是工艺文件装订成册的封面。简单产品的工艺文件可按整机装订成一册，复杂产品的工艺文件可按组成部分装订成若干册，其格式见表 8-3。各栏目的填写如下："共×册"填写工艺文件的总册数；"第×册"、"共×页"填写该册在全套工艺文件中的序号和该册的总页数；"产品型号"、"产品名称"、"产品图号"分别填写产品型号、名称、图号；最后要填写批准日期，执行批准手续。

表 8-3　工艺文件封面

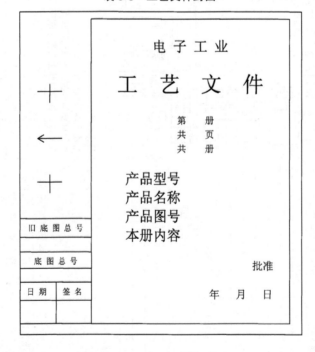

2．工艺文件明细表

工艺文件明细表是工艺文件的目录，紧跟在工艺文件封面后，对于多册成套的工艺文件，有成套工艺文件的总目录表和各分册的目录表。工艺文件明细表作为工艺文件归档和移交时的清单，也便于查阅各种零、部、组件所具有的各种工艺文件的名称、页数和装订的册次，其格式见表 8-4。表中"零部整件图号"等栏目，填写时应注意与封面及册中内容保持一致。

表 8-4　工艺文件明细表

工艺文件明细表			产品名称	XXXXXX		
			产品图号	GKB2.023.120		
序号	零部整件图号	零部整件名称	文件代号	文件名称	页数	备注
1	GKB2.933.116	稳压电源单元	GS3	工艺流程图	1	
2	GBK2.993.116	稳压电源单元	GS16	装配工艺过程卡片	3	
3	GBK2.993.116JL	稳压电源单元接线图	GS14	导线及线扎加工卡片	1	
4	GKB5.948.1086	稳压电源元器件板	GS16	装配工艺过程卡片	3	
5	GKB6.125.102	基座	GS16	装配工艺过程卡片	3	
6	GKB6.150.237	支架	GS16	装配工艺过程卡片	1	
7	GKB6.150.238	支架	GS16	装配工艺过程卡片	1	
8	GKB6.170.215	盖	GS16	装配工艺过程卡片	1	
9						
10						
11	GKB4.021.102	调谐控制机构	GS16	装配工艺过程卡片	3	
12	GKB5.564.1905	码盘连接线	GS16	装配工艺过程卡片	2	
13						
14						
15						
16						
17						
18						
19						
20						
21						
22						
23						
24						
25						
26						
27						

旧底图总号	28						
	29						
	30						

底图总号					设计		
					审核		
日期	签名						
					标准化		第　页
更改标记	数量	更改单号	签名	日期	批准		共　页

3．工艺流程图

工艺流程图是根据产品生产的顺序，用方框形式表示产品工艺流程的示意图。它是编制产品装配工艺过程卡的依据，其格式见表 8-5。

表 8-5　工艺流程图

工艺流程图	产品名称	XXXXXX	名称	稳压电源接线图
	产品图号	GKB2.023.120	图号	GKB2.933.116JL

```
                        ┌──────────┐
              ┌────────►│ 备料齐套 │◄────────┐
              │         └─────┬────┘         │
              │               ▼              │
              │         ┌──────────┐         │
              │         │ 准备工作 │         │
              │         └─────┬────┘         │
        ┌─────┴────┐    ┌──────────┐    ┌─────┴────┐
        │          │    │元器件板焊接│    │          │
        │ 导       │    └─────┬────┘    │ 组       │
        │ 线       │    ┌──────────┐    │ 件       │
        │ 加       │    │   连线   │    │ 装       │
        │ 工       │    └─────┬────┘    │ 配       │
        │          │    ┌──────────┐    │          │
        └──────────┘    │   检验   │    └──────────┘
                        └─────┬────┘
                        ┌──────────┐
                        │   调试   │
                        └─────┬────┘
                        ┌──────────┐
                        │ 高温老化 │
                        └─────┬────┘
                        ┌──────────┐
                        │   复测   │
                        └─────┬────┘
                        ┌──────────┐
                        │   检验   │
                        └─────┬────┘
                        ┌──────────┐
                        │ 盒体装置 │
                        └──────────┘
```

旧底图总号									
底图总号					设计				
					审核				
日期	签名								
					标准化			第　页	
更改标记	数量	更改单号	签名	日期	批准			共　页	

4．导线及线扎加工表

导线及线扎加工表用于导线和线扎的加工准备及排线，其格式见表 8-6。填写时，"线号"栏填写导线、线缆的编号或线扎图中导线的编号；"名称牌号规格"栏填写导线或线缆的名称及规格;"颜色"栏填写线外皮的颜色;"数量"栏填写需该导线或线缆的数量;"导线长度"栏的"L 全长"、"A 剥头"、"B 剥头"分别填写导线的开线尺寸,导线 A、B 端头的修剥长度;"连接点 I、II"栏填写该导线 A 端从何处来,B 端到哪里去;"设备及工装"栏填写导线及线扎加工所采用的设备;"工时定额"栏填写每种导线或扎线的加工时间。

表 8-6　导线及线扎加工表

| 导线及线加工卡表 | | | | | 产品名称 | XXXXXX | | 名称 | 稳压电源接线图 |
| | | | | | 产品图号 | GKB2.023.120 | | 图号 | GKB2.933.116JL |

| 序号 | 线号 | 名称牌号规格 | 颜色 | 数量 | 导线长度 | | | 连接点 I | 连接点 II | 设备及工装 | 工时定额 | 备注 |
					L 全长	A 剥头	B 剥头					
1	12	导线 ASTVR0.5	黄	1	100	2	2	N1	JX12	剪刀		
2	13	导线 ASTVR0.5	蓝	1	100	2	2	N1	JX13	尺		
3	14	导线 ASTVR0.5	红	1	100	2	2	N1	JX14	剥线钳		
4	15	导线 ASTVR0.5	黄	1	100	2	2	N2	JX9	电热丝		
5	16	导线 ASTVR0.5	蓝	1	100	2	2	N2	JX10	锡锅		
6	17	导线 ASTVR0.5	红	1	100	2	2	N2	JX11			
7	18	导线 ASTVR0.5	蓝	1	100	2	2	N3	JX15			
8	19	导线 ASTVR0.5	红	1	100	2	2	N3	JX16			
9	20	导线 ASTVR0.5	黑	1	100	2	2	N3	JX17			
10	21	导线 ASTVR0.5	黑	1	100	2	2	N4	JX18			
11	22	导线 ASTVR0.5	蓝	1	100	2	2	N4	JX19			
12	23	导线 ASTVR0.5	白	1	100	2	2	N4	JX20			
13	24	导线 ASTVR0.5	黑	1	300	2	2	JX22				
14												
15												
16												

旧底图总号								
底图总号						设计		
						审核		
日期	签名							
						标准化		第　页
更改标记	数量	更改单号	签名	日期	批准			共　页

5. 装配工艺过程卡

装配工艺过程卡反映整机生产全过程中各零部件、组件和整件装配的工艺流程(包括装配准备、装联、调试、检验、包装入库等），其格式见表 8-7。在生产中，一般要根据装配工艺过程卡再编制各工序的作业指导书，以具体指导工人操作。

表 8-7 装配工艺过程卡

装配工艺过程卡片（首页）		产品名称	XXXXXX		名称	底座	
		产品图号	GKB2.023.120		图号	GKB6.121.124	
装入件及辅助材料			工作地	工序号	工种	工序（步）内容及要求	设备及工装	工时定额
序号	代号、名称、规格	数量						
1			3	1	装	备料齐套		
2						按图 GKB6.121.124 备料齐		
3						套的所有零件、外购件型		
4						号、规格应符合图纸要求		
5								
6				2	装	按图 GKB6.121.124 进行装		
7	1#机脚	4		-1		配。将机脚装在底座上，用	3 寸起子	
8	GKB6.121.123 底座	1				圆柱头螺钉 M3×12、垫圈 3		
9	GB65-85					将其紧固		
10	圆柱头螺钉 M3×12	4						
11	GB848－85 垫圈 3	4						
12						将固定盘放在底座上，用沉		
13	GKB8.260.124 固定盘	4		-2		头螺钉 M2.5×16 紧固	3 寸起子	
14	GB819－85 沉头螺钉 M2.5×16	16						
15								
16	GKB8.624.305 网			-3		将网放在底座上，在网上放	3 寸起子	
17	GKB8.039.231 喇叭柱					上喇叭柱，再放上压板用沉		
18	GKB8.044.448 压板					头螺钉 M3×16、垫圈 3、弹		
19	GB819－85 沉头螺钉 M3×16					簧垫圈 3、螺母 M3 将其固定，螺钉不要旋紧		

旧底图总号								
底图总号					设计			
					审核			
日期	签名							
					标准化			第　页
更改标记	数量	更改单号	签名	日期	批准			共　页

	装配工艺过程卡片（续页）			产品名称	XXXXXX	名称	底座
				产品图号	GKB2.023.120	图号	GKB6.121.124

序号	装入件及辅助材料		数量	工作地	工序号	工种	工序（步）内容及要求	设备及工装	工时定额
	代号、名称、规格								
1	GB848—85 垫圈 3		4	3					
2	GB93—87 弹簧垫圈 3		4						
3	GB6170—86 螺母 M3		4						
4									
5	GKB7.840.186 橡皮垫		4		-4			3 寸起子	
6	扬声器 YD0.2565- 0.25W-8Ω		1			装	在网中央放上橡皮垫，再放上扬声器，然后用压板压住扬声器，将沉头螺钉 M3×16 旋紧		
7									
8									
9	GB848—85 垫圈 3		12		-5			3 寸起子	
10	GB93—87 弹簧垫圈 3		12						
11	GKB8.930.114 螺母		12				在底座放上垫圈 3、弹簧垫圈 3、螺母，用沉头螺钉 M3×8 将其紧固		
12	GB819—85 沉头螺钉 M3×8		12						
13									
14					3	装			
15					-1				
16									
17					-2		自检		
18							螺钉应紧固，表面不能旋毛，漆层表面无损伤		
19									
20									
21									
22									
23									
24									
25									
26									
27									

旧底图总号

底图总号						设计			
						审核			

日期	签名								
						标准化		第　页	
更改标记	数量	更改单号	签名	日期		批准		共　页	

6．工艺说明

工艺说明是产品整机工艺过程的说明，用以编制重要的、复杂的或在其他格式上难以表达清楚的工艺，其格式见表 8-8。可采用简图、流程图、表格及文字形式说明，常用来编写调试说明、检验要求和各种典型工艺文件等。

表 8-8　工艺说明

	工艺说明	产品名称	线路整理工艺	编号	
		产品图号	GKB2.023.118		

线路整理工艺

1．使用工具

无水乙醇、绸布、镊子、50W 电烙铁。

2．元器件检查

（1）贴片元器件摆放整齐，无移位，无错焊、漏焊、虚焊、搭焊。

（2）分离元器件摆放整齐。注意中周应封蜡；扼流圈应用热熔胶固定，不松动，不脱开。

（3）焊点光亮整洁。

（4）走线应整齐。

（5）小面板的插头上应套上（5~6）mm 套管，与插针平行。

（6）盒框内小屏蔽罩应盖平，不能太松动。

3．清洗

用绸布蘸上无水乙醇擦洗板面，保证板面干净整洁，无多余残留物。

4．屏蔽罩焊接

（1）必须戴上工艺手套。

（2）将屏蔽罩对准焊点平整地放在印制板上，不能翘动。

（3）焊两个对角，使屏蔽罩固定，再将剩余焊点焊牢。注意各焊点应光亮整洁，无堆锡现象。

（4）屏蔽罩距单板约 1.5mm，以免整机装配时碰到母板的扼流圈。同时应注意两端不能碰到印制板的焊点。

5．将整理好的单元放入流转箱内。

旧底图总号						
					设计	
底图总号					审核	
日期	签名					
					标准化	第　页
更改标记	数量	更改单号	签名	日期	批准	共　页

7．外协件明细表

外协件明细表是产品生产中需要其他企业协助生产的零、部、整件目录，其格式见表 8-9。表中有零、部、整件的"名称、图号、数量和协作单位"等栏目需填写。

表 8-9　外协件明细表

							产品名称	XXXXXX
		外协件明细表					产品图号	GKB2.023.120
序号	图号	名称	数量	协作内容		协作单位	协议书编号	备注
1	GKB4.095101	专用扳手	1	装配成型		xxxx	NO.协 99-01	
2								
3	GKB4.171.133	木箱	1	木加工成型		xxxx		
4								
5	GKB4.704.218	电源变压器	1	压铸、线圈绕制		xxxx		
6								
7	GKB6.670.130	双孔磁环座	2	注塑成型		xxxx	NO.协 99-01	
8								
9	GKB6.686.100	E6 骨架	2	注塑成型		xxxx	NO.协 99-01	
10								
11	GKB6.810.000	标志板	1	木加工成型		xxxx	NO.协 99-03	
12								
13	GKB6.845.141	底	1	木加工成型		xxxx		
14								
15	GKB7.005.103	光栅	1	剪料、钻孔、整平、切割		xxxx	NO.协 99-01	
16								
17	GKB7.005.104	狭缝板	1	剪料、钻孔、切割、整平		xxxx	NO.协 99-01	
18								
19	GKB7.070.245	盖	1	落料、钻孔、成型		xxxx	NO.协 99-01	
20								
21	GKB7.070.249	围框	2	精剪、冲制、成型		xxxx	NO.协 99-01	
22								
23	GKB7.070.250	盖	2	落料、钻孔、冲制、成型		xxxx	NO.协 99-01	
24								
25	GKB7.070.253	盖	11	落料、成型、钻孔		xxxx	NO.协 99-01	
26								
27	GKB7.070.255	盖	2	精剪、冲制、成型、折边		xxxx	NO.协 99-01	
28								
29	GKB7.070.262	屏蔽罩	2	落料、冲制、成型		xxxx	NO.协 01-01	
30								

旧底图总号（对应序号 28）

底图总号					设计			
					审核			
日期	签名							
					标准化		第　页	
更改标记	数量	更改单号	签名	日期	批准		共　页	

8．材料消耗工艺定额明细表

材料消耗工艺定额明细表是对产品生产消耗的材料进行定额管理及备料、发料和进行成本核算的依据，其格式见表 8-10。应准确填写产品所用材料的"图号、名称、材料规格"

等项目。"工艺定额"也应填写计量单位，如"每（万）套（件）"、"kg"等。

表 8-10　材料消耗工艺定额明细表

序号	图号	名称	件数	材料名称及代号	材料规格	编号	净重 kg	毛重 kg	工艺定额 kg	材料利用率 %	材料利用率 %
1	GKB6.670.103	双孔磁环座	2	聚砜 S-100			0.1	0.12	0.13	82%	92%
2											
3	GKB6.686.100	E6 骨架	2	增强涤纶			0.49	0.64	0.66	85%	94%
4											
5	GKB6.854.141	底	1	白松					0.25m³		
6				GB/T153-95							
7											
8	GKB6.854.141	底	1	胶合板三层					0.33m³		
9				GB9486.1-88	δ5						
10											
11	GKB7.005.103	光栅	1	铝合金板	δ1.5		0.40	0.65	0.86	47%	76%
12				GB3194-82							
13				LY11-CZ-GB/T3880-97							
14											
15	GKB7.005.104	狭缝板	1	铝合金板	δ1		0.45	0.49	0.60	75%	82%
16				GB3194-82							
17				LY11-CZ-GB/T3880-97							
18											
19	GKB7.070.245	盖	1	锡青铜板	δ0.3		0.65	0.68	0.98	66%	70%
20				QSn6.5-0.1-Y2							
21				GB2048-89							
22											
23	GKB7.070.249	围框	2	黄铜板 H62-Y2	δ0.5		0.8	0.84	0.92	87%	91%
24				GB2041-89							
25											
26	GKB7.070.250	盖	2	锡青铜板	δ0.3		1.5	1.58	2.10	71%	75%
27				QSn6.5-0.1-Y2							
28				GB2048-89							
29											
30											

材料消耗工艺定额明细表　产品名称 XXXXXX　产品图号 GKB2.023.120　每（100）件（套）

旧底图总号

底图总号　设计　审核

日期　签名　标准化

更改标记　数量　更改单号　签名　日期　批准　第　页　共　页

9. 检验卡

检验卡供产品整机生产中各检验工序用，其格式见表 8-11。

表 8-11　检验卡

检验卡片		产品名称	XXXXXX	名称	面板组件
		产品图号	XXXXXX	图号	XXXXXX

工作地	4	工序号	6	来自何处	面板组	交往何处	总装线

序号	检测内容及技术要求	检测方法	检验器具		全检	抽检	备注
			名称	规格及精度			
1	（1）机壳无损伤、划伤、开裂或变形	目测					
2							
3	（2）表面涂层无明显锈蚀、脱落、斑痕或掉漆面大	目测					
4							
5							
6	（3）外装部件安装正确，无漏装、错装或明显变形	目测					
7							
8							
9	（4）铭牌标记牢固可靠无脱落、贴错或溢胶						
10							
11	（5）丝印字迹清楚	目测					
12							
13							
14							
15							
16							
17							
18							
19							
20							

旧底图总号							
底图总号					设计		
					审核		
日期	签名						
					标准化		第　页
更改标记	数量	更改单号	签名	日期	批准		共　页

此外，还有"配套明细表"、"自制工艺装备明细表"、"元器件引出端成型工艺表"等工艺文件，在此不详述。

8.4　本章小结

技术文件是组织生产和进行技术交流的依据，是根据国家有关标准制定出的"工程语言"。技术文件可分为设计文件和工艺文件两类。本章结合电子产品的研制和生产，介绍了常用的设计文件和工艺文件。

通过本章的学习，要明确技术文件的编写要求和标准级别；了解设计文件的分类、编号方法及电子产品的常用设计文件；掌握工艺文件编制的原则和方法；能读懂一般产品的装接工艺文件，并能编制常用的工艺文件。

8.5　思考与习题 8

8.1　电子产品的技术文件是如何分类的？

8.2　试述技术文件标准化的重要意义和标准级别。

8.3　电子产品技术文件的编写要求是什么？

8.4　试述设计文件编号中各文字和数据的含义。

8.5　电子产品的工艺文件有何作用？其编制原则、编制要求和编制方法是什么？

8.6　企业生产中一般常用哪些工艺文件？它们的作用是什么？

第9章 产品认证和体系认证

在经济全球化发展和中国成功地加入 WTO 的今天,我国已经成为世界上最重要的电子产品制造基地,我们的产品已经行销全世界。但由于各国所制定的产品质量保证制度不同,在全球化的产品贸易中,不同的质量保证制度难以被相互认同或采用,阻碍了国际间贸易的发展。因此,我们的电子产品制造必须标准化,逐步与国际接轨,我们的管理体系也必须被世界所接受。

9.1 概述

9.1.1 认证的概念及含义

自 1983 年以来,国际标准化组织(ISO)对"认证"一词曾有过 3 次定义,根据定义可以将认证理解为:第三方依据程序对产品、过程或服务符合规定的要求给予书面保证(合格证书)。认证具有以下几点含义。

① 认证的对象是产品和质量体系(过程或服务)。前者称产品认证,后者称体系认证。

② 认证的基础是"规定的要求"。"规定的要求"是指国家标准或行业标准。无论实行哪一种认证或对哪一类产品进行认证,都必须要有适用的标准。

③ 认证是第三方从事的活动。通常将产品的生产企业称作"第一方",将产品的购买使用者称为"第二方"。在质量认证活动中,第三方是独立、公正的机构,与第一方、第二方在行政上无隶属关系,在经济上无利害关系。

④ 认证活动是依据程序而开展的。因此,认证是一种科学、规范的活动。从企业申请到认证机构受理,从对企业质量体系审核到对认证产品的型式检验,从认证的批准到认证后的监督,这中间的每一项活动如何开展,认证机构都有明确的要求和严格的规定。

⑤ 取得质量认证资格的证明方式是认证机构向企业颁发认证证书和认证标志。其中认证标志只有产品认证才有,可用于产品上,以便为认证产品作更广泛的宣传。

从上述定义中,我们还可进一步了解到,认证的内涵实质上就是为供、需双方服务的。事实上,认证就是商品经济发展的产物。世界上实行质量认证最早的国家是英国,发展到今天,实行认证制度已成为一种世界趋势。这是因为实行认证制度,无论是对企业或客户,还是对社会或国家,都显示出越来越多的好处。

9.1.2 认证的类别

按照认证活动的对象,认证可以分为产品认证和体系认证。

1. 产品认证

产品认证是为确认不同产品与其标准规定符合性的活动，是对产品进行质量评价、检查、监督和管理的一种有效方法，通常也作为一种产品进入市场的准入手段，被许多国家采用。产品认证分为强制性认证（如我国的 3C 认证、欧盟的 CE 认证）和自愿性认证（如美国的 UL 认证、我国的 CQC 认证），世界各国一般是根据本国的经济技术水平和社会发展的程度来决定的，整体经济技术水平越高的国家，对认证的需求就越强烈。从事认证活动的机构一般都要经过所在国家（或地区）的认可或政府的授权，我国的 3C 强制性认证，就是由国务院授权，国家认证认可监督管理委员会负责建立、管理和组织实施的认证制度。

2. 体系认证

体系认证是对企业管理体系的一种规范管理活动的认证。目前，在电子产品制造业比较普遍采用的体系认证有质量管理体系（ISO9000）、环境管理体系（ISO14000）和职业健康安全管理体系（OHSAS18000）等。

3. 产品认证和体系认证的区别

产品认证和质量体系认证的区别详见表 9-1。

表 9-1　产品认证和质量体系认证对照表

项　　目	产　品　认　证	质量体系认证
对象	特定产品	企业的质量管理体系
获准认证的条件	产品质量符合指定标准要求 　质量体系满足指定的质量保证标准要求及特定产品的补充要求	质量体系满足指定的质量保证标准要求及特定产品的补充要求
证明方式	产品认证证书、认证标志	质量体系认证注册证书、认证标记
证明的使用	证书不能用于产品，标志可用于获证的产品上	证书和标记都不能在产品上使用
性质	自愿性、强制性	自愿性
两者关系	获得产品认证资格的企业一般无需再申请质量体系认证（除非申请的质量保证标准不同）	获得质量体系认证资格的企业可以再申请产品认证，但无需按照质量体系通用要求进行检查

9.2　产品认证

9.2.1　产品认证概况

1. 产品认证的由来

20 世纪初，随着科学技术的不断发展，电子产品的种类日益增多，产品的性能和结构也更加复杂，消费者在选择和购买产品时，因自身知识的局限性，一般只关注产品的使用性能，而对产品在使用过程中的安全却疏于考虑。而电子产品都是通过电源供电的，使用者直接接触开关、电源线及插头，一旦产品存在安全隐患，就可能对人身安全造成危害。因此，对消费者来说，都希望能有一个公正的第三方组织对产品质量的真实性出具证明。与此同时，一些工业化国家为了保护人身安全，也开始制定法律和技术法规，第三方产品认证由此应运而生。

世界上最早实行认证的国家是英国。1903 年，由英国工程标准委员会（BSI）首先创立了世界上第一个产品认证标志，即"BS"标识（因其构图像风筝，俗称"风筝标志"），该标识按照英国的商标法进行注册，成为受法律保护的标志。目前，比较知名的认证标志主要有美国的 UL 和 FCC，欧盟的 CE，德国的 TÜV、VDE 和 GS，加拿大的 CSA。此外，澳大利亚和新西兰的 SAA、日本的 JIS 和 PSE、韩国的 KTL 及俄罗斯、新加坡、韩国、墨西哥等国家和地区也制定了相应的市场准入制度。

我国的产品认证制度起步比较晚，自 1985 年以来，随着原国家技术监督局的"中国电工产品安全认证"（CCEE，"长城认证"）和原国家进出口商品检验局的"进口安全质量许可制度"（CCIB）的开展，到 2002 年 5 月 1 日两种产品认证制度的整合，我国才真正建立并完善了与国际接轨、符合标准及评定程序的较为规范的产品认证体系及制度，即中国强制认证（英文名称为"China Compulsory Certification"，缩写为"CCC"，也可简称为"3C"）。由 3 个"C"组成的图案也是强制性产品认证的标志，如图 9.1 所示，其中，图（a）为 3C 认证的基本型标志；图（b）附加了字母 S，表示安全认证；图（c）附加了字母 E，表示电磁兼容（EMC）认证；图（d）附加了字母 S&E，表示安全与电磁兼容认证；图（e）附加了字母 F，表示消防认证。

(a) 基本型　　(b) 安全　　(c) 电磁兼容　　(d) 安全与电磁兼容　　(e) 消防

图 9.1　3C 认证的标志

2. 产品认证的意义

当今世界许多国家或地区都建立了比较完整的产品认证体系，有些是政府立法强制的，也有些获得了消费者的全面认可。如果进入某个国家或地区的产品，已经获得该国家或地区的产品认证、贴有指定的认证标志，就等于获得了安全质量信誉卡，该国的海关、进口商、消费者对其产品就能够广泛地予以接受。因为贴有认证标志的产品，表明是经过公证的第三方证明完全符合标准和认证要求的。特别是对于欧美发达国家的消费者来说，带有认证标志的产品会给予他们高度的安全感和信任感，他们只信赖或者只愿意购买带有认证标志的产品。

在国际贸易流通领域中，产品认证也给生产企业和制造商带来了许多潜在的利益。首先，使认证企业从申请开始，就依据认证机构的要求自觉执行规定的标准并进行质量管理，主动承担自身的质量责任，对生产全过程进行控制，使产品更加安全和可靠，大大减少了因产品不安全所造成的人身伤害，保证了消费者的利益；第二，由于产品所加贴的安全认证标志在消费者心中的可信度，引导消费者放心购买，促进了产品销售，从而给销售商及生产企业带来更大的利润；第三，企业的产品通过其他国家或地区的认证，贴有出口国的认证标志，提高了出口产品在国际市场上的地位，有利于在国际市场上公平、自由竞争，成为全球范围内消除贸易技术壁垒的有效手段。

3. 产品认证的依据

产品认证的主要依据有法律法规、技术标准和技术规范，以及合同约定。

（1）法律法规依据

有许多国家都对危及生命财产安全、人类健康的产品实施认证，大都采用立法的形式，即制定法律法规，建立认证制度，规定认证程序，指导认证的具体实施。主要有以下法律法规形式：

① 国家法令、国家和政府决议；

② 专门的产品认证法律法规、认证制度（属于产品认证立法）；

③ 认证标志按照商标注册的法律执行。

（2）技术标准和技术规范

产品的安全性是由设计和生产来保证的，而设计与生产是按照相应的安全标准和技术规范来进行的。作为认证依据的产品标准和技术规范主要有国际标准、区域性标准、国家标准、合同约定等。其中大多数区域性标准和国家标准都是依据国际标准——国际标准化组织（ISO）标准制定的，ISO 电子电工产品标准由国际电工委员会（IEC）负责制定，信息技术标准由 ISO 和 IEC 共同制定，我国大部分 3C 产品认证采用国家标准（GB）。

（3）合同约定

在国内外经济贸易活动中，买卖双方在签订合同、协议时，对有关产品安全性的要求做出的明确规定，包括应该遵守的技术标准和规范，具体到标准中的某些具体内容及补充内容等，都可作为认证的依据。

9.2.2　中国强制认证（3C）

随着产品认证在工业发达国家的快速发展，我国在借鉴国外先进国家的认证经验和结合自身特点的基础上，也建立了产品认证制度——中国强制认证（3C）。通过强制推行国家产品标准，能最大限度地降低电子产品对消费者身体健康和生命安全的潜在威胁。

1. 3C 认证的由来

在 1985 年至 2002 年 5 月 1 日期间，我国实行了"进口安全质量许可制度（CCIB）"和"电工产品安全认证制度（长城认证 CCEE）"两种强制性产品认证制度。使得部分产品同时列入了两个强制认证的范畴，出现了同一种进口产品需要两次认证、加贴两个标志、执行两种评定程序及两种收费标准的重复情况。

在我国加入 WTO 的进程中，根据世界贸易协议和国际通行规则，WTO 向我国提出了将两种认证制度统一的要求。为了履行加入 WTO 的承诺，我国自 2002 年 5 月 1 日起开始实施新的强制性产品认证制度——中国强制认证（3C）。新的认证制度在形式上将原有的两种制度合二为一，实现了四个统一：统一目录，统一标志，统一技术法规、标准和合格评定程序，统一收费标准。原有的"长城"标志和"CCIB"标志自 2003 年 5 月 1 日起废止。新的制度完善和规范了我国强制认证制度，使强制性产品认证真正成为政府维护公共安全、维护消费者利益、打击伪劣产品和欺诈活动的工具。3C 也是一种产品准入制度，凡列入强制产品认证目录内、未获得强制认证证书或未按规定加贴认证标志的产品，一律不得出厂、进口、销售和在经营服务场所使用。

在 2002 年 5 月 1 日公布的第一批《实施强制性产品认证的产品目录》中，涉及 9 个行业、19 大类计 132 种产品，主要有电线电缆、低压电器、家用电器、音/视频设备、信息技术设备、电信终端、机动车辆及安全附件、农机产品等。

我国由国务院授权国家认证认可监督管理委员会（CNCA）负责强制性产品认证制度的建立、管理和组织实施。经国家质检总局和国家认证认可监督管理委员会批准，中国质量认证中心（CQC）成为第一个承担国家强制性产品认证工作的机构，接受并办理国内外企业的认证申请、实施认证并发放证书。获得 CQC 产品认证证书，加贴 CQC 产品认证标志，就意味着该产品被国家级认证机构认证为安全且符合国家相应的质量标准。

2．3C 认证的意义、作用和法律法规依据

（1）我国建立强制性产品认证制度的意义和作用

① 建立强制性产品认证制度是执行标准和安全法规的有效措施。

② 维护广大消费者的人身安全和财产损失。

③ 有利于增加出口产品在国际上的可信度，提高产品在国际市场的地位。

④ 消除全球范围内的贸易技术壁垒。

（2）我国实施强制产品认证制度的法律、法规、规章依据

① 《中华人民共和国产品质量法》。

② 《中华人民共和国进出口商品检验法》。

③ 《强制性产品认证管理规定》。

④ 《强制性产品认证标志管理办法》。

⑤ 《第一批实施强制性产品认证的产品目录》。

⑥ 《强制性产品认证实施规则》。

⑦ 《实施强制性产品认证制度有关安排的有关规定》。

3．3C 认证流程

企业申请产品 3C 认证流程分为以下五个环节。

（1）申请人提出认证申请

① 申请人通过互联网或代理机构填写认证申请表。

② 认证机构对申请资料评审，向申请人发出收费通知和送交样品通知。

③ 申请人支付认证费用。

④ 认证机构向检测机构下达测试任务，申请人将样品送交指定的检测机构。

（2）产品型式试验

检测机构按照企业提交的产品标准及技术要求，对样品进行检测与试验。由于对样品的检测与试验只是针对样品本身，其结果若符合产品标准及技术要求，并不说明企业生产的同类产品已经合格，所以叫做型式试验。型式试验合格后，检测机构出具型式试验报告，提交认证机构评定。

（3）工厂质量保证能力的检查

① 对初次申请 3C 认证的企业，认证机构向生产厂发出工厂检查通知，向认证机构工厂检查组下达工厂检查任务。

② 检查人员要到生产企业进行现场检查、抽取样品测试、对产品的一致性进行核查。

③ 工厂检查合格后，检查组出具工厂检查报告，对存在的问题由生产企业整改，检查人员验证。

④ 检查组将工厂检查报告提交认证机构评定。

（4）批准认证证书和认证标志

认证机构对认证结果做出评定，签发认证证书，准许申请人购买认证标志，并准许其在产品上加贴认证标志。

（5）获证后监督

① 认证机构对获证生产企业的监督每年不少于一次（部分产品生产企业每半年一次）。

② 认证机构对检查组递交的监督检查报告和检测机构递交的抽样检测试验报告进行评定，评定合格的企业继续保持证书。

3C 认证流程图如图 9.2 所示。

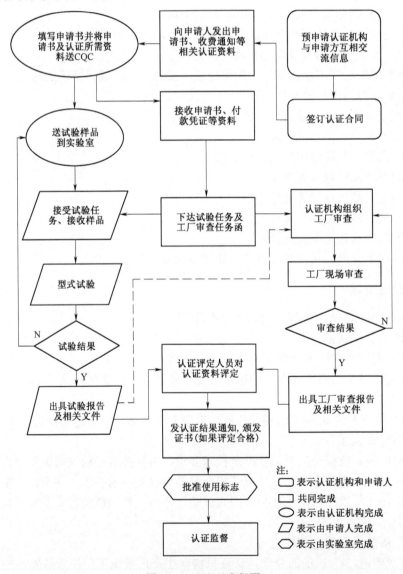

图 9.2 3C 认证流程图

9.2.3　国外产品认证

随着贸易全球化进程的加快，认证市场已逐步向国际开放。我国作为世界贸易国组织成员之一，必须了解一些常用的知名认证品牌及其标志。

1. 美国 UL 认证

"UL"是美国保险商实验室联合公司的英文缩写，是美国的安全认证标志。UL 始建于 1894 年，最早是为保险公司提供保险产品检验服务的，又称保险商实验室。1958 年，UL 被美国主管部门承认为产品认证机构，并规定认证产品上要有 UL 标志。UL 认证标志如图 9.3 所示。

　　(a) 整机　　　　　　　(b) 元器件　　　　　　(c) 分级产品

图 9.3　UL 认证标志

经过百余年的发展，UL 已成为美国最有权威的，也是世界知名度最高的一个民间认证机构。目前 UL 主要从事产品认证和体系认证，并出具相关的认证证明，确保进入市场的产品符合相关的安全标准，为人身健康和财产安全提供保障。UL 认证是自愿性的，但一直被广大消费者认可。在美国市场，消费者首要选择购买的是佩有 UL 标志的安全产品，UL 标志给了消费者安全感。

目前，UL 在美国本土有五个实验室，总部设在芝加哥北部的北布鲁克镇，同时在中国台湾和中国香港分别设立了相应的实验室。UL 的认证及服务范围已扩展到世界各地，在我国由地区代理办理认证业务。

申请 UL 认证分为以下四个环节。

（1）申请人提出申请

① 申请人填写书面申请，并用中英文提供相关产品的资料。

② UL 对产品资料进行确认，如资料齐全，UL 以书面方式通知申请人试验所依据的 UL 标准、测试费用、测试时间、样品数量等，并请申请人提交正式申请表及跟踪服务协议书。

③ 申请人汇款、提交申请表并以特快专递方式寄送样品，应注意 UL 给定的项目号码。

（2）样品测试

① UL 实验室进行产品检测，一般在美国的 UL 实验室进行，也可接受经过审核的第三方测试数据。

② 如果检测结果符合 UL 标准要求，UL 公司发出检测报告、跟踪服务细则和安全标志。细则中包括产品描述和对 UL 区域检查员的指导说明，检测报告副本提交申请人，跟踪服务细则副本提交生产企业。

（3）工厂检查

UL 区域检查员进行首次企业检查，检查产品及其零部件在生产线和仓储的情况，确认产品结构和零件与跟踪服务细则的一致性，如果细则中有要求，进行现场目击试验，当检查结果符合要求时，申请人获得使用 UL 标志的授权。

（4）获证后监督

① 检查员不定期到企业检查，检查产品结构并现场目击试验，每年至少检查四次。产品结构或部件如需变更，申请人应事先通知 UL，对于较小的改动不需要重复试验，UL 可以迅速修改跟踪服务细则，使检查员接收这种改动。当产品改动影响到安全性时，需要申请人重新递交样品进行必要的检测。

② 如果产品检测结果未能达到 UL 标准的要求，UL 向申请人通知存在的问题，申请人改进产品设计后，重新交验产品并及时将产品的改进内容告知 UL 工程师。

UL 认证流程图如图 9.4 所示。

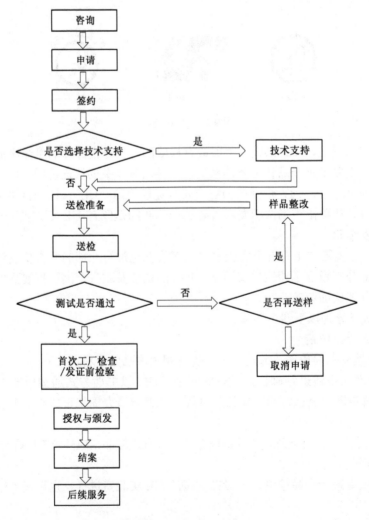

图 9.4　UL 认证流程图

2. 欧盟 CE 认证

CE 是法语"欧洲合格认证"的缩写，也代表"欧洲统一"的意思，是欧洲共同体的认证标志。欧盟法律明确规定 CE 属强制性认证，CE 标志是产品进入欧盟的"通行证"。不论是欧盟还是其他国家的产品，若想在欧盟市场上自由流通，必须加贴 CE 标志。CE 标志是安全合格标志而非质量合格标志。CE 认证为各国产品在欧洲市场进行贸易提供了统一的最低技术标准，简化了贸易程序。如图 9.5 所示，为 CE 认证标志。

需要加贴 CE 标志的产品涉及电子、机械、建筑、医疗器械和设备、玩具、无线电和电信终端设备、压力容器、热水锅炉、民用爆炸物、游乐船、升降设备、燃气设备、非自动衡器、爆炸环境中使用的设备和保护系统等。近年来，在欧洲经济区（欧洲联盟、欧洲自由贸易协会成员国，瑞士除外）市场上销售的商品中，使用 CE 标志的越来越多。

申请 CE 认证的具体程序如下所述。

图 9.5　CE 认证标志

（1）申请人提出申请

① 申请人口头或书面提出初步申请。

② 申请人填写申请表，并将申请表、产品使用说明书和技术文件提交 CE 实验室，必要时提供一台样机。

（2）CE 认证机构对申请资料进行确认

① CE 确认提交资料的内容，确定检验标准和检验项目并报价。

② 申请人确认报价，将样品和有关技术文件提交实验室。

③ CE 向申请人发出收费通知，申请人支付认证费用。

④ CE 实验室测试产品并审阅技术文件，内容包括文件是否完善、文件是否按欧共体官方语言（英语、德语或法语）书写。如果不完善或未使用规定语言，通知申请人改进。

（3）样品测试

① 如果试验不合格，CE 实验室及时通知申请人，允许申请人对产品进行改进，直到试验合格。申请人应对原申请中的技术资料进行更改，以便反映更改后的实际情况。

② CE 实验室向申请人发整改费用补充收费通知。

③ 申请人支付整改费用。

④ 测试合格、无需检查的企业，CE 实验室向申请人提供测试报告或技术文件、CE 符合证明和 CE 标志。

⑤ 申请人签署 CE 保证，并声明在产品上贴 CE 标志。

CE 认证流程图如图 9.6 所示。

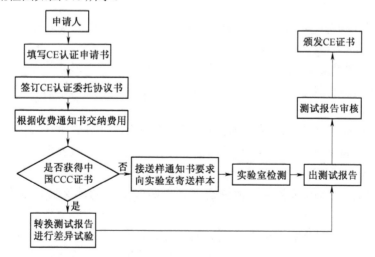

图 9.6　CE 认证流程图

以上介绍的两种产品认证是我国在产品出口中使用最多的产品认证。除了 UL 认证和 CE 认证以外，还有美国 FCC 认证、加拿大 CSA 认证、俄罗斯 GOST/PCT 认证、德国 VDE、TÜV 和 GS 认证等国外其他一些知名的国家认证。这些认证一般都通过代理机构操作，申请程序基本相同，主要包括提交申请、样品测试、企业审查、标志授权及获证后的监督等，但各国填写文件的语言与格式不同，在此不再详细介绍。它们的认证标志如图 9.7 所示。

(a)　　(b)　　(c)　　(d)　　(e)

(f)　　(g)　　(h)　　(i)

图 9.7　国外几种知名的认证标志

9.3　体系认证

体系认证是指通过认证机构对企业的体系进行检查和确认并颁发证书，证明企业的相关保证能力符合对应标准的要求。目前，电子产品制造业比较普遍采用的体系认证有质量管理体系认证（ISO9000）、环境管理体系认证（ISO14000）和职业健康安全管理体系认证（OHSAS18000）。这三个认证体系所依据的认证标准虽各不相同，但标准中的部分内容相似或相同，并相互兼容。下面逐一进行介绍。

9.3.1　ISO9000 体系认证

1. ISO9000 系列标准制定

ISO9000 国际标准是世界上第一套管理性的标准，是从最优秀的管理实践中提炼出来的，并已被全世界许多成功的企业所证实。

ISO 是国际标准化组织的简称，成立于 1947 年 2 月 23 日，其宗旨是"在世界上促进标准化及其相关活动的发展，以便于商品和服务的国际交换，在智力、科学、技术和经济领域开展合作"。

ISO/TC176 自成立之后，便开始着手质量管理标准化的工作，并于 1987 年正式发布了关于质量管理和质量保证的 ISO9000 系列标准，该标准受到了世界上许多国家的重视，纷纷等同或等效采纳为本国标准。但随着质量管理理论的不断完善和提高、质量认证工作实践的不断深化和丰富，其内涵和覆盖范围也随之不断发展，为此又修订发布了 1994 版的 ISO9000 标准。

从 1995 年开始，ISO/TC176 在全世界范围内进行了大规模的调查研究活动，广泛征询意见，为标准的继续修订做了充分准备，于 1998 年提出标准草案的建议稿，经第二稿、标准草案稿和国际标准草案稿等多次修改，在取得 TCl76 多数成员国最终表决通过后，于 2000 年 12 月 15 日正式发布了"ISO9000：2000 新版国际标准"，它由以下核心标准组成（括号中为我国等同采用国际标准的国家标准编号）：

① ISO9000：2000《质量管理体系——基础和术语》(GB/T19000—2000)；

② ISO9001：2000《质量管理体系——要求》(GB/T19001—2000)；

③ ISO9004：2000《质量管理体系——业绩改进指南》(GB/T19004—2000)。

该系列标准的特点是适用于各种规模、各种行业的组织，包括制造业和非制造业，对服务业亦具有良好的适用性。此外，还有与质量管理体系相关的审核指南性标准 ISO19011：2000、测量控制系统标准 ISO10012：2000 等，ISO 对标准的修订工作仍在进行之中，以确保标准的时效性和实用性。

2. 世界各国采用 ISO9000 系列标准的情况

ISO9000 质量管理和质量保证标准系列正式发布以后，由于其结构严谨、定义明确、规定具体、内容实用，得到了世界各国的高度重视和普遍欢迎。在世界主要经济发达国家的导向下，国际间的采购活动也逐步趋于采用质量体系认证的方式，并以第三方认证取代供需之间互利的第二方认证。采用 ISO9000 系列标准已经逐步发展为世界性的趋势。

欧洲共同体国家为建立统一的市场，确保安全和卫生的产品在成员国之间自由流通，均依据 ISO9000 质量管理体系系列标准对产品的生产厂实行第三方认证。获得质量体系认证的企业产品，将免除关税、无需检验即可直接进入欧洲统一市场流通。

在美国等西方国家，虽然已采用了本国的质量管理模式，但因唯恐不能进入具有众多人口的欧洲市场从事贸易活动，也纷纷等效或等同采用这一认证标准。

日本虽早已实行了针对本国企业的产品质量认证（JIS 认证标志），但 JIS 认证是供应商自主的质量管理，目的是更积极、更主动地开发满足用户需要的产品，以高质量的产品占领市场，而不只是停留在满足购买者所要求的认证上。另外，JIS 认证在审查方法和内容上与 ISO 也有所不同。尽管在标准的协调关系上存在问题，但日本是贸易大国，不采用 ISO9000 标准将会给国际贸易带来巨大损失，所以在多数日本工业界人士和质量管理专家的要求下，日本政府于 1991 年 10 月制订了 JIS-Z-9000～9004，等同采用了 ISO9000 标准系列。

3. 我国采用 ISO9000 系列标准的情况

我国于 1988 年 12 月宣布等效采用 ISO9000 国际标准。当时，随着市场经济和国际贸易的快速发展，我国即将恢复关贸总协定缔约国的地位，国家经济将全面置身于国际市场大环境中，质量管理同国际惯例接轨已成为发展经济的重要内容。国家技术监督局于 1992 年 10 月发布了等同采用 ISO9000 标准的文件，并颁布了我国的质量管理体系国家标准—GB/T19000 质量管理和质量保证系列标准。

（1）GB/T19000—2000 系列标准

GB/T19000—2000 系列标准是 2000 年 12 月发布的国家标准。该标准结构严谨、定义明确、规定具体、易于理解。该系列标准等同于(idt)ISO9000 系列标准。标准编号中的"T"意为"推荐"，"idt"意为"等同采用"，所以，该系列标准为推荐性标准，并且与 ISO9000 规定的内容完全相同。它由 3 个核心标准组成，如下所述。

① GB/T19000—2000 idt ISO9000：2000《质量管理体系——基础和术语》。

② GB/T19001—2000 idt ISO9001：2000《质量管理体系——要求》。

③ GB/T19004—2000 idt ISO9004：2000《质量管理体系——业绩改进指南》。

此外，与质量管理体系相关的审核标准 GB/T19011—2001 idt ISO19011：2001《质量和(或)环境管理体系审核指南》也作为质量管理体系的一个主要标准。

2000 版 ISO9000 系列标准适用于产品开发、制造和服务等所有的组织。它的基本原理、内容和方法具有普遍意义，具有指导性的作用。系列标准中的 GB/T19000 是指导性文件，GB/T19001 是具体的实施要求，GB/T19004 用来指导企业质量体系的持续改进，GB/T19011 用于指导质量体系的审核，与 ISO 标准完全等同。

（2）实施 GB/T19000-2000 系列标准的意义

① 有利于提高企业的质量管理水平。企业对照 GB/T19000—2000 系列标准的要求，可以对企业的原有质量管理体系进行全面的审视、检查和补充，发现质量管理中的薄弱环节，进而针对存在的和潜在的质量问题采取相应的监控手段。因此，企业通过实施 GB/T19000—2000 标准系列，建立健全质量体系，对产品形成或服务过程中的技术水平、管理能力、人员素质和资源提供有效的质量控制。

② 有利于企业的质量管理与国际接轨。ISO9001：2000 标准被世界许多国家（地区）和组织所采用，成为在各国（地区）贸易交往中需方对供方质量保证能力评价的依据，或者作为第三方对企业质量管理体系认证的依据。随着贸易的发展，质量在贸易中的作用日显重要，所以，世界各国（地区）按照 ISO9001：2000 标准的要求建立质量体系，积极开展第三方的质量认证，有利于国际间的经济合作与技术交流，按照国际标准进行管理已成为世界性的趋势。

③ 有利于提高产品的竞争能力。产品质量的提高，不仅取决于企业的技术能力，同时也取决于企业的管理水平。一旦某企业的产品和质量体系通过了国际上公认机构的认证，则可以在产品上贴上认证标志，在广告中宣传企业的管理和技术水平。所以，产品的认证和质量体系的认证，已成为企业最有说服力的形象广告，是产品最有价值的信誉证明。另外，越来越多的项目招标、国际采购也将企业是否获得体系认证作为竞标的条件之一，获得认证可以增强企业竞争的实力。

④ 有利于消除国际间的贸易壁垒。许多国家为了保护自身的利益，设置了种种贸易壁垒，包括关税壁垒和非关税壁垒。质量保证能力就属于非关税的技术壁垒，通过产品认证和质量体系认证，就获得了国际贸易的"通行证"，从而消除了贸易壁垒。

⑤ 有利于保护消费者的合法权益。随着新技术、结构和材料在产品中的不断应用，由产品不合格而引发的投诉时有发生，为此，消费者越来越重视产品的安全性和可靠性。获得质量体系认证的企业，对产品质量有充分的质量保证能力，能确保消费者的利益，从而大大增强消费者使用的信心。

9.3.2 ISO14000 体系认证

1. ISO14000 系列标准

ISO14000 系列国际标准是国际标准化组织（ISO）汇集全球的环境管理及标准化方面的专家，在总结全世界环境管理科学经验的基础上制定，并于 1996 年 9 月正式发布的一套环境管理的国际标准，涉及环境管理体系、环境审核、环境标志、生命周期评价等国际环境领域内的诸多焦点问题，旨在指导各类组织（企业、公司）取得和表现正确的环境行为。14000 系列标准共分七个系列，其标准号从 14001 至 14100，共 100 个标准号，统称为 ISO14000 系列标准。ISO14000 系列标准编号的分配情况见表 9-2。

表 9-2　ISO14000 系列标准编号

分　会	标　准　号	标　准　内　容
SC1	14001～14009	环境管理体系
SC2	14010～14019	环境审核
SC3	14020～14029	环境标志
SC4	14030～14039	环境行为评价
SC5	14040～14049	生命周期评估
SC6	14050～14059	术语和定义
WG1	14060	产品标准中的环境指标
WG2		可持续森林
备用	14061~14100	

　　TC207 作为这个系列标准的研制机构，其 6 个分技术委员会分别承担 6 个方面标准的研制任务。这 6 个方面的标准分别构成了 ISO14000 的标准子系统（SC1～SC6），每个子系统又由若干标准构成更小的系统。ISO14000 系列标准已经颁布了十多个独立的标准。

　　ISO14000 环境管理认证被称为国际市场认可的"绿色护照"。许多国家，尤其是发达国家纷纷宣布，没有环境管理认证的商品，将在进口时受到数量和价格上的限制。例如，欧洲国家宣布，计算机产品必须具有"绿色护照"方可入境；美国能源部规定，只有取得认证的厂家才有资格参加政府采购投标。因此，许多观察家认为，ISO14000 系列标准产生的影响要远大于 ISO9000 标准。

2. 我国采用 ISO14000 系列标准的情况

　　ISO14000 系列标准颁布后，受到了世界各国和地区的普遍关注并纷纷采纳，欧美等许多经济发达的国家率先实行，并获得了显著的成效。

　　我国于 1996 年初成立了国家环保总局环境管理体系审核中心，举办了一系列标准研讨班，并在部分企业进行了 ISO14001 标准的试点认证工作。1997 年初，批准了 13 个城市作为实施 ISO14001 标准的试点城市。1999 年 4 月，国家环保总局开展了创造国家示范区的活动，在全国 46 个环境重点保护城市和有条件的经济开发区，开展了环境管理体系的建立与运行的试点。为保证 ISO14000 标准认证的公正性和权威性，确保认证质量，经国务院办公厅批准，成立了中国环境管理体系认证指导委员会，下设中国环境管理体系认可委员会（简称环认委）和中国认证人员国家注册委员会环境管理专业委员会（简称环注委），开始了 ISO14000 环境管理体系的认证工作。

　　在 ISO14000 标准发布后，我国的标准化管理部门将其等同转化为我国的国家标准，最先转化的标准有：

　　① GB/T 24001—1996 idt ISO14001《环境管理体系——规范及使用指南》；

　　② GB/T 24004—1996 idt ISO14004《环境管理体系——原则、体系和支持技术指南》；

　　③ GB/T 24010—1996 idt ISO14010《环境审核指南——通用原则》；

④ GB/T 24011—1996 idt ISO14011《环境审核指南——审核程序、环境管理体系审核》；

⑤ GB/T 24012—1996 idt ISO14012《环境审核指南——环境审核员资格要求》。

其中，ISO14001—1996 是 ISO14000 系列标准的核心标准，也是唯一可用于第三方认证的标准。它不仅是唯一用于环境管理体系审核的标准，也是制定系列标准中其他标准的依据。ISO14001 标准奠定了 ISO14000 系列标准的基础。

3. 实施 ISO14000 系列标准的意义

（1）具有重要的政治意义

ISO14000 系列标准是国际标准化组织根据我国参加签署的"环境与发展大会"的决议制定出的国际性标准。在中国贯彻这一标准，有力地表明我国政府在环境方面的承诺，具有重要的政治意义。

（2）有利于提高我国企业在国际市场上的竞争力

我国已于 2001 年底加入了 WTO。随着人们环保意识的增强，不少国家在制定对外贸易政策时，相应地制定了环境标准。在世界各国的贸易战中，利用环境保护标准构建"绿色贸易壁垒"的情况时有发生。而我国，每年都因不符合某些发达国家的环境法规及相应环境标准要求而蒙受巨大损失。以 1995 年为例，这种损失就高达 2 000 多亿美元。1999 年，欧盟国家又以中国包装木材不符合他们的标准为由，终止了 60 多亿美元的贸易合同。ISO14000 系列标准对全世界各国改善环境行为具有统一标准的功能，因而对消除绿色贸易壁垒具有重要的作用。这也是许多人称 ISO14000 系列标准是国际"绿色通行证"的缘由。

（3）有利于提高企业环境管理水平，改善企业形象，提高企业知名度

ISO14000 系列标准规定了一整套指导企业建立和完善环境管理体系的准则，为现代化企业管理提供了科学的方式和模式。ISO14000 体系认证的申请、建立、实施与评定建立在自愿的基础上，但它也有严格的程序。获得 ISO14000 标准认证，意味着企业环境管理水平达到国际标准，等于拿到了通向国际市场的通行证。在提高企业的社会形象和知名度的同时，也消除了企业与社会在环境问题上的矛盾，大大提高了企业的经济效益。

（4）有助于推行清洁生产，预防污染

ISO14000 特别强调污染预防，要全面识别企业的活动、产品和服务中的环境因素，找出污染源，明确企业的环境方针和环境目标。电子产品制造企业应主要考虑可能产生的环境影响，对向大气、水体排放的污染物、噪声的影响及固体废物的处理等逐项进行调查分析，并针对存在的问题从管理上或技术上加以解决，使之纳入体系的管理，从而合理利用自然资源，从源头治理污染，实现清洁生产。

（5）有利于企业节能降耗，减少污染排放，降低成本，提高效益

企业在生产的全过程中，从设计、生产到服务，考虑污染物的产生、排放对环境的影响，资源材料的节约及回收，可以有效利用原材料，回收可用废旧物，减少因排污造成的赔罚款及排污费，从而降低生产成本和能耗。英国通过 ISO14001 标准认证的企业中有 90%的企业通过节约能耗、回收利用、强化管理所取得经济效益超过了认证成本。

（6）减少污染排放，降低环境事故风险，避免环境的民事、刑事责任

企业通过替代、产品设计的改进、工艺流程的调整及管理、减少污染排放或通过治理实现达标排放，不仅保护环境，而且减少了许多环境事故风险及环境的民事、刑事责任。环境管理体系还要求具有应急准备与反应能力，应急措施到位，一旦发生紧急情况，可预防或将

污染对环境的影响减至最小。

9.3.3　OHSAS18000 体系认证

1. OHSAS18000 系列标准

OHSAS 是英文"职业健康安全评估系列"的缩写。OHSAS18000 系列标准的全称是"职业健康安全管理体系"，它是在考虑到没有世界通用的职业健康安全管理体系标准的情况下，为满足企业的需求，由英国标准协会、挪威船级社等十多个国际著名认证机构共同制定，并于 1999 年 3 月联合推出的职业健康安全评价系列标准，成为继 ISO9000 质量管理体系标准和 ISO14000 环境管理体系标准之后的又一个管理体系标准：

- OHSAS18001：1999《职业健康安全管理体系——规范》。
- OHSAS18002：1999《职业健康安全管理体系——指南》。

我国与 OHSAS18000 相对应的 2001 版国家标准（GB/T 28001－2001《职业健康安全管理体系——规范》），是由国家认证认可监督管理委员会和国家标准化管理委员会组织专家于 2001 年 7 月共同制定，并于 2001 年 11 月正式发布的。该标准覆盖了 OHSAS18001：1999 标准的全部要求，适用于指导企业建立职业健康安全管理体系文件，同时可以作为认证机构进行认证的依据。OHSAS18001 标准的内容、结构和模式与 ISO 标准基本相同。

2. 实施 OHSAS18000 系列标准的意义

（1）提高综合管理水平，规范和强化企业的职业健康安全管理

将国家对职业健康安全的宏观管理与企业的微观管理更紧密地结合起来，拥有职业健康安全的管理体系，可以保障员工的职业健康与生命及财产的安全，从而提高工作效率。

（2）推动企业职业安全法律法规的贯彻落实

OHSAS 标准要求企业有相应的制度和程序来跟踪国家法律、法规的变化，以保证其持续遵守各项法律、法规的要求，使企业由被动接受政府的监察转变为主动接受。系统化、预防为主、全员、全过程、全方位的职业健康管理体系可以确保企业员工遵纪守法，防止各类事故的发生。

（3）提高企业员工的安全防范意识和技能

OHSAS18000 职业安全卫生体系要求针对企业各个相关职能和层次进行与之相适应的培训，提高全员安全生产的意识，有效地控制事故隐患，避免员工和企业利益受到损害，大幅减少成本投入，提高工作效率，产生直接和间接的经济效益。

（4）以人为本，增强了企业的凝聚力

根据人力资本理论，人的工作效率与工作环境的安全卫生状况密不可分，其良好状况能大大提高生产率，增强企业的凝聚力和发展动力。

（5）促进国际贸易，清除非关税壁垒

职业安全卫生问题与环境问题一样，日益受到世界各国的普遍关注。许多国家以此为借口，对他国的产品、活动或服务采取单方面的进口限制，因而采用 OHSAS 标准有助于企业完善国际间的互认制度，清除贸易障碍，顺利开展贸易活动。

（6）有助于企业树立良好的社会形象，增加市场竞争力

建立和实现职业安全卫生管理体系，从侧面反映了企业的社会责任感，极大地提高了企

业的信誉和市场竞争能力，能够赢得更多相关方的信任和认可。

9.3.4　ISO9000、ISO14000 与 OHSAS18000 体系的结合

将 OHSAS18000、ISO9000、ISO14000 形成一体化的管理体系，已经成为现代企业的标志。

由于 ISO9000 系列标准颁布得比较早，有相当数量的企业已经按照 ISO9000 系列标准建立了质量管理体系，所以在这种情况下，要建立 ISO14000、OHSAS18000 系列标准体系的企业可以考虑将这两种系列标准与 ISO9000 系列标准结合起来，即形成一体化的管理模式，这三种管理体系在许多相关要素上有相同或相似的地方，是可以相互兼容的。ISO9000、ISO14000 及 OHSAS18000 体系的异同如下所述。

（1）对于一个企业实施三个体系标准的不同点是其对象不同

① 按 ISO9000：2000 系列标准建立的质量管理体系，其对象是顾客。

② 按 ISO14000 系列标准建立的环境管理体系，其对象是社会和相关方。

③ 按 OHSAS18000 系列标准建立的职业安全卫生管理体系，其对象是企业员工和相关方。

（2）企业实施三个体系标准的相同点

① 企业总的方针和目标要求相同。

② 三个标准使用共同的"过程"模式结构，其结构相似，方便使用。

③ 体系的原理都是 PDCA（P-PlanD-DoC-CheckA-Action）循环过程。

④ 建立文件化的管理体系。

⑤ 文件化的职责分工并对全体人员进行培训和教育。

⑥ 持续改进。

⑦ 采用内部审核和管理评审来评价体系运行的有效性、适宜性和充分性。

⑧ 对不符合进行控制。

⑨ 由企业的最高管理者任命管理者代表，负责建立、保持和实施管理体系。

9.4　本章小结

随着产品贸易的全球化发展，迫切需要我们制定可相互认同或采用的质量标准来规范各国的产品质量，推进电子产品制造的标准化，并逐步与国际接轨。

本章简述了产品认证和体系认证的概念及区别，详细介绍了我国的产品认证制度——中国强制认证（3C）和其他国家的一些知名产品认证，并对电子产品制造业比较普遍采用的质量管理体系认证（ISO9000）、环境管理体系认证（ISO14000）和职业健康安全管理体系认证（OHSAS18000）三种体系认证的标准制定、标准系列和实施标准的意义逐一作了说明。

9.5　思考与习题 9

9.1　什么是产品认证？什么是体系认证？

9.2　什么是 3C 认证？并说明 3C 认证的工作流程。

9.3　简述 ISO9000 标准的组成。

9.4　GB/T 19000 标准系列由哪几项标准组成？请说明 GB/T 19000 标准系列与 ISO9000 标准系列的关系。

9.5　实施 GB/T 19000 标准系列有哪些意义？

9.6　ISO14000 标准系列的内容是什么？

9.7　实施 GB/T 14000 标准系列有哪些意义？

9.8　实施 OHSAS18000 标准系列有哪些意义？

第10章 实训项目

实训项目 1 电阻器、电位器的识别与测试

1. 实训目的

（1）掌握根据电阻器的直标法、文字符号法和色标法判读标称阻值及允许偏差值的方法；

（2）熟悉万用表电阻挡的使用方法，练习用万用表测量电阻器、电位器的阻值。

2. 实训使用仪器和器材

万用表一只，用直标法、文字符号法、色环法表示的电阻器若干和电位器若干。

3. 实训内容

（1）电阻器的识别与测试

① 先用学过的电阻器标称值及允许偏差值标志法的知识判读各电阻器的标称阻值和允许偏差，再用万用表（拨在电阻挡）实测各电阻器的阻值，并将判读值和实测值分别填入实训表 1.1 中。

实训表 1.1　电阻器的识读与测量结果

编号	外表标志内容	判读结果		万用表实测阻值	备注
		标称阻值	允许偏差		
1					
2					
3					
4					
5					
6					
7					
8					
9					
10					

② 用万用表分别检测并接双手后的 2 只小阻值电阻器和 2 只大阻值电阻器，分别记下测量数据，比较并接双手前后两次的测量值。

（2）电位器的测试

用万用表检测电位器固定端之间的阻值和零值电阻，观察阻值的变化情况，并将测量结果填入实训表 1.2 中。

实训表 1.2 电位器的识读与测量结果

编号	读识电位器		测量电位器		固定端与中间滑动片变化情况		
	标称阻值	允许偏差	固定端间阻值	零值电阻	阻值平滑变动	阻值突变	指针跳动
1							
2							
3							

4. 说明

（1）万用表，又称三用表，是电子行业人员最基本的工具。它可以测量电阻、电流、电压、晶体管放大倍数等多种参数，还可以间接检查各种元器件的好坏，调试电子设备。万用表由表头（显示器）、转换开关和测量电路等主要部件组成，分为指针式和数字式两种，如实训图 1.1 所示。

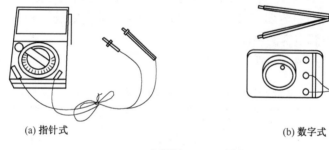

(a) 指针式　　　　　　　　　　(b) 数字式

实训图 1.1 万用表

（2）测量前，转动开关至所需的电阻挡，将红黑表笔短接，万用表"调零"，使指针对准在 $0\,\Omega$ 位置上，然后分开测试棒进行测量。测量值在表头第一条欧姆刻度上读出并乘以该挡的倍率。

（3）测量时，被测电阻至少有一端与电路完全断开，并切开电源。电阻挡的量程应选择合适，使表针停在标度尺的中间区域，以减少读数误差。测试电阻值时，应注意表笔与测点间的接触电阻。测高阻值时，应注意不要用手同时触及两表笔探针或两触点，如实训图 1.2 所示，以免将人体电阻并联于被测电阻两端，造成测量误差。若测量时指针偏角太大或太小，应换挡后再测。每转换一次量程，都必须将两表笔短接，并重新"调零"。

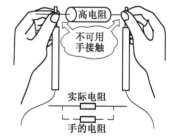

实训图 1.2 测量电阻时不可用
手接触两端

（4）可变电阻的测量基本与固定电阻的测量方法相同。可变电阻有 3 个接点，两端为固定端，无论转轴如何转动，两端间的电阻皆为固定值（即最大电阻）；中间为活动端，它与任意端间的电阻值是随转轴转动而平滑变化的。

实训项目2　电容器的识别与测试

1. 实训目的

（1）掌握直标电容、文字符号电容和色标电容的读识方法；

（2）掌握电容器质量好坏的简单测试方法和电容器容量大小比较的测试方法；

（3）能判断电解电容的极性。

2. 实训器材

万用表一只，直标法、文字符号法、色环法、数码法表示的电容器若干只，固定电容器 0.1 μF、0.47 μF 各一只，电解电容器 10 μF、100 μF 各一只。

3. 实训内容

（1）在规定时间内读出所给电容器的标称容值、额定工作电压，判断电容器的类型。

（2）用万用表测量电容器的漏电电阻。

① 用万用表 R×10k 挡测电容器（以 0.1～0.47 μF 为例）的漏电电阻。

② 用万用表 R×1k 挡测电容器（以 10～100 μF 为例）的漏电电阻。

（3）用万用表判别电解电容的极性。

（4）将识别、测量结果填入实训表 2.1 中。

实训表 2.1　电容器的识读与测量结果

电容器标值识别				
编号	标值容量	耐压	全称	材料
1				
2				
3				
4				
5				
6				
7				
8				
9				
10				
电容器漏电电阻测量				
电容器类别		万用表挡位	充电指针偏转角度	实测漏电电阻
小电容测量（以 0.1～0.47 μF 为例）				
大电容测量（以 10～100 μF 电解电容为例）				
电解电容极性判断				
电解电容（以 10～100 μF 电解电容为例）		万用表挡位	正向漏电电阻	反向漏电电阻

4．说明

（1）对于电解电容器，可用"R×1k"挡。黑表笔接电解电容器的正极，红表笔接电解电容器的负极，表针开始向阻值小的方向迅速摆动，然后慢慢向"∞"方向摆动，这就是电容的充、放电现象。充电摆动的幅度越大，电容量越大。放电至一定时间，表针将静止不动，此时表针所指的阻值是电解电容器的漏电电阻，如实训图 2.1 所示，阻值越大漏电越小。若漏电电阻低于 100 kΩ，表明电容性能不好；如果表针归零，表明电容短路；如果表针无充、放电现象，停在"∞"处不动，说明电容开路。

（2）测量时，注意正负表笔的正确接法。电解电容器每次测试后应将电容器放电。对于大于 4 700 pF 的电容，可按上述方法检查；对于小于 4 700 pF 的电容，只要不短路一般都是好的。

（3）如果电解电容器的正负极标记不清，也可用万用表来判别。方法是将万用表的红、黑表笔分别与电容器的两极相接，做正、反两次的漏电电阻测量，测得漏电电阻大的那次，黑表笔所接触的引脚即为电容器的正极，另一极为负极。

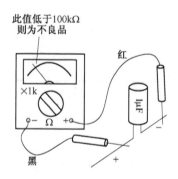

实训图 2.1 测量电容器

实训项目 3 常用半导体器件的测试

1．实训目的

（1）熟悉二极管、三极管的种类和常见外形；
（2）掌握万用表检测二极管和晶体管管脚的方法；
（3）掌握用万用表判断二极管和晶体管好坏的方法。

2．实训器材

万用表一只，二极管 2AP9、2CP10、1N4001、1N4148，晶体管 3DG6、3AX31、9013、9014，发光二极管 BT304。

3．实训内容

（1）用万用表的 R×10、R×100 和 R×1k 挡，观察二极管 2AP9、2CP10、1N4001 的正反向电阻阻值，判断其极性；测量判断发光二极管的好坏和极性。

（2）用万用表判别三极管的类型和管脚。

（3）将判别、测量结果填入实训表 3.1 中。

实训表 3.1　判别、测量结果

型号 \ 阻值		R×1k		R×100		R×10		质量判别	
		正向	反向	正向	反向	正向	反向	好	坏
二极管测量	2AP9								
	2CP10								
	1N4001								
	1N4148								
	BT304								
三极管类型和管脚的判别	三极管	9013		9014		3DG6		3AX31	
	万用表测量挡位								
	三极管类型								
	外形及各管脚极性								

4．说明

（1）普通二极管的检测

测量二极管前须注意万用表内的电池正极接在电表的"－"插孔（即黑表棒），负极则接到电表的"+"插孔（红表棒）（如实训图 3.1 所示）。所以测试二极管时，黑表棒接二极管正极、红表棒接二极管负极时应为导通，指针偏转至右边数欧姆处；反接时为逆向不通，指针指于∞。若测量的是发光二极管，导通时会发亮，逆向时则不亮（如实训图 3.2 所示）。

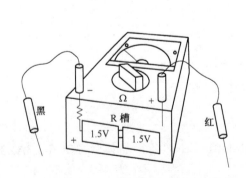

实训图 3.1　万用表的内部电池

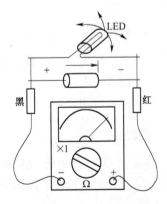

实训图 3.2　二极管的测量

根据二极管正向电阻小、反向电阻大的特点可判别二极管的极性。将万用表拨到电阻挡，一般用"R×100"挡测锗二极管，用"R×1k"挡测硅二极管。观察正、反向电阻，两者相差越大越好。好的二极管正向电阻为几百欧，反向电阻在几百千欧数量级。如果测得的反向电阻很小，说明二极管内部短路；若正向电阻很大，则说明二极管内部断路。这两种情况下的二极管均需报废。

二极管正负极性的判别，可用万用表红、黑表棒分别与二极管的两极相连，测出正、反向两个阻值，在所测得阻值较小的一次，与黑表棒相接的一端即为二极管的正极。

（2）发光二极管的检测

发光二极管一般是用磷砷化镓、磷化镓等材料制成的，其内部是一个 PN 结，具有单向导电性，故可用万用表测量其正、反向电阻来判别其极性和好坏，方法同于一般二极管的测量，其正、反向电阻均比普通二极管大。测量时，万用表置于"R×1k"或"R×10k"挡，测其正、反向电阻值，一般正向电阻小于 50 kΩ、反向电阻大于 200 kΩ 以上的为正常。

由于发光二极管不发光时，其正、反向电阻均较大且无明显差异，故一般不用万用表判断发光二极管的极性。常用的办法是将发光二极管与数百欧（如 330 Ω）的电阻串联，然后加 3～5 V 的直流电压，若发光二极管亮，说明二极管正向导通，则与电源正端相接的为正极，与负端相接为负极；如果二极管反接则不亮。要特别说明的是，不少人测试发光二极管的方法不正确。如果 9 V 层叠电池直接点亮发光二极管，虽然可正常点亮，但这种做法在理论上是完全错误的。发光二极管的外特性与稳压二极管相同，导通时其端压为 1.9 V 左右。当它与电源相连时，回路中必须设置限流电阻，否则一旦外加电压超过导通压降，发光二极管将由于过流而损坏。直接用层叠电池点亮时可正常点亮而不损坏发光二极管，是因为层叠电池有较大的内阻，而内阻起到了限流作用。如果用蓄电池或稳压电源直接点亮发光二极管，则由于内阻小，无法起到限流作用，顷刻可将发光二极管烧毁。

（3）稳压二极管的检测

稳压二极管的 PN 结也具有正向电阻小、反向电阻大的特点，其测量方法与普通二极管相同。但须注意，稳压二极管的反向电阻较普通二极管小。

（4）晶体管的检测

① 判断晶体管的基极 B。对于功率在 1 W 以下的中小功率管，可用万用表的"R×1k"或"R×100"挡测量；对于功率在 1 W 以上的大功率管，可用万用表的"R×1k"或"R×10"挡测量。

用黑表棒接触某一管脚，用红表棒分别接触另两个管脚，如表头读数都很小，则与黑表棒接触的管脚是基极，同时可知此晶体管为 NPN 型。若用红表棒接触某一管脚，而用黑表棒分别接触另两个管脚，表头读数同样都很小时，则与红表棒接触的管脚是基极，同时可知此晶体管为 PNP 型。用上述方法既判定了晶体管的基极，又判别了晶体管的类型。

② 判断晶体管的发射极 E 和集电极 C。以 NPN 型晶体管为例，确定基极后，假定其余的两脚中的一只是集电极 C，将黑表棒接到此脚上，红表棒则接到假定的发射极 E 上；然后用手指把假设的集电极 C 和已测出的基极 B 捏起来（但不要相碰，如实训图 3.3 所示），观察表针指示，并记下阻值的读数。比较两次读数的大小，若前者阻值较小，说明前者的假设是对的，那么黑表棒接的一只脚就是集电极 C，剩下的一只脚便是发射极 E。若需判别是 PNP 型晶体管，仍用上述方法，但必须把表棒极性对调一下（如实训图 3.4 所示）。

③ 电流放大系数 h_{FE} 的测量。先转动开关至晶体管调节 ADJ 位置上，将红、黑表棒短接，调节 0 Ω 电位器，使指针对准 300 h_{FE} 刻度线上，然后转动开关到 h_{FE} 位置，将要测的晶体管管脚分别插入晶体管侧座的 e、b、c 管座内，指针偏转所示数值约为晶体管的直流放大

倍数 h_{FE} 的值。NPN 型晶体管应插入 N 型管孔内，PNP 型晶体管应插入 P 型管孔内。

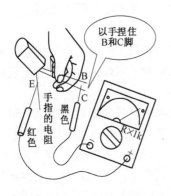
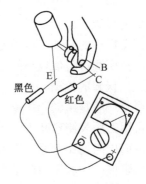

实训图 3.3　NPN 型晶体管的测量　　　　实训图 3.4　PNP 型晶体管的测量

④ 晶体管好坏的判定。通过测量晶体管极间电阻的大小，可以判定晶体管的好坏。用万用表"R×1k"或"R×100"挡，对于 NPN 型管，将黑表笔接 B 极，红表笔分别接 C、E 极，测出两 PN 结的正向电阻，应为几百欧或几千欧。然后将表笔对调，再测出 PN 结的反向电阻，应为几千欧或几百千欧以上。再测 C 和 E 间电阻，对调表笔再测一次，两次阻值都在几十千欧以上。这样的晶体管基本是好的。对于 PNP 型晶体管，方法相同，只是正、负表笔的用法相反。一般晶体管的 PN 结烧断或是烧通，用万用表很容易检查出来。

实训项目 4　分立元器件的焊接

1．实训目的

熟练掌握手工焊接的三步法和五步法；掌握烙铁正确的撤离方向和撤离时间。

2．实训器材

电烙铁、焊锡丝、松香、烙铁架，印制电路板，电阻器、电容器、二极管、三极管适量。

3．实训内容

（1）在印制板上焊接一定数量的电阻、电容、二极管和三极管等元器件。

（2）观察焊点，判断焊点的质量。

（3）观察并体会手工焊接时烙铁撤离方向的不同对焊料量的影响。

（4）观察并体会手工焊接时烙铁撤离时间的不同对焊点质量的影响。

4．说明

（1）焊接前务必要了解并熟悉焊接的安全注意事项，焊接时务必要遵守焊接操作规程。

（2）焊点要圆滑、光亮、牢固、大小一致、扁圆形，元件的引线外露 0.5～1 mm。

（3）常见的焊接毛病有堆积、虚焊、尖角、焊盘铜皮上翘、拖焊、焊点太小、焊点不对称等。

实训项目 5　集成电路的焊接

1．实训目的

掌握集成电路的焊接方法。

2．实训器材

电烙铁、防静电焊台、焊锡丝、松香、烙铁架、镊子，印制电路板，DIP 封装集成电路适量。

3．实训内容

（1）用电烙铁焊接 DIP 封装集成电路。

（2）使用防静电焊台焊接 DIP 封装 MOS 集成电路。

4．说明

（1）由于集成电路的引线间距相对较小，烙铁头及烙铁温度要选择适当，防止引线间连锡。

（2）焊接 MOS 集成电路要使用防静电焊台，防止由于电烙铁的微弱漏电而损坏集成电路。

实训项目 6　特殊元器件的焊接

1．实训目的

掌握片式元器件、敏感元件器等特殊元器件的焊接方法。

2．实训器材

电烙铁、防静电焊台、焊锡丝、松香、烙铁架、镊子，印制电路板，片式元件、SOP 或 QFP 封装集成电路、敏感元件适量。

3．实训内容

（1）用电烙铁焊接片式元器件。

（2）使用防静电焊台焊接 SOP 或 QFP 封装集成电路。

（2）用电烙铁焊接敏感元器件。

4．说明

（1）焊接片式元器件、敏感元器件等特殊元器件时切忌长时间反复烫焊，由于集成电路的引线间距很小，烙铁头及烙铁温度要选择适当，防止引线间连锡，确保一次焊接成功。

（2）焊接 MOS 集成电路要使用防静电焊台，防止由于电烙铁的微弱漏电而损坏集成电路。

（3）对于那些对温度特别敏感的元器件，可以用镊子夹上蘸有无水乙醇（酒精）的棉球保护元器件根部，使热量尽量少传到元器件上。

实训项目 7　元器件的拆焊

1. 实训目的

熟悉并掌握从印制电路板上拆卸元器件的方法和技能。

2. 实训器材

电烙铁、助焊剂、焊有元器件的印制电路板、镊子、吸锡器、吸锡烙铁、金属编织带等拆焊工具。

3. 实训内容

（1）分点拆焊法

一般要拆的两个焊点之间的距离较大时采用这种方法。操作时先拆除一端焊接点上的引线，再拆除另一端焊接点上的引线，最后将元器件拔出。

如果焊接点上的引线是折弯的引线，拆焊时要先使用吸锡烙铁、吸锡器或用金属编织带做的吸锡绳吸去焊接点上的焊锡，用烙铁头撬直引线后再拆除元器件。

（2）集中拆焊法

晶体管及小型直立安装的阻容元件，焊接点之间的距离较小，可以采用所谓的集中拆焊法，即用电烙铁同时交替加热几个焊点，待焊锡熔化后一次拔出元器件。这种方法要求操作时集中注意力，加热速度与动作都要相对较快。

实训项目 8　电线、电缆线的加工

1. 实训目的

熟悉并掌握导线、屏蔽电缆线的端头加工方法；能根据导线和电缆线的加工工艺，进行导线的加工及电缆线与插头的连接。

2. 实训器材

尺子、剪刀、剥线钳、烙铁、十字旋具、焊锡、导线、同轴电缆及家用闭路电视连接插头。

3. 实训内容

（1）导线的加工

① 裁剪。使用尺子和剪刀将长导线剪裁成 100 mm 长的导线。

② 刃剪法加工端头。使用剪刀或剥线钳在导线两端剥头，分别剥去 5 mm 和 10 mm 的

绝缘层。也可使用热剪法加工端头，将电烙铁预热后加热导线，待四周绝缘层切断后，即可剥去，不损伤端头。

③ 捻头。

④ 浸锡（搪锡）。

（2）家用闭路电视连线的制作

① 取一根长度适当的屏蔽同轴电缆，将电缆的护套层剥去 10～12 mm。

② 将露出的电缆屏蔽层向后翻，均匀压在护套的四周。

③ 旋开连接插头，将插头内的金属圆环紧套在屏蔽层上，对金属圆环周围的屏蔽层进行修剪、整理，使金属圆环与电缆的地线良好接触。

④ 将暴露的电缆绝缘层剥去 8～10 mm，露出同轴电缆的芯线。

⑤ 将插头的塑料后环套入电缆线。

⑥ 松开插头连接孔外侧的螺钉，将电缆的芯线插入连接孔，并使插头的金属连接孔紧套在金属圆环上，拧紧外侧的紧固螺钉，使电缆的芯线、地线分别与插头的芯线、地线良好接触。

⑦ 套上插头的塑料前环，并将其与塑料后环旋紧。

实训项目9　由简单电子产品印制电路图绘出电原理图（驳图）

1．实训目的

熟悉并掌握由印制电路图绘出电原理图的方法，能根据简单电子产品实物印制板绘出产品的电原理图。

2．实训器材

简单电子产品的印制板实物 1 块，绘图工具 1 套，纸张若干。

3．实训内容

（1）根据印制板实物绘制 PCB 版图。

要求按实物正确绘制，保持画面整洁。

（2）根据 PCB 版图绘制电原理图。

PCB 版图与电原理图的形状有很大差别，很难一下子就看出头绪。但可以根据电路名称与功能来推断它的工作原理及应有的组成部分。然后将印制电路图结合工作原理测绘成电原理图。比较简单的方法是找到并以各主要元器件为测绘点，依次排列，形成电原理图的框架，再逐步补充各次要元器件，形成完整的电路图。

绘制步骤如下所述。

① 电路中的集成电路、晶体管等主要元器件的定位。

② 电路中次要元器件的定位。

③ 查出印制电路图上电源正、负端的位置，凡与电源正端相连的元件焊点、印制板电路结点均用彩笔画成红色，凡与电源负端相连的结点画成黑色。

④ 在空白图纸的上下方分别画出电路的正、负电源线。

⑤ 根据 PCB 版图中各元器件间的关系，逐一对电路中的各元器件进行连线。为了防止出现漏画、重画现象，每查一个焊点必须把与此点相连的所有元器件引线查完后再查下一个点。边查边画，同时用铅笔将印制图已查过的点、元器件用铅笔勾去。

⑥ 对电路图中元器件、连线的位置进行调整、整理，使之成为标准电路图。标准电路图的要求为：电路符号与元器件代号正确；元器件供电通路清晰；元器件分布均匀、美观。

4．说明

绘出的电原理图中的元器件图形符号，标号，连接线、点等格式应符合国家有关标准。

实训项目 10　单面印制电路板的手工制作

1．实训目的

熟悉并掌握业余条件下采用描图蚀刻法手工制作印制电路板的基本方法和步骤。

2．实训器材

锯割工具 1 套，绘图铅笔、毛笔各 1 支，手枪钻 1 把，$\Phi 0.8\,\text{mm}$ 钻头 1 根，1∶1 印制电路板版图 1 张，单面覆铜板 1 块，瓷盆（或塑料盆）1 个，单面刀片一个，坐标纸、复写纸、细砂纸、助焊剂、三氯化铁溶液、香蕉水、油漆若干。

3．实训内容

（1）复习有关印制电路板制作的章节内容，了解制作步骤与技术要求。

（2）落料。根据 1∶1 印制板版图的尺寸，确定覆铜板板面的尺寸大小，并锯割成形。

（3）清洗覆铜板表面。用砂纸水磨铜箔表面，清除铜箔表面的油污及氧化层，使铜箔表面光洁、无斑点。

（4）复制电路。用铅笔与复写纸将 1∶1 印制板版图描到覆铜板的铜箔面上。

（5）修整。修整走线及焊盘形状，使之规范化。

（6）描绘电路。用毛笔蘸少许稀释后的油漆，均匀涂敷所需保留的铜箔部分。漆要涂得均匀，厚薄适宜，边缘清楚无毛边。晾干或烘干后适当填补漏涂处，并用刀片修饰印制导线边缘，使线条平整。

（7）腐蚀。当铜箔保护层的油漆完全干燥后，将覆铜板放到盛有三氯化铁溶液的瓷盆中进行腐蚀。三氯化铁溶液的多少以能浸没覆铜板为宜。三氯化铁溶液的配制比例为：三氯化铁（Fe_2Cl_3）35%，水 H_2O 65%。溶液温度应在 30～50 ℃。温度过低，腐蚀速度慢；温度过高，容易使漆皮脱落。腐蚀过程中可用竹筷（夹）夹住电路板边缘来回晃动，以加快腐蚀速度。应经常观察腐蚀情况，腐蚀时间过长，会使印制导线形成毛边、不整齐等缺陷。

（8）清洗。当覆铜板上没有涂漆的铜箔部分被全部腐蚀掉后，将电路板取出，用水清洗，晾干后用香蕉水溶去电路板上的漆皮，或用细砂纸打磨印制板露出的印制电路，再次清洗残余物。

（9）修整。用单面刀片或锋利的小刀修整残留铜箔或毛刺等。

（10）钻孔和涂助焊剂。用台钻或手枪钻在焊盘上按元器件的实际引线安装孔径的要求钻出引线孔，孔要钻正，孔眼光洁无毛刺。钻好后再用细砂纸轻轻打磨干净。最后在整板铜箔面均匀涂上松香酒精助焊剂（体积比 22%：78%），以防止印制导线和焊盘氧化。

4．说明

要注意的是，三氯化铁溶液具有一定的腐蚀性，操作时应小心，要采取措施防止溅到衣服和皮肤上，一旦接触到皮肤，应立即用清水清洗干净。要特别注意脸和眼睛不要靠近或正视瓷盆，防止三氯化铁溶液溅入。

实训项目 11 组装直流稳压电源

1．实训目的

熟悉并掌握晶体管直流稳压电源的安装和调试方法。通过晶体管直流稳压电源的制作过程，提高整机装配的基本技能和综合运用能力。

2．实训器材

常用组合工具、万用表、1～1.5 mm 铝板（或铝型材）、交流毫伏表、示波器、可调负载电阻（0～510 Ω、50 W 的滑动电阻器）、调压器（0～250 V，1 000 VA）、螺钉、螺母、元器件（见实训表 11-1 所列明细）等。

实训表 11-1 晶体管直流稳压电源元器件明细表

代 号	型 号 规 格	数 量	备 注
VD1～VD4	1N4001	4	
T1	3DD01	1	可用 3DD880 等代换，TO220 封装
T2～T5	9013	4	TO92 封装
LED1～LED2	Φ5 红色发光二极管	2	
C1	CD110－1000U－25V	1	
C2～C3	CD110－47U－16V	2	
C4	CD110－100U－16V	1	
C5	CT1－103－63V±10%	1	
C6	CD110－1000U－16V	1	
R1	RT14－0.25－3K3±5%	1	
R2～R3	RT14－0.25－680±5%	2	
R4	RJ16－1－1±5%	1	
R5	RT14－0.25－1K±1%	1	
R6	RJ14－0.25－51K±1%	1	
R7	RJ14－0.25－5K1±1%	1	
R8	RJ14－0.25－1K±1%	1	
R9	RT14－0.25－30±5%	1	
RP	WH112－47K	1	卧式
F1	1A 保险丝Φ5×20	1	
	保险丝座	2	

代　号	型号规格	数　量	备　注
	印制板	1	可自制
T	电源变压器	1	
	电源线、电源插头	1套	
	绝缘套管、绝缘胶布	若干	

3．实训内容

（1）如实训图 11.1 所示，为晶体管直流稳压电源电原理图，结合图示复习串联型稳压电源电路知识，完成大功率晶体管（调整管）散热器的自制（或使用外购件），完成整机外壳的自制。

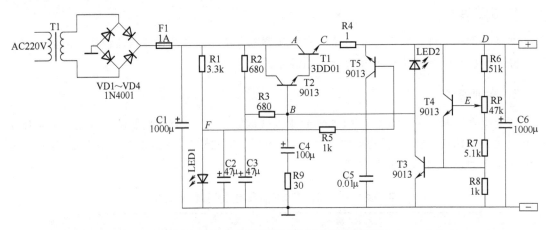

实训图 11.1　晶体管直流稳压电源电原理图

（2）按实训图 11.2 所示正确安装元器件，注意变压器的初级与交流 220 V 相连，要用绝缘套管和绝缘胶布作绝缘处理。

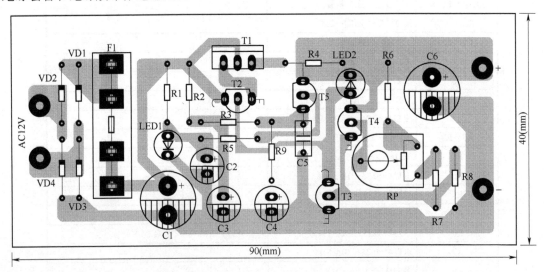

实训图 11.2　晶体管直流稳压电源印制板图与元器件装配图

（3）焊接电路。

（4）认真校对焊接好的电路，经检查无误，在空载（$R_L = \infty$）下通电进行调试。当电路工作正常时，测试输出电压 V_o 的调节范围。

（5）当空载（$R_L = \infty$）时，调节 RP 输出 $V_0 = 6\ V$，改变 R_L 使 $I_0 = 0.3\ A$，测出相应的 V_o 值。

（6）带负载（$R_L = 30\ \Omega$、$V_0 = 6\ V$）测试。

① 测试各个三极管和 LED 的工作状态。

② 用示波器观察输出电压的纹波，并用毫伏表测量输出纹波电压 $V_{op\text{-}p}$。

③ 改变输入电压 V_i（±10%），测量输出电压 V_o 并求其变化量的绝对值。

④ 测量直流稳压电路的主要技术指标：稳压系数和输出电阻（电源内阻）。

电源内阻 $r = \Delta V_o / \Delta I_o$，稳压系数 $K_v = ((\Delta V_o / V_o)/\Delta V_i) \times 100\%$。

⑤ 改变 R_L，反复观察 LED2 有无明显的过载保护和过载指示。

⑥ 输出端对地短路，测试 T5 管的工作状态并观察自动恢复过程。

4. 说明

本稳压电源用发光二极管作过载指示并带有短路保护。该电路与一般串联反馈式稳压电源相比，有以下四个特点：

① 用发光二极管 LED2 作过载指示和限流保护；

② 由 T5 组成短路保护电路且具有自动恢复功能；

③ 采用有源滤波电路，增强滤波效果，同时也减小了直流压降的损失和滤波电容的容量；

④ 由 T4 组成的可调模拟稳压管电路，电路的稳压特性好。

该电路由取样环节、基准环节、比较放大环节、调节环节、保护环节五大部分组成，取样环节由 R6、RP、R7、R8 构成；比较放大环节由 T3、T4 构成；基准环节由 T3、T4 的 PN 节构成，其基准电压为 1.4V；调整环节由 T1、T2 构成的复合管组成；短路保护由 R4、LED1、C2、R5、T5 构成；过流保护由 LED2、R4 构成；有源滤波电路由 C4、R9、T1、T2 构成。其工作原理如下所述。

（1）当输出电压上升时，取样点 E 的电位也会随之上升，当 E 点的电位上升时使 T3、T4 基极电流增加从而使 T3 集电极电流上升，使得 B 点的电压下降，由于 B 点的电压下降，使 T1、T2 基极电流下降，导致调整管 T1 的 C、E 两端的电压增加，使输出电压下降从而达到了输出电压基本维持不变的目的；反之，若输出电压下降时，E 点的电位随之下降，会导致调整管 T1 的 C、E 两端的电压减少，使输出电压上升而达到了输出电压基本维持不变的目的。由此可见，为了提高稳压电源的调节能力，在保证调整管所允许承受的 V_{CE} 最大压差和极限电流的前提下，尽可能提高稳压电源的输入电压。

（2）当改变 RP 的取值范围时会改变 E 点电位与基准电压之间的差值范围，引起调整管 T1 的 C、E 两端的电压差值的变化，从而达到改变输出电压的目的。为了保证输出电压 V_o 在 3～9 V 之间连续可调，调整管 T2 的 V_{CE} 至少应有 6 V 的变化范围。

（3）由 R9、C4 构成的无源滤波器经 T1、T2 的两级放大后大大增强了滤波效果。因为 R9、C4 上的充（放）电经放大后在输出端会引起强烈的反应，相当于在输出端接了一个很大的电容器。

（4）由R4、LED1、C2、R5、T5构成的短路保护电路，在正常的情况下，由于D点的电位远大于F点的电位，即LED1的导通电压为1.7V（LED1导通时可作为稳压电源工作指示灯），所以T5截止不起作用；当输出短路时，D点的电位变为0，此时F点的电位为1.7V，远大于D点电位，T5饱和导通，即加在T2基极、T1发射极间的电压小于0.3V，故T1截止，相当于将输入、输出间断开，输出电流为0，从而起到保护作用；当短路解除后，D点电位又大于F点的电位，T5截止电路自动恢复正常。

（5）由LED2、R4构成过流保护电路，在正常的情况下，工作电流小于或等于0.3A，故T2基极到D点间的电压（T1、T2发射结电压加上R4两端电压）小于1.7V，LED2处于截止状态；而当输出电流大于0.3A时，T2基极到D点间的电压大于1.7V，此时LED2导通发光并将B、D间电压钳制在1.7V，从而限制了输出电流的增加、达到了限流的作用。

电路的主要技术指标有：

① 输出电压V_o在3V和9V之间连续可调。

② 最大输出电流I_{max}为0.3A，并具有过载保护和指示。

③ 输出电压的纹波电压V_{op-p}不超过10mV。

④ 当输出电流在0～0.3A范围内变化或输入电压（V_i=12V）变化±10%时，输出电压变化量的绝对值不超过0.02V。

⑤ 具有短路保护及自动恢复功能。

实训项目12 整机选装

1. 实训目的

掌握电子产品的装接技能，熟悉整机（可选择收音机、收录机或电视机等中小型电子整机）装配工艺；能根据整机结构排列出装配生产工序，并按照整机装配工艺的要求完成整机的装配。

2. 实训器材

整机（收音机、收录机或电视机）一台，拆卸、装配工具一套。

3. 实训内容

（1）拆卸整机，并排列出整机的装配工序

① 仔细观察整机结构，明确拆卸的方法和顺序。

② 将整机拆成机壳、面板、机芯、功能板等组件和有关的零部件，弄清内部各零部件、组件及其连接关系。选择各拆卸阶段的拆卸工具。

③ 根据整机的结构及各组件间的连接关系，排出整机的装配工序，标出各工序所需的零部件、紧固件和工具。

④ 分别拆下各组件上的零部件（仅指可拆卸的零部件）。并根据各组件的组成情况排出相应组件的组装工序，标出各工序所需的零部件、紧固件和工具。

（2）整机的组装

① 检查各零部件均为合格品。

② 根据组件的组装工序，完成各组件的组装。

③ 根据整机的装配工序进行整机总装。在总装过程中应严格执行整机装配的工艺要求。

④ 检验。

*实训项目 13　参观电子企业，熟悉整机生产工艺流程

1．实训目的

熟悉电子企业生产现场，了解并熟悉现代电子企业的整机生产工艺流程。

2．实训器材

现场参观。

3．实训内容

（1）了解企业的生产流程。

（2）参观 SMT 车间。

（3）参观插件车间。

（4）参观总装车间。

（5）了解企业的品质管理体系。

参 考 文 献

[1]　费小平. 电子整机装配实习. 北京：电子工业出版社，2002.6

[2]　王卫平. 电子产品制造技术. 北京：清华大学出版社，2005.1

[3]　王卫平，陈粟宋. 电子产品制造工艺. 北京：高等教育出版社，2005.9

[4]　黄纯，费小平，赵辉. 电子产品工艺. 北京：电子工业出版社，2001.5

[5]　王玫. 电子装配工艺. 北京：高等教育出版社，2004.7

[6]　罗小华. 电子技术工艺实习. 武汉：华中科技大学出版社，2003.9

[7]　李敬伟，段维莲. 电子工艺训练教程. 北京：电子工业出版社，2005.8

[8]　杨圣，江兵. 电子技术实践基础教程. 北京：清华大学出版社，2006.7

[9]　沈小丰. 电子技术实践基础. 北京：清华大学出版社，2005.9

[10]　朱永金. 电子技术实训指导. 北京：清华大学出版社，2005.11

[11]　毕满清. 电子工艺实习教程. 北京：国防工业出版社，2003.5

[12]　钟明湖. 电子产品结构工艺. 北京：高等教育出版社，2004.7

反侵权盗版声明

电子工业出版社依法对本作品享有专有出版权。任何未经权利人书面许可，复制、销售或通过信息网络传播本作品的行为；歪曲、篡改、剽窃本作品的行为，均违反《中华人民共和国著作权法》，其行为人应承担相应的民事责任和行政责任，构成犯罪的，将被依法追究刑事责任。

为了维护市场秩序，保护权利人的合法权益，我社将依法查处和打击侵权盗版的单位和个人。欢迎社会各界人士积极举报侵权盗版行为，本社将奖励举报有功人员，并保证举报人的信息不被泄露。

举报电话：（010）88254396；（010）88258888

传　　真：（010）88254397

E-mail：　dbqq@phei.com.cn

通信地址：北京市万寿路 173 信箱

　　　　　电子工业出版社总编办公室

邮　　编：100036